Andrea E. Abele
Helmut Neunzert
Renate Tobies

Traumjob Mathematik!

Berufswege von
Frauen und Männern
in der Mathematik

Springer Basel AG

Autoren

Prof. Dr. Andrea E. Abele
Universität Erlangen
Bismarckstr. 6
D-91054 Erlangen

Prof. Dr. Dr. h.c. Helmut Neunzert
Universität Kaiserslautern
PF 3049
D-67653 Kaiserslautern

PD Dr. Renate Tobies
Fraunhoferinstitut für Techno- und
Wirtschaftsmathematik
PF 3049
D-67653 Kaiserslautern

Bibliografische Information der Deutschen Bibliothek
Die Deutsche Bibliothek verzeichnet diese Publikation in der Deutschen Nationalbibliografie; detaillierte bibliografische Daten sind im Internet über http://dnb.ddb.de abrufbar.

ISBN 978-3-7643-6749-7 ISBN 978-3-0348-7963-7 (eBook)
DOI 10.1007/ 978-3-0348-7963-7

Ursprünglich erschienen bei Birkhauser Verlag, Basel - Boston - Berlin 2004
Umschlaggestaltung: Micha Lotrovsky, CH-4106 Therwil, Schweiz
Gedruckt auf säurefreiem Papier, hergestellt aus chlorfrei gebleichtem Zellstoff

ISBN 978-3-7643-6749-7

9 8 7 6 5 4 3 2 1

www.birkhauser-science.com

Vorwort

Wie gelangten und gelangen Frauen und Männer in den mathematischen Beruf und warum erreichen noch immer nur wenige Mathematikerinnen Spitzenpositionen? Bereits 1897 äußerte der Mathematiker Felix Klein, dass sich Frauen in der Mathematik „...fortgesetzt ihren männlichen Konkurrenten in jeder Hinsicht als gleichwertig erwiesen." [Kirchhoff 1897, S. 241] Warum sind sie dann so selten in höheren Positionen? Waren mathematische Leistung und Berufsintentionen über einen längeren historischen Zeitraum stärker vom Geschlecht als von der Begabung abhängig? Welche Unterschiede und Gemeinsamkeiten hinsichtlich Leistungsniveau, Interessen und Berufsabsichten gibt es bei Mathematikabsolventinnen und -absolventen – früher und heute? Wie steht es mit den Klischees, die sich um das Thema „Frauen und Mathematik" ranken?

Die Volkswagenstiftung fördert seit 1998 ein interdisziplinäres Projekt mit dem Thema „Frauen in der Mathematik. Determinanten von Berufsverläufen in der Mathematik unter geschlechtsvergleichender Perspektive". Es wurde am Fachbereich Mathematik der Universität Kaiserslautern, am Fraunhofer-Institut für Techno- und Wirtschaftsmathematik in Kaiserslautern und am Lehrstuhl Sozialpsychologie der Universität Erlangen durchgeführt. Die interdisziplinäre Zusammenarbeit zwischen Mathematik, Mathematikgeschichte und Psychologie erlaubte erstmals, historische und aktuelle Berufswege in der Mathematik vergleichend zu untersuchen. Die historischen Ergebnisse beruhen auf der Analyse der Berufswege von 3040 Personen mit Studienabschluss in Mathematik der Jahre 1902 bis 1940 und von mehr als 1400 Personen mit Promotion in Mathematik des Zeitraumes 1907/08 bis 1944/45. Die aktuelle Analyse der beruflichen Entwicklung von Mathematikabsolventinnen und Absolventen fußt auf mehrmaligen Befragungen von ca. 1.100 Personen, die im Jahre 1998 ihr Mathematikstudium erfolgreich beendeten, sowie auf einer Befragung von 170 Personen, die zwischen 1988 und 2000 einen Doktortitel mit einer mathematischen Dissertation erwarben.

Wir werden den interessierten Abiturientinnen und Abiturienten zeigen, dass es sich schon immer lohnte und dass es sich noch immer lohnt, Mathematik zu studieren. Wir können Empfehlungen für Berufsberatungsstellen und für die Bildungspolitik unterbreiten. Wir werden auch neue Ergebnisse für die Wissenschaftsgeschichte und die Berufspsychologie präsentieren. Wir zeigen, durch welche Faktoren der erfolgreiche Weg zum Mathematik-Abschluss und in den mathematischen Beruf beeinflusst wurde und wird. Das erste Kapitel führt in die Fragestellungen ein und benennt gängige Vorurteile, die wir im Buch beurteilen werden. Das zweite Kapitel gibt einen Überblick über die quantitative Entwicklung des mathematischen Studiums und Berufs bis zur Gegenwart. Wir verfolgen die Personen in den einzelnen Berufsfeldern jeweils historisch und aktuell, betrachten den traditionellen Lehrberuf (Kapitel 3), das Diplom in Mathematik, Wirtschafts- und Technomathematik (Kapitel 4) sowie Personen mit dem Doktortitel in Mathematik (Kapitel 6) und fragen besonders: Wer entscheidet sich heute für eine Promotion und für eine wissenschaftliche Laufbahn in Mathematik (Kapitel 5)? Obgleich die erste Mathematikerin - international gesehen - an einer deutschen Universität promovierte (Sofja Kowalweskaja 1874 in Göttingen), schnitt und schneidet Deutschland bei den erreichten Positionen von Frauen in der Mathematik schlecht ab, und der Frauenanteil im Mathematikstudium ist vergleichsweise gering. Deshalb beleuchten wir auch die internationale Perspektive des Mathematik-Studiums (Kapitel 7). Abschließend beantworten wir zusammenfassend die eingangs gestellten Fragen (Kapitel 8).

Es war ursprünglich nicht unsere Absicht, den Beruf der Mathematikerin / des Mathematikers zu bewerten. Aber die Untersuchungen ergaben, dass Mathematik für eine beträchtliche Gruppe von Personen eine Basis für verschiedene, sehr erfüllende und erfolgreiche Berufsverläufe darstellt. Etwas plakativ sprechen wir deshalb vom „Traumjob" Mathematik.

An den umfangreichen Untersuchungen waren zahlreiche wissenschaftliche Mitarbeiter/innen und Hilfskräfte beteiligt, denen herzlich gedankt sei. Namentlich seien erwähnt Dipl.-Psych. Claudia Kramer, Dipl.-Psych. Elke Kroker, Dr. Jan Krüsken, Dipl.-Psych. Nicole Lösch, Dipl.-Psych. Martina Schradi und cand.psych. Barbara Mühlhans, die Akademische Oberrätin Frau Helgard Ulshoefer, Berliner Landesinstitut für Schule und Medien, die Gymnasiallehrerinnen für Mathematik Margit Mans und Renate Hein sowie der Gymnasiallehrer Ulrich Görgen. Frau Hochschuldozent Dr. Eva Zerz, Kaiserslautern, die Kapitel des Buches im ersten Entwurf las, sei für wertvolle Hinweise herzlich gedankt. Der besondere Dank geht auch an die Leiter und Mitarbeiter der benutzten Archive und Bibliotheken, insbesondere an Frau Dr. Ursula Basikow, Archiv für bildungsgeschichtliche Forschung in Berlin, Herren Dr. Th. Becker und T. Glander, Universitätsarchiv Bonn, Herrn Dr. R. Gieseler, Universitätsarchiv Münster, Herrn Dr. U. Hunger, Universitätsarchiv Göttingen, Herrn Dr. W. Schultze und Frau Seemel, Archiv der Humboldt-Universität Berlin. Für mehrfache Unterstützung bei der Suche nach den Berufswegen von Personen, die in Dresden promovierten, dankt R. Tobies Frau Dr. Dr. habil. Waltraud Voss, Dresden. Besonderer Dank gebührt auch dem Arbeitskreis „Frauen und Mathematik" der Gesellschaft für Didaktik der Mathematik, in dessen Rahmen wiederholt Ergebnisse vorgestellt und diskutiert wurden.

Für die großzügige Unterstützung sei noch einmal der Volkswagenstiftung herzlich gedankt. Dem Birkhäuser-Verlag, und insbesondere Herrn Dipl.-Ing. Edgar Klementz, danken wir für die gute Betreuung und für die Aufnahme des Buches in das Verlagsprogramm.

Erlangen und Kaiserslautern im September 2003

Andrea E. Abele
Helmut Neunzert
Renate Tobies

Inhaltsverzeichnis

1 Einführung: Urteile und Vorurteile zu Mathematikerinnen und Mathematikern 1
Andrea E. Abele, Helmut Neunzert und Renate Tobies

2 Frauen und Männer im mathematischen Studium und Beruf – der quantitative Aspekt 7
Andrea E. Abele

Studierende und Studienanfänger der Mathematik von 1925 bis 2000 7
Studienabschlüsse, durchschnittliche Studiendauer, Examensnoten und Studienabbrecher in Mathematik seit 1975 10
Promotionen 12
Berufliche Tätigkeiten von Mathematikerinnen und Mathematikern 12
Arbeitsmarktchancen für Mathematikerinnen und Mathematiker, die nicht Lehrer sind 13
Gymnasiallehrer und -lehrerinnen für Mathematik 14
Mathematikerinnen und Mathematiker im Hochschulbereich 15

3 Mathematikabsolventinnen und -absolventen im Lehramt 18
3.1 Berufswege im Lehramt in der ersten Hälfte des 20. Jahrhunderts 18
Renate Tobies

Der Zugang von Frauen zum Beruf der Oberlehrerin und Studienrätin für Mathematik 19
Personen mit Mathematik-Staatsexamen 1902 bis 1940 22
Frauen und Männer zum Zeitpunkt des Examens 23
Berufswege im höheren Schuldienst – Frauen und Männer im Vergleich 25
Mathematik-Lehrerinnen mit herausragender Biografie 28

3.2 Berufswege von Mathematiklehrerinnen und -lehrern heute 37
Andrea E. Abele und Antonia Candova

Die befragten Staatsexamensabsolventinnen und -absolventen 40
Welche Erfahrungen mit Mathematik haben die Befragten in ihrer Schulzeit gemacht, warum wählten sie ein Mathematik-Lehramtstudium? 41
Wie haben sie die Studienzeit gestaltet? 41
Welche Vorstellungen zur Berufstätigkeit und zum Privatleben hatten die Befragten am Ende ihres Studiums? 44
Was ist aus den Befragten drei Jahre nach dem Examen geworden? 45
Wie hängen Studienerfahrungen und Studienleistungen mit dem beruflichen Werdegang und der eigenen Erfolgseinschätzung zusammen? 48
Erleben der Tätigkeit 49

Bindung an den Beruf ... 50
Beruf und Privatleben ... 51
Geschlechtsvergleich ... 53

4 Diplommathematikerinnen und -mathematiker ... 55
4.1 Zum Entstehen der Diplom-Studiengänge in Mathematik, Wirtschafts- und Technomathematik ... 55
Helmut Neunzert und Renate Tobies
Diplommathematikerin mit herausragender Biografie ... 60
4.2 Berufswege von Diplommathematikerinnen und -mathematikern heute ... 63
Andrea E. Abele und Carmen Stubenvoll
Welche Erfahrungen mit Mathematik haben die Befragten in ihrer Schulzeit gemacht, warum haben sie diesen Studiengang gewählt? ... 66
Wie wurde die Studienzeit gestaltet? ... 66
Welche Vorstellungen zur Berufstätigkeit und zur Vereinbarung mit dem Privatleben hatten die Befragten am Ende ihres Studiums? ... 68
Was ist aus den Befragten drei Jahre nach dem Examen geworden? ... 69
Was verdienen die Befragten und unterscheiden sich die Tätigkeitsbereiche hinsichtlich des Einkommens? ... 71
Wie erfolgreich schätzten die Befragten ihren bisherigen beruflichen Werdegang ein? ... 72
Wie wurde die Arbeit in den einzelnen Tätigkeitsbereichen erlebt? ... 73
Unterscheiden sich Personen, die in den verschiedenen Tätigkeitsbereichen arbeiten, bereits am Ende des Studiums? ... 74
Welchen Stellenwert hat der Beruf im Leben der Befragten ? ... 74
Wie hängen Studienerfahrungen und Studienleistungen mit dem erzielten Einkommen und mit der eigenen Erfolgseinschätzung zusammen? ... 75
Beruf und Privatleben ... 75
Vergleich mit Staatsexamensabsolventinnen und -absolventen ... 78
Geschlechtsvergleich ... 79

5 Absolventinnen und Absolventen, die promovieren wollen ... 81
Andrea E. Abele
Wer will promovieren? ... 81
Warum wollten die Befragten promovieren bzw. nicht promovieren? ... 84
Wird die Promotionsabsicht auch realisiert? ... 84
Wie viele Frauen und Männer promovieren? Wie viele von diesen Personen streben eine wissenschaftliche Laufbahn an? ... 84
Wie finanzieren die Befragten ihre Promotion, womit beschäftigen sie sich? ... 84
Wie erleben die Befragten ihr Promotionsstudium? Wie zufrieden sind sie mit ihren Arbeitsbedingungen und ihrer Betreuung? 86
Gibt es Unterschiede in der privaten Lebenssituation zwischen Personen, die promovieren im Vergleich zu denjenigen, die das nicht tun? ... 87

6 Berufswege promovierter Mathematikerinnen und Mathematiker 89
6.1 Wege in der ersten Hälfte des 20. Jahrhunderts 89
Renate Tobies
Die Mathematik-Promotionen des Zeitraumes WS 1907/08 bis WS 1944/45 90
Frauen und Männer zum Zeitpunkt der Doktorprüfung 93
Wo arbeiteten die in Mathematik promovierten Personen? 95
Wie verteilten sich die in Mathematik promovierten Frauen und Männer auf die Berufsgruppen? 99
Promovierte Mathematikerinnen mit Karrieren in der Forschung 103
Gründe für das Ausscheiden aus dem mathematischen Beruf in Deutschland 115
6.2 Wege promovierter Mathematikerinnen und Mathematiker seit 1988 121
Andrea E. Abele
Wo arbeiten die promovierten Mathematikerinnen und Mathematiker heute? 122
Wie viel verdienen die promovierten Mathematikerinnen und Mathematiker? 123
Wie erleben die Promovierten ihre Tätigkeit, wie war der bisherige Berufsverlauf, wie zufrieden sind sie mit ihrem bisherigen Berufsverlauf? 124
Wie verliefen Studium und Promotionszeit? 126
Wie leben die Befragten privat? 128

7 Deutschland im internationalen Vergleich 133
7.1 Mathematikerinnen und Mathematiker um 1900 in Deutschland und international 133
Renate Tobies
7.2 Frauen heute im Mathematikstudium international 147
Andrea E. Abele und Andrea Lenzner
Internationale Statistiken zu Frauenanteilen in mathematischen Studiengängen 147
Frauenanteile in mathematischen Studiengängen weltweit 148
Variablen und Dimensionen zur Beschreibung von Gesellschaften 150
Beschreibungsdimensionen für Gesellschaften und Frauenanteile in Mathematik 152
Wie lassen sich die Zusammenhänge zwischen Gesellschaftsdimensionen und Frauenanteilen in mathematischen Studiengängen interpretieren? 154

8 Schlussbemerkungen 158
Andrea E. Abele, Helmut Neunzert und Renate Tobies

Bibliografie 171
Bildquellenverzeichnis 187
Personenverzeichnis 188
Verzeichnis der Autoren/innen 192

1 Einführung: Urteile und Vorurteile zu Mathematikerinnen und Mathematikern

Mathematik ist seit jeher ein wichtiges Schulfach, nicht immer geliebt, aber unvermeidbar und oft entscheidend für Erfolg oder Misserfolg. Mathematik ist auch ein bedeutendes Studienfach, ob als selbständige Disziplin oder als Nebenfach in natur-, ingenieur- oder sozialwissenschaftlichen Studiengängen. Im WS 1996/97 waren ca. 7000 Studierende im ersten Semester für ein mathematisches Fach eingeschrieben (vgl. [Bahne/Törner 1999]) – die Zahlen haben sich in den darauf folgenden Semestern weiter erhöht. Diejenigen, die den Abschluss schaffen, bekommen einen Arbeitsplatz, viele eine sehr gute Position, dies war so über alle politischen und wirtschaftlichen Veränderungen hinweg. War ein mathematischer Berufsweg wegen Überfüllung wenig aussichtsvoll, wurde ein neuer eröffnet.

Was tun all diese Mathematiker und Mathematikerinnen, nachdem sie das Studium erfolgreich abgeschlossen haben? Wie sieht die Zukunft in Beruf und Privatleben für diese jungen Leute heute aus und wie hat sich diese Perspektive in den letzten hundert Jahren geändert? Was wollen diese gut ausgebildeten Frauen und Männer tun, was können sie tun? Haben sie in etwa die gleichen Chancen, ganz egal, ob sie nun männlich oder weiblich sind, ob sie Lehrer, Forscher oder Entwickler werden wollen?

Das ist eine entscheidende Frage, die Jugendliche kurz vor dem Abitur den Studienberatern, ob von Universität, Arbeitsamt oder aus dem privaten Umfeld, stellen: „Ich würde ja gerne Mathe studieren – aber was mach' ich dann später damit?"

Arbeitsämter verweisen vielleicht auf die gegenwärtigen Chancen am Arbeitsmarkt; sie sollten dabei einen Blick in die Geschichte solcher Zahlen werfen: Nichts schwankt mehr als diese Arbeitsmarktchancen, es gibt das, was man in der Ökonomie „Schweinezyklus" nennt, mit einer Periode von etwa fünf bis sechs Jahren: ist etwas „in", so studieren das auf Anregung des Arbeitsamtes viele, dann besteht ein Überangebot, d.h. zu wenige Stellen nach fünf Jahren, deshalb ist es wieder „out" usw. An den Hochschulen treffen die Rat Suchenden meist auf begeisterte Fachvertreter, so dass ein objektives Urteil auch schwer zu erhalten ist. Die nette Lehrerin oder der erfahrene Onkel, die auch gern beraten, können nicht fünf Jahre voraus in die Zukunft blicken, insbesondere, da ihr Erfahrungsschatz eventuell Alterungsanzeichen aufweist. Wir benötigen objektive Daten, und zwar über einen längeren Zeitraum, um das, was auf einer kurzen Zeitskala stark schwankt, von langfristigen Trends unterscheiden zu können.

Wir brauchen historische und aktuelle Perspektive, Geschichte und Psychologie, um zu verstehen, wie so eine frisch gebackene Mathematikerin, ein frisch gebackener Mathematiker die Welt „sieht", welche Chancen, welche Erwartungen und Hoffnungen er bzw. sie haben. Dabei wird die Vergangenheit den Vorteil haben, dass wir genauer wissen, was aus den Erwartungen letztendlich geworden ist; die Gegenwart hat den Vorteil, dass die Erwartungen viel genauer untersucht werden können. Die Geschichte, zumindest der ersten Hälfte des 20. Jahrhunderts, wurde mit unserem Projekt so gut wie möglich auf diese Problematik hin durchforstet – und unsere fünfjährige Projektzeit wurde auch optimal genutzt, um etwas über erfüllte oder enttäuschte Hoffnungen heute herauszufinden.

Natürlich sind die Chancen und Erwartungen nicht für alle die gleichen. Besonders in der Vergangenheit stellte sich der Zukunftshorizont für Frauen düsterer dar als für Männer. Wir werden darüber berichten, aber auch von Mathematikerinnen erzählen, die es trotzdem schafften. Auch heute noch deuten die Statistiken auf Chancenungleichheit; es gibt einfach viel, viel weniger Professorinnen der Mathematik als Professoren. Können sie, dürfen sie oder wollen sie nicht? Das ist eine Frage, die natürlich genau in den Kern unseres Problems weist und im vorliegenden Buch beantwortet werden soll.

Heute haben die Absolventinnen und Absolventen eines Mathematikstudiums die Chance, (Gymnasial-)Lehrer, Forscher in Instituten, Hochschulen und Entwicklungszentren oder Software-Entwickler in Industrie, Wirtschaft und Finanzwesen zu werden.

Welche Erwartungen verbinden sich damit? Lässt sich Familie und Beruf im Lehramt wirklich besser in Einklang bringen, sollte man promovieren, wie ist das Arbeitsleben in einem industriellen Forschungs- und Entwicklungs-Zentrum?

Wir können diese Fragen, so wie sie gestellt sind, nicht umfassend beantworten, aber wir können herausfinden, welche Motivation hinter der Berufsentscheidung steht und ob sich Hoffnungen erfüllten, wobei sich natürlich die Beobachtungszeit zum Jetzt hin immer mehr verkürzt. Denken junge Frauen signifikant mehr an eine zukünftige Familie als ihre männlichen Kollegen? Oder wollen sie lieber promovieren? Waren sie im Rückblick mit ihrem Studium weniger zufrieden oder mehr? Wer oder was hat sie überhaupt dazu bewogen, Mathematik zu studieren? Und wie war das früher? Sicher ermutigte die Gesellschaft Mädchen deutlich weniger, eine so „lebensfremde" Disziplin zu erlernen. Wenn diese Gesellschaft gewusst hätte, dass Mathematik einmal eine Schlüsseltechnologie, gerade auch für die Lebenswissenschaften, sein würde! Warum wurden und werden Mathematikerinnen häufiger Lehrerinnen?

Wir denken, dass die Ergebnisse unseres Projekts nicht nur Fachleute, sondern junge Menschen vor ihrer Entscheidung für ein Studium, für einen Beruf, interessieren könnte.

Es soll aber auch deutlich gesagt werden, was dieses Buch nicht kann und nicht will: Erstens wollen wir nicht in erster Linie einen Beitrag zur „political correctness" leisten. Das Buch stützt sich auf konkrete historische und aktuelle Daten und Befunde, und selbst, wenn wir persönlich zu a priori-Hypothesen neigen, werden wir uns ebenso viel Mühe geben, sie zu falsifizieren wie sie zu verifizieren. Zweitens leistet das Buch keinen Beitrag zu der Frage, ob weibliche oder männliche Personen eine unterschiedliche Begabung für Sprachen oder logisches Denken haben. Dazu gibt es neue Aussagen, z.B. im Zusammenhang mit der PISA Studie; sie sind interessant, aber nicht unser Thema. Denn unsere Stichproben bestehen aus Frauen und Männern, die sich schon für ein Mathematikstudium entschieden haben und die dieses sogar erfolgreich abgeschlossen haben. Natürlich können wir fragen, warum sie – damals – Mathematik als Studienfach wählten; aber wir fragen jene nicht, die sich für etwas anderes entschieden haben. Unser Interesse gilt Mathematikern und Mathematikerinnen. Wir wollen herausfinden, was ihre Berufsentwicklung bestimmte (also „die Determinanten von Berufsverläufen in der Mathematik“); und besonders interessiert uns hierbei der Vergleich von Männern und Frauen (also „die geschlechtsvergleichende Perspektive“).

Das Buch kann leider nicht davon berichten, wie spannend, aufregend, schön, die Mathematik sein kann und wie wichtig sie heute auch ist. Dazu muss man andere Quellen heranziehen: z.B. *Erfahrung Mathematik* (vgl. [Davis/Hersh 1985]) oder *Oh Gott, ein Mathematiker* (vgl. [Neunzert/Rosenberger 1991; 1995]) – wobei ein derartiger Ausdruck des Erstaunens oder gar Befremdens bei Mathematikerinnen noch öfter zu hören wäre, völlig zu unrecht, wie wir zeigen werden. Die Voraussetzungen für diese Freude an der Mathematik als Beruf waren zu früheren Zeiten nicht immer voll gegeben, heute sind sie wesentlich besser – auch das zeigen die im Buch vorzustellenden Ergebnisse: Die Absolventinnen und Absolventen sind mit ihrem Studium überwiegend sehr zufrieden, und sie finden auch die gewünschten Arbeitsplätze.

Wir glauben, dass von unseren Untersuchungen ein ermutigender Impuls zur Wahl des Studienfaches Mathematik ausgehen kann – gerade auch für junge Frauen, wenn sie denn Mathematik für ein spannendes Fach halten. Und wir betonen hier noch einmal, „[...] es müsse viel mehr ins Bewusstsein gerückt werden, dass Mathematik keine ausschließlich männliche Disziplin sei. Eine Änderung können wir auch in Deutschland nur herbeiführen, wenn wir das Bild der Mathematik, ihr trockenes, lebensfeindliches, ‚unweibliches‘ Image ändern [...]. Es lohnt sich schon, sich von den eigenen Vorurteilen und dem anderer über das Verhältnis der Frau zur Mathematik (oder umgekehrt) zu emanzipieren.“ [Neunzert/Rosenberger 1991, S. 109]

Wir meinen, dass es an der Zeit ist, sich von dem Vorurteil zu lösen, dass Mathematik nichts für Frauen sei. Dazu wollen wir mit dem Buch beitragen.

Bevor wir unsere Ergebnisse und Folgerungen präsentieren, wollen wir gängige Vorurteile zu Frauen und Mathematik zusammenfassend plakativ benennen. Wir werden im Verlaufe des Buches dazu Informationen präsentieren und prüfen, ob es sich wirklich um Vorurteile handelt oder ob in dem einen oder anderen Klischee vielleicht ein Körnchen Wahrheit steckt.

Vorurteil 1: Mathematiker sind weltfremd und wenig sozial, sie beziehen ihre Zufriedenheit aus der Arbeit und schöpfen nicht aus sozialen Beziehungen. Mathematik ist „unweiblich“ und „wider die Natur der Frau“.

Über einen langen Zeitraum entwickelte sich in der Öffentlichkeit ein Bild von Mathematik und Mathematikern, das nur wenig mit der Wirklichkeit zu tun hat. Mathematik gilt als Prototyp einer abstrakten, objektiven und unpersönlichen Wissenschaft, deren Gedankenpfaden nur noch wenige Experten folgen können und deren Inhalte und Methoden dem Laien kaum vermittelt werden (können). Die meisten Menschen stehen der Mathematik mit einer Mischung aus Respekt und Hochachtung gegenüber sowie mit einer ablehnenden bis ängstlichen Einstellung, die vielfach auf persönliche Misserfolgserlebnisse im Verlaufe der Schulzeit zurückgeführt werden kann (vgl. hier und im folgenden [Niederdrenk-Felgner 2001]). Entsprechend werden Personen beurteilt, die Mathematik betreiben. Sie gelten als besonders intelligent; und aus Erfahrungen mit solchen Menschen oder

Schuhe und treten „in der Öffentlichkeit meist mit einem verlorenen Schirm in jeder Hand auf", wie es der ungarische Mathematiker Georg Pólya (1887–1985) beschrieb [Pólya 1980, S. 94]. Dieser klischeebehaftete Mathematiker ist männlich. Mit dem gängigen Frauenbild ist der Typ des zerstreuten Professors nicht vereinbar. Einer Frau mit ähnlich schrulligen Merkmalen würde nicht mehr mit einem wohlwollenden Lächeln begegnet – sie würde gnadenlos lächerlich gemacht. Es ist als Kompliment gedacht, wenn man einer Mathematikerin sagt: „Was, Sie sind Mathematikerin? Das sieht man Ihnen gar nicht an!" Personenmerkmale, die mit Mathematik verbunden werden, sind auch für Männer nicht unbedingt positiv. Eine Frau mit solchen Merkmalen ist nicht nur eine Witzfigur, sie wird in ihrer Rolle als Frau unmöglich gemacht. Daraus resultiert auch die Ansicht: Mathematik ist „unweiblich" und „wider die Natur der Frau". D.h., wenn sich Frauen mit Mathematik befassen, sind sie eigentlich keine richtigen Frauen mehr.

Der Leipziger Neurologe Paul Möbius gab dieser lange Zeit verbreiteten Ansicht einen wissenschaftlichen Anstrich. Mit seinem viel zitierten und häufig aufgelegten Buch „Über die Anlage zur Mathematik" widerspiegelte er die öffentliche Meinung und prägte sie zugleich: „Man kann also sagen, daß ein mathematisches Weib wider die Natur sei, im gewissen Sinne ein Zwitter. Gelehrte und künstlerische Frauen sind Ergebnisse der Entartung. Nur durch Abweichung von der Art, durch krankhafte Veränderung, kann das Weib andere Talente, als die zur Geliebten und Mutter befähigenden, erwerben." [Möbius 1900, S. 85].

Da in der Öffentlichkeit Mathematik stereotyp dem Mann zugeordnet wird, wird auch häufig angenommen:

Vorurteil 2: Frauen interessieren sich nicht für Mathematik.

Wenn auch die Studentinnenzahlen heute für Deutschland zu belegen scheinen, dass Männer sich stärker für Mathematik interessieren, so müssen wir doch fragen, ist dies überall auf der Welt so? Und war dies in Deutschland immer so? Interessieren sich Frauen tatsächlich immer und überall mehr für geisteswissenschaftliche Fächer?

Bereits im Jahre 1913 polemisierte ein Gymnasialprofessor der Mathematik – ein Drittel seiner Abiturientinnen-Klasse studierte Mathematik – gegen diese überkommene Ansicht:

„Früher bestand lange Zeit das Vorurteil, daß Frauen die Beanlagung für mathematisches Denken gänzlich fehle, ihre weibliche Eigenart ziehe sie mehr zu einer Beschäftigung mit literarischen, sprachlichen, historischen und ethischen Fragen als zur streng logischen Denkbetätigung, wie sie nun einmal die Mathematik von jeher erfordert. Treffend hat u.a. (der Mathematiker Felix) Klein darauf aufmerksam gemacht, wie unberechtigt und haltlos die Ansicht ist, daß Frauen die Mathematik nicht liege." [Schröder 1913, S. 89].

Er wandte sich damit zugleich gegen:

Vorurteil 3: Frauen sind weniger leistungsfähig in der Mathematik als Männer.

Dies beruht auf der alten Ansicht von der Minderwertigkeit der weiblichen Intelligenz, begründet mit der Größe des Gehirns. Und es folgte die Hypothese: Frauen erreichen weniger Hochbegabung als Männer. Während sich die Intelligenz von

Männern mehr an beiden Enden der Normalverteilung häufe, seien Frauen mehr in der Mitte gruppiert; also gäbe es aus dieser Sicht bei den Männern sowohl mehr Genies als auch mehr Idioten. Wenngleich bereits 1916 der Psychologe Lewis Terman (1877–1956) die Intelligenz von Frauen und Männern – statistisch gesehen – als gleich definierte (vgl. [Daston 1997]), halten sich hartnäckig Auffassungen von der geringeren weiblichen Leistungsfähigkeit, besonders in Mathematik. Wir wollen anhand einer sehr großen Stichprobe unser eigenes Urteil fällen.

Vorurteil 4: Frauen sind sich ihrer mathematischen Leistungen unsicherer, sie trauen sich weniger zu und brauchen mehr „Pflege" als Männer, um gut zu sein.

Untersuchungen im mathematischen Schulunterricht führten zu der Ansicht, dass Jungen durch Lernerfolge eher als Mädchen ein stabiles, positives Selbstkonzept erwerben. Dagegen verfügen Mädchen trotz eigener hoher Leistungsanforderungen über ein geringeres Selbstvertrauen; sie beurteilen sich selbst kritischer und neigen eher dazu, die eigenen Fähigkeiten zu unterschätzen (vgl. [Niederdrenk-Felgner 2000]). Daraus wird gefolgert, dass dies generell bei Frauen so ist. Wir wollen das anhand einer großen Zahl von Personen prüfen, die ein Mathematikstudium erfolgreich absolvierten.

Vorurteil 5: Frauen sind wissenschaftlich unflexibler, sie bleiben zu lange bei – mathematischen – Themen, die schon wieder aus der Mode gekommen sind.

Forschungsergebnisse aus den USA führten zu dieser These. Die Analyse von mathematischen Dissertationen in den USA ergab, dass Frauen länger ältere Themen aus der Geometrie bearbeiteten, während sich Männer schneller moderneren Gebieten aus der Analysis zugewandt hatten (vgl. [Green/LaDuke 1987]).

Vorurteil 6: Wenn Frauen sich für Mathematik interessieren, dann wählen sie in erster Linie einen Lehramtsstudiengang.

Die heutigen Zahlen der Studierenden scheinen diese Aussage zu bestätigen. Wir fragen danach, war das tatsächlich immer so? Ist das immer noch so und warum war bzw. ist das so?

Vorurteil 7: Frauen interessieren sich weniger für wissenschaftliches Arbeiten und wissenschaftliche Berufsfelder in der Mathematik.

Wir hörten manchen Mathematik-Professor klagen: „Ich hatte so eine gute Doktorandin, aber sie war nicht zu bewegen, weiter in der Wissenschaft zu bleiben!" Auch die erste Frau als Vorsitzende der Deutschen Mathematiker-Vereinigung, Ina Kersten, schrieb 1995: „Nach wie vor beklagen sich Kollegen darüber, dass es ihnen meist nicht gelinge, begabte Schülerinnen noch zur Promotion oder zur Habilitation zu ermutigen. Ein wesentlicher Grund hierfür ist nach meiner Meinung das Fehlen von Rollenvorbildern; an vielen Universitäten gibt es nämlich gar keine Mathematik-Professorin." Sind dies Einzelfälle, Momentaufnahmen? Wie sieht es tatsächlich aus?

Vorurteil 8: Mathematikerinnen sind beruflich weniger erfolgreich als Mathematiker.

Wir finden Frauen bisher weniger in mathematischen Spitzenpositionen. Das ist offensichtlich. Wie sieht es in den einzelnen Berufsfeldern aus? Gelangen Frauen in dieselben Berufsfelder wie Männer? Erhalten sie das gleiche Gehalt?

Machen Sie also mit uns einen Streifzug durch die etwa 100jährige Geschichte des mathematischen Frauenstudiums in Deutschland, entdecken Sie mit uns die Erkenntnisse, die man Bildungsstatistiken entnehmen kann und erforschen Sie mit uns die Angaben, die junge examinierte und auch promovierte Mathematikerinnen und Mathematiker zu ihren mathematischen Interessen und Leistungen, zu ihrem Berufsverlauf und zu ihrem Leben allgemein gemacht haben. Damit wir nicht auf Deutschland allein bezogen bleiben, haben wir ein weiteres Kapitel zur internationalen Perspektive geschrieben. Und schließlich: Beurteilen Sie gemeinsam mit uns, ob die Daten und Befunde, die wir zusammengetragen haben, die genannten – und zugegebenermaßen zugespitzten – Vorurteile bestätigen oder nicht.

2 Frauen und Männer im mathematischen Studium und Beruf - der quantitative Aspekt*

In diesem Kapitel geben wir einen Überblick über die quantitative Entwicklung des Mathematikstudiums von Frauen und Männern im 20. Jahrhundert. Wir betrachten die Frauenanteile im Mathematikstudium und bei den Studienabschlüssen sowie die Examensleistungen und Promotionen in Mathematik. In einem weiteren Teil beschäftigen wir uns mit der Berufstätigkeit und den Berufsfeldern von Mathematikerinnen und Mathematikern.

Studierende und Studienanfänger der Mathematik von 1925 bis 2000

Für den Beginn des 20. Jahrhunderts und somit auch den Beginn des Frauenstudiums liegen nur vereinzelte Erkenntnisse zu Umfang, Fächerverteilung und Geschlechterrelationen vor (vgl. Kapitel 3.1). Eindeutige Angaben zu Studierendenzahlen getrennt nach Fachrichtung und Geschlecht gibt es jedoch seit 1925. Diese sind bei Tietze [1987] detailliert zusammengestellt. Hiernach stieg in den Jahren von 1925 bis 1933 die Gesamtzahl aller in Deutschland eingeschriebenen Studierenden von knapp 59.000 auf etwa 82.000 stark an, um dann in Kriegszeiten wieder deutlich abzusinken (1940: knapp 40.000). Der Frauenanteil unter den Studierenden stieg ebenfalls an, von ca. 11% im Jahr 1925 auf 19% im Jahr 1931. Danach sank der Frauenanteil wiederum, z.B. 1938 auf 15%. Letzteres ist im Zusammenhang mit den restriktiven nationalsozialistischen Vorschriften zum Frauenstudium zu interpretieren. Der hohe Anteil weiblicher Studierender in den Kriegsjahren (z.B. 1940 29%) war durch die geringe Zahl männlicher Studierender in dieser Zeit bedingt.

Bis 1934 lag der Anteil der Mathematikstudentinnen jeweils über dem Frauenanteil bei allen Studierenden (1934: Mathematikstudentinnen 22% aller Mathematikstudierenden, Studentinnen insgesamt 16% aller Studierenden), d.h. Mathematik war bei Frauen ein überdurchschnittlich beliebtes Fach. Dies hing neben dem Interesse für Mathematik auch mit den relativ guten Berufschancen als Mathematiklehrerin zusammen (vgl. Kapitel 3.1).

Die Studienanfängerzahlen vermitteln ein ähnliches Bild. Von 1925 bis 1928 stiegen die absoluten Studienanfängerzahlen (1928: 23.359, davon 18% Frauen), stagnierten bis 1933 und sanken rapide im Dritten Reich (1938: 8.811 Personen, davon 19% Frauen). Der Frauenanteil unter den Anfängern schwankte zwischen 15% und 22%. Die Anfängerzahlen für Mathematik sind in den zugänglichen Statistiken nur bis 1934 ausgewiesen. Bei den absoluten Zahlen zeigt sich hier ein

* A. Abele dankt Antonia Candova, Jan Krüsken und Barbara Mühlhans für das Recherchieren einiger der hier berichteten Zahlen.

ähnlicher Trend wie bei allen Studienanfängern, ein starker Anstieg bis 1928 und – zeitlich etwas früher – die kontinuierliche Abnahme der Zahl der Studienanfänger und -anfängerinnen in Mathematik. Der Frauenanteil an den Mathematikanfängern schwankte zwischen 32% (im Jahr 1933) und 20% (im folgenden Jahr 1934). Schließlich zeigt sich, dass ab 1930 insgesamt immer weniger Anfänger Mathematik als Studienfach wählten (Abb. 2.1).

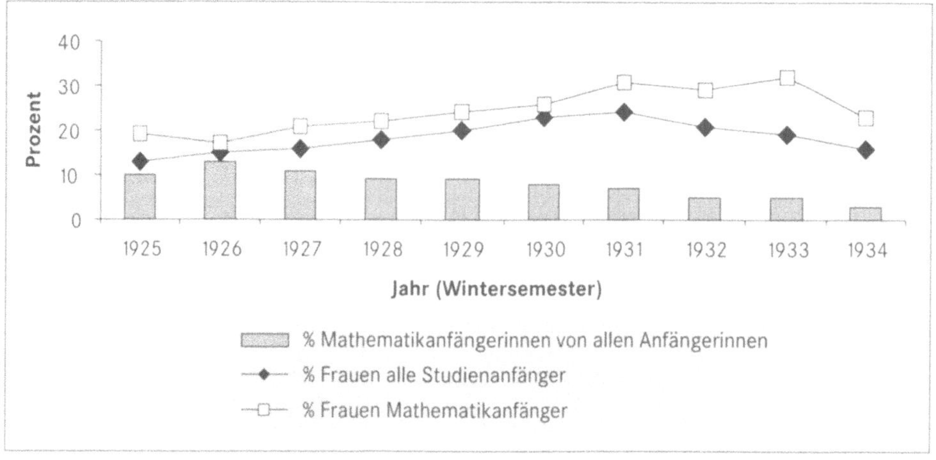

Abb. 2.1: Studienanfängerinnen von 1925 bis 1934 in allen Fächern und in Mathematik (Zahlen nach [Tietze 1987])

Die für die fünfziger Jahre vorliegenden Zahlen sind sehr lückenhaft und beziehen sich teilweise auf unterschiedliche Hochschulgesamtheiten. Wir betrachten deshalb erst wieder den Verlauf vom Jahr 1958 an. Vom Ende der 1950er Jahre (1959 z.B. 2.726 Studierende der Mathematik) bis Mitte der 1970er Jahre (1974: 32.211 Studierende der Mathematik) verzwölffachte sich die Anzahl der Studierenden im Fach Mathematik, gleichzeitig stieg der Frauenanteil kontinuierlich von 21% im Jahr 1959 auf 28% im Jahr 1974 an. Bei den Studienanfängern ist die Steigerung noch stärker (von 24% im Jahr 1959 auf 38% im Jahr 1974; Zahlen nach [Böttcher et al. 1994]).

Seit 1942 gibt es an deutschen Universitäten die Möglichkeit, neben einem auf das Lehramt bezogenen Mathematikstudium auch einen Diplomstudiengang zu wählen (vgl. Kapitel 4.1). Die Studierendenzahlen entwickelten sich in beiden Studiengängen für Frauen und Männer unterschiedlich. Diese unterschiedliche Entwicklung kann seit Mitte der 1970er Jahre betrachtet werden, da seitdem die Studierendenzahlen nach Mathematik allgemein (d.h. Diplomstudiengänge, vereinzelt andere Abschlüsse) und Lehramt Mathematik speziell ausgewiesen werden. Diese differenzierte Betrachtung verdeutlicht, dass die Zunahme von Mathematikstudentinnen hauptsächlich den Lehramtstudiengang betrifft (von 22% im WS 1963/64 auf 39% im WS 1974/75). Der Frauenanteil im Diplomstudiengang stieg lediglich von 13% auf etwa 15%.

Ab dem Jahr 1975 werden die Anfängerzahlen pro Studienjahr betrachtet, d.h. jeweils für das Wintersemester mit nachfolgendem Sommersemester. Bis Mitte der

1980er Jahre nahmen die Anfängerzahlen im Fach Mathematik - trotz insgesamt steigender Studienanfängerzahlen - ab (von etwa 9.000 im Jahr 1975 auf etwa 6.000 im Jahr 1985) und stiegen dann wieder mit etwa 11.000 im Jahr 1999/2000 auf das Niveau von 1975 an.

Differenziert nach Lehramts- versus Diplom- und anderen mathematischen Studiengängen zeigt sich, dass der Rückgang der Mathematikstudierenden hauptsächlich den Lehramtsstudiengang betrifft (1975/76 5.756, 1993/94 4.374, 1999/00 3.591 Personen), während der Diplomstudiengang - abgesehen von einer kleinen „Delle" zu Beginn der 90er Jahre - zunehmende bzw., ab Mitte der 90er Jahre, stabile Zahlen verzeichnet (1975/76 3.508, 1993/94 7.451, 1999/00 7.271 Personen). Letzteres ist neben den guten Berufschancen für Mathematiker/innen (s.u.) auch darauf zurückzuführen, dass in den letzten Jahren neue mathematische Diplomstudiengänge wie Technomathematik und Wirtschaftsmathematik eingeführt wurden.

Der Frauenanteil der Anfänger im Fach Mathematik deckt sich mit dem Frauenanteil aller Anfänger recht gut (bis 1992 ca. 42%, danach steigend auf 50%). Er liegt im Lehramtsstudiengang deutlich höher als im Diplomstudiengang, nahm jedoch in den letzten 25 Jahren in beiden Studiengängen kontinuierlich zu (1975/76 Frauenanteil Anfänger im Lehramtsstudiengang Mathematik 49%, 1999/00 68%; 1975/76 Frauenanteil Anfänger ohne Lehramt 25%, 1999/00 42%). Abb.2.2 zeigt die Entwicklung seit 1975.

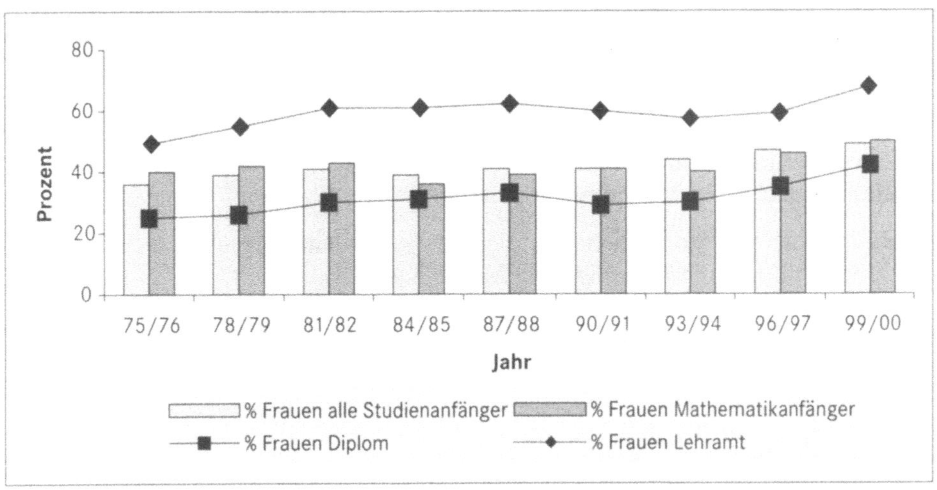

Abb. 2.2: Studienanfängerinnen der Mathematik seit 1975, differenziert nach Lehramtstudiengang vs anderen [Stat. Bundesamt, Fachserie 11, Reihe 4.1; ab 1993 inklusive Neue Bundesländer]

Betrachtet man die Anteile männlicher und weiblicher Studienanfänger in Mathematik an allen Studienanfängern, so ist in den letzten 25 Jahren der Anteil der Anfänger, die einen Diplomstudiengang Mathematik wählten, relativ konstant geblieben (etwa 1,5% bei den Frauen und 2,1% bei den Männern). Der Anteil der Studienanfänger, die einen Lehramtsstudiengang Mathematik wählten, war dagegen stärkeren Schwankungen unterworfen (Abb. 2.3).

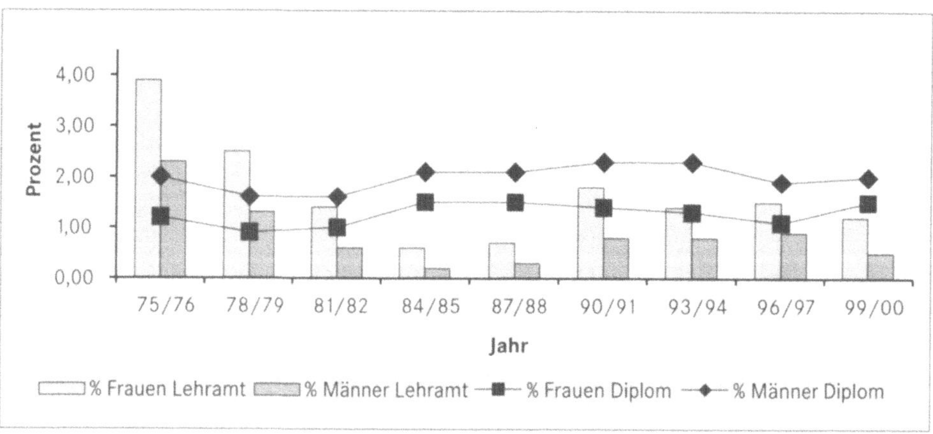

Abb. 2.3: Prozent Studienanfänger in Mathematik bezogen auf alle Studienanfänger [Stat. Bundesamt, Fachserie 11, Reihe 4.1]

Im Jahr 1975/76 entschieden sich relativ viele Studienanfängerinnen (3,9%) und -anfänger (2,3%) für ein Lehramtstudium Mathematik, die Werte sanken bis Mitte der 80er Jahre erheblich und stiegen seitdem wieder langsam an, allerdings nur auf die Hälfte der Größenordnung von 1975/76. Im Mittel blieb der Anteil von Studienanfängerinnen, die Lehramt Mathematik (1,66%) und Diplom Mathematik (1,30%) wählten, ähnlich, während männliche Anfänger den Diplomstudiengang vorziehen (2,0% vs. 0,86% Lehramt).

Studienabschlüsse, durchschnittliche Studiendauer, Examensnoten und Studienabbrecher in Mathematik seit 1975

Abbildung 2.4 zeigt den Frauenanteil bei den bestandenen Abschlussprüfungen in Lehramts- und Diplomstudiengängen Mathematik.

Im Durchschnitt der Jahre von 1975 bis 2000 lag der Frauenanteil an den bestandenen Diplomabschlussprüfungen bei 22%. Dieser Prozentsatz ist etwas niedriger als die durchschnittliche Studienanfängerinnenzahl seit 1975 von etwa 30% (s.o. Abb. 2.2). Der Durchschnittswert für den Frauenanteil bei den Lehramtsprüfungen lag bei 61% im Vergleich zu durchschnittlich 58% weiblichen Studienanfängern.

Die durchschnittliche Studiendauer im Diplomstudiengang betrug seit 1994 bis 2000[1] etwas mehr als 13 Semester (M = 13.2), wobei es keinerlei Unterschiede zwischen Frauen und Männern gibt. Lehramtsstudiengänge wurden schneller abgeschlossen (M = 11.4), wobei wiederum keinerlei Unterschiede zwischen Frauen und Männern bestehen (Daten nach Anfrage beim Bayrischen Landesamt

[1] In den Jahren nach 2000 ist ein Sinken der Studiendauer auf unter elf Semester feststellbar, insbesondere an den Universitäten, die ein „Credit Point System“, d.h. studienbegleitende Prüfungen mit zeitlichen Restriktionen, einführten. Dieser Trend dürfte sich mit Einführung von Bachelor- und Master-Studiengängen weiter verstärken. Gleichzeitig erwarten wir einen erhöhten Anteil von Promotionsstudierenden.

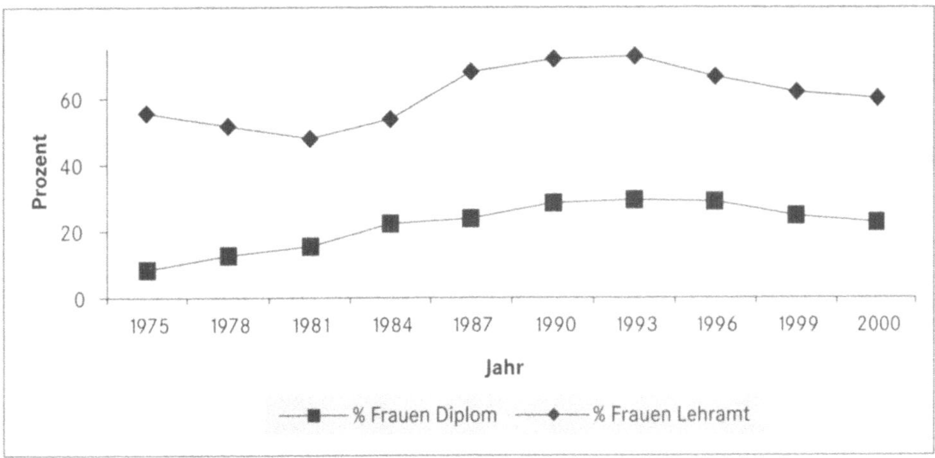

Abb. 2.4: Frauenanteile unter den Abschlussprüfungen Mathematik [Stat. Bundesamt, Fachserie 11, Reihe 4.2]

für Statistik und Datenverarbeitung; sie beziehen sich auf alle deutschen Universitäten).

Die Examensnoten, die seit 1994 vom Statistischen Bundesamt ausgewiesen werden, lagen im Durchschnitt der Jahre 1994 bis 2000 im Diplomstudiengang bei 1,66 für Frauen und 1,55 für Männer; im Lehramtsstudiengang Sekundarstufe II bei 2,25 für Frauen und bei 2,21 für Männer.

Betrachtet man die absoluten Zahlen von Anfängern und Absolventen in den Lehramts- und Diplomstudiengängen Mathematik, dann fällt ein starker Schwund während des Studiums auf. Z.B. betrug die Anfängerzahl in Mathematik (ohne Lehramt) 1990/91 7.121 Personen, mit Diplom abgeschlossen haben 13 Semester später, d.h. im Jahre 1998 jedoch nur 1.840 Personen, d.h. 26%. Die restlichen 74% haben entweder ihr Studium noch nicht abgeschlossen, einen anderen Abschluss erworben, das Studienfach gewechselt oder die Universität ohne Abschluss verlassen. Eine genauere Bestimmung dieser verschiedenen Komponenten der Gesamtschwundquoten ist schwierig, da die Statistiken aus datenschutzrechtlichen Gründen nicht personenbezogen dargestellt werden können. Das Hochschul-Informationssystem in Hannover führt hierzu jedoch Schätzungen durch.

So lag 1984 im Durchschnitt aller Universitäten und Fächer die Schwundquote bei ca. 54% der Studienanfänger, wobei sowohl die Abbruchquote als auch die Fachwechselquote von weiblichen Studierenden jeweils 5% höher als die jeweilige Quote der Männer war. Bis Mitte der 90er Jahre lag die allgemeine Schwundquote bei etwa 45% mit einer interessanten geschlechtsspezifischen Veränderung. Nun brachen mehr Männer (26%) als Frauen (23%) ein Studium ab, während mehr Frauen (22%) als Männer (19%) einen Studienwechsel vollzogen (vgl. [Heublein et al. 2002]). Die Schwundquote in Mathematik (ohne Lehramt) betrug im Jahr 2002 etwa 57% und setzte sich aus 12% Studienabbrechern und 45% Studienwechslern zusammen. Leider können keine nach Geschlecht differenzierten Zahlen berechnet werden. Falls der allgemeine Trend jedoch auch in der Mathematik gilt, dann sind Frauen bei den Wechslern und Männer bei den Abbrechern jeweils überrepräsentiert (vgl. [Heublein et al. 2002]).

Die Schwundquote in Lehramtstudiengängen (alle Fächer, keine Differenzierung für die Mathematik) ist deutlich niedriger und lag 2002 bei 29%. Hierin sind 14% Abbrecher und 15% Wechsler enthalten.

Promotionen

Im Jahr 1975 promovierten in Deutschland 207 Personen in Mathematik, im Jahr 2000 waren es 504, d.h. ein Anstieg von ca. 250 Prozent. Geht man als grobe Näherung von einer hypothetischen Promotionsdauer von 3 Jahren aus, so haben von den Diplomabsolventinnen und -absolventen des Jahres 1975 etwa 18% promoviert, von denen des Jahres 1997 etwa 33%. Dies bedeutet, dass nicht nur die absolute Zahl an Promotionen im Zuge der steigenden Diplomprüfungszahlen zugenommen hat, sondern auch die Promotionshäufigkeit im Fach als solchem. Wendet man diese hypothetische Rechnung auf den Vergleich von weiblichen und männlichen Absolvierenden an, so haben von den Absolventinnen von 1978 bis 2000 im Durchschnitt 15% promoviert, von den Absolventen dieser Jahre 25%. Abb. 2.5 zeigt den zeitlichen Verlauf. Gleichzeitig zeigt Abb. 2.5 auch den Frauenanteil an Mathematikpromotionen in den ausgewählten Jahren. Danach holten die Frauen bei der Promotionshäufigkeit in den letzten Jahren auf und liegen mittlerweile sehr nah bei den Männern. Im Jahr 2000 wurden knapp 30% der Promotionen im Fach Mathematik von Frauen absolviert, ein Prozentsatz, der ihrem Anteil an den Diplomprüfungen drei Jahre vorher recht gut entspricht.

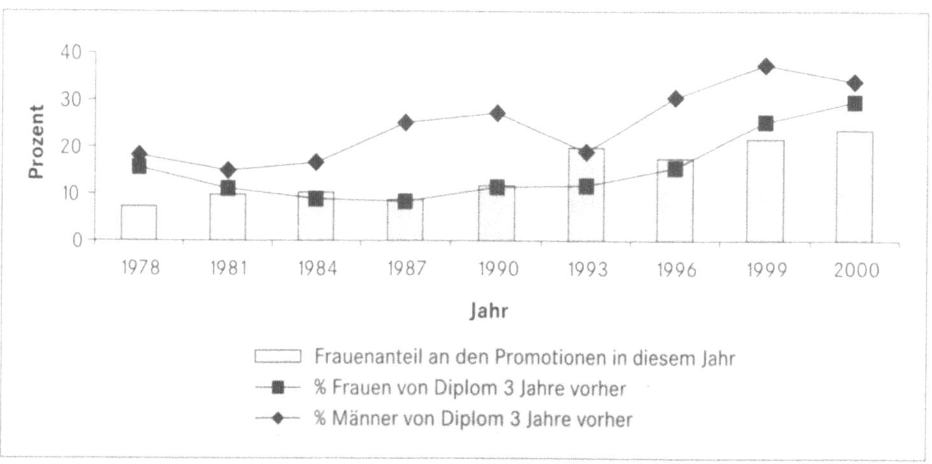

Abb. 2.5: Promotionen in Mathematik bezogen auf die Zahl der Diplomabschlüsse drei Jahre zuvor [Stat. Bundesamt, Fachserie 11; Reihe 4.2]

Berufliche Tätigkeiten von Mathematikerinnen und Mathematikern

Zum Abschluss dieses Kapitels werden noch einige Zahlen zur Berufstätigkeit von Mathematikern und Mathematikerinnen vorgestellt. Seit 1985 nahm die Zahl erwerbstätiger Mathematiker/innen stark zu, von 16.000 im Jahr 1985 (nur alte

Bundesländer) über 37.800 im Jahr 1991 (alle Bundesländer) auf 48.800 im Jahr 1995 (Institut für Arbeitsmarkt und Berufsforschung, [MatAB, 1.2, 1998]). Der Frauenanteil stieg von etwa 13% 1985 auf 27% 1995. Betrachtet man lediglich die sozialversicherungspflichtigen Erwerbstätigen (d.h. ohne Beamte und Selbständige; wobei hier bei der Bundesanstalt für Arbeit Mathematiker, Physiker und Physikingenieure zusammengenommen werden), dann gab es von 1996 bis 2001 eine weitere Steigerung von 22.840 im Jahr 1996 auf 24.214 im Jahr 2001. Der Frauenanteil nahm in dieser Gruppe von 10,2% im Jahr 1996 auf 11,8% im Jahr 2001 zu.

Nach Angaben der Zentralstelle für Arbeitsvermittlung der Bundesanstalt für Arbeit (2002) lag der Anteil an Diplomabsolventinnen und -absolventen, die sich arbeitslos meldeten, bis 1992 bei ca. 33% und fiel auf 10,5% im Jahr 2001. Dies ist ein Hinweis auf eine sehr günstige Arbeitsmarktentwicklung für Diplommathematiker. Der Frauenanteil an den arbeitslosen Mathematikern lag jedoch jeweils über dem Frauenanteil der Erwerbstätigen, z.B. im Jahr 1996 ein Frauenanteil von 10,2% unter den Erwerbstätigen und von 30,1% unter den Erwerbslosen. Im Jahr 2001 war der Frauenanteil unter den Erwerbslosen immer noch erhöht, doch nicht mehr ganz so stark wie fünf Jahre vorher. Unter den Beschäftigten sind nun 11,8% Frauen, unter den Erwerbslosen 18,3% Frauen.

Arbeitsmarktchancen für Mathematikerinnen und Mathematiker, die nicht Lehrer sind

Die Anwendungsmöglichkeiten der Mathematik haben sich in den letzten Jahrzehnten enorm vergrößert. Mit Hilfe der Mathematik ist es häufig möglich, zuverlässige Modellrechnungen und Simulationen durchzuführen, wo früher Laborversuche nötig waren. In der Wirtschaftsplanung, im Finanzwesen und im Management werden mathematische Methoden intensiv genutzt (vgl. [ZAV, Arbeitsmarktinformation 6/1999]). Jedoch haben anders als z. B. Chemiker oder Maschinenbauingenieure Mathematiker keine eigene Branche, in der ihre Fähigkeiten hinreichend bekannt sind, sondern sie müssen sich selbst neue Beschäftigungsfelder erschließen. Dies ist ihnen bisher gut gelungen. Wichtige Tätigkeitsbereiche sind z. B. Computersimulationen, Unternehmensberatung, Wirtschaftsprüfung, Datenverarbeitung sowie Wissenschaft und Forschung. Die Auswertung von Stellenangeboten für Mathematiker/innen in 40 Tageszeitungen im Jahr 1998 erbrachte folgende Verteilung [ZAV, Arbeitsmarktinformation 6/1999, S. 10]:

- Software Produktion: 24%,
- Finanz- und Rechnungswesen 16%,
- EDV / Organisation 15%,
- Forschung & Entwicklung 13%,
- Aus- und Weiterbildung 12%,
- Allgemeine Verwaltung, Koordination 5%,
- Planung 2%,
- Controlling 2%,
- Vertrieb 2% (Rest 9%).

Nachfragen aus der Versicherungsbranche, der Datenverarbeitungsbranche sowie aus der Forschung und den Hochschulen machen etwa drei Viertel des gesamten Stellenangebots für Mathematiker/innen aus. Im Jahr 2001 waren die Nachfragen aus der Datenverarbeitungsbranche geringer, aus der Versicherungsbranche und von Forschungsinstitutionen waren sie ähnlich hoch wie in den Jahren davor. Die Einstiegsgehälter von Mathematiker/innen in der freien Wirtschaft liegen bei etwa 38.000 €, im öffentlichen Dienst liegt der Einstiegstarif bei BAT IIa oder A 13 [ZAV 1999].

Gymnasiallehrer und -lehrerinnen für Mathematik

Generell nahm seit 1970 der Anteil der Mathematikerinnen und Mathematiker, die als Lehrer arbeiten, ab. So waren z.B. bei der Volkszählung von 1970 32,2% der befragten erwerbstätigen Personen mit einem Hochschulabschluss in Mathematik Gymnasiallehrer, während die entsprechende Zahl bei der Volkszählung von 1987 nur noch 18,5% betrug (repräsentative Befragung von 10% der erwerbstätigen Bevölkerung, vgl. [Böttcher et al. 1994]). Der Frauenanteil unter den Gymnasiallehrern mit Fach Mathematik betrug 1970 17,6%, 1987 dagegen schon 23,4%.

Tabelle 2.1 zeigt die (seit 1994 ausgewiesenen) Absolventinnen und Absolventen eines zweiten Staatsexamens für das Fach Mathematik in der Sekundarstufe II, gleichzeitig den Anteil dieser Personen an allen Personen, die im entsprechenden Jahr das zweite Staatsexamen für die Sekundarstufe II ablegten (soweit Angaben der Bundesländer vorlagen). Hiernach gab es in den letzten Jahren pro Jahr etwa 1.500 neue Gymnasiallehrkräfte für das Fach Mathematik, wobei die Zahl der Lehrerinnen und Lehrer sich in etwa die Waage hielt. Bezogen auf alle entsprechenden Lehrkräfte wählten etwa 10%, mehr Männer als Frauen das Fach Mathematik.

Tabelle 2.1: Bestandene zweite Staatsexamina für Mathematik, Sekundarstufe II, bundesweit in den Jahren 1994 bis 2001

Jahr	Bundesländer	Frauen			Männer		
		N	%	% von allen Prüfungen	N	%	% von allen Prüfungen
1994	7	527	58.1	9.8	380	41.9	12.5
1995	10	940	62.4	13.1	566	37.6	15.7
1996	9	180	43.8	6.4	231	56.2	13.1
1997	9	291	49.8	8.5	293	50.2	14.1
1998	11	588	49.0	8.0	610	51.0	12.5
1999	13	794	51.9	9.4	736	48.1	12.5
2000	14	767	51.4	8.1	725	48.6	11.3
2001	14	734	54.9	7.4	602	45.1	11.8

[Statistisches Bundesamt, Bildung und Kultur, Fachserie 11, Reihe 1]; bestandene zweite Staatsprüfungen; wechselnde Anzahl von Bundesländern, die Angaben machten – darunter aber immer die bevölkerungsstärksten Länder

Eine Anfrage beim bayrischen Kultusministerium zu den derzeit an den Gymnasien beschäftigten Lehrkräften für das Fach Mathematik erbrachte einen Frauenanteil von 42%. Bundesweit sind derzeit 47,6% aller Gymnasiallehrer (alle Fächer) weiblich, davon 35,5% Vollzeit und 74,5% Teilzeit [Statistisches Bundesamt, Bildung und Kultur, Fachserie 11, 2002].

Unter den arbeitslosen Gymnasiallehrern (alle Fächer) beträgt der Frauenanteil 62%, d.h. ist leicht erhöht. Die Nachfragesituation nach Gymnasiallehrern mit Fach Mathematik ist derzeit jedoch sehr gut, sodass es kaum Arbeitslose gibt (vgl. [ZAV 2002]).

Mathematikerinnen und Mathematiker im Hochschulbereich

1970 waren etwa 7,4% der beschäftigten Mathematiker im Hochschulbereich tätig (davon 8,1% Frauen), 1987 waren es 6,0% (davon 7,5% Frauen). Tabelle 2.2 zeigt die Entwicklung des hauptamtlichen wissenschaftlichen Personals im Fach Mathematik nach Geschlecht seit 1992.

Tabelle 2.2: Wissenschaftliches hauptberufliches Personal in der Mathematik an deutschen Hochschulen 1992 bis 2000

Jahr	Gesamt		Professoren		Assistenten und Dozenten		Wissenschaftliche Mitarbeiter		Lehrkräfte für besondere Aufgaben	
	N	% Frauen	N	% Frauen	N	% Frauen	N	% Frauen	N	% Frauen
1992	4.295	10.8	1.493	2.9	734	14.4	1.841	14.1	227	24.2
1993	4.313	10.7	1.545	2.8	727	13.5	1.865	15.3	176	20.5
1994	4.344	10.9	1.545	3.1	558	11.6	2.099	16.2	142	25.4
1995	4.049	11.3	1.385	3.1	522	12.5	2.045	15.8	97	24.7
1996	4.066	10.8	1.392	2.9	538	11.2	2.027	15.1	109	30.3
1997	3.986	10.9	1.338	3.4	554	11.9	1.980	14.7	114	28.9
1998	3.996	11.3	1.335	4.0	557	13.5	1.993	14.5	111	30.6
1999	3.891	11.2	1.311	3.8	503	13.1	1.959	14.6	118	28.0
2000	3.986	11.8	1.368	5.0	474	11.8	2.014	15.4	130	26.9

[Stat. Bundesamt, Bildung und Kultur, Fachserie 11, 4.4]

Innerhalb des betrachteten Zeitraums ist die absolute Zahl der wissenschaftlich tätigen Mathematikerinnen und Mathematiker etwa gleich geblieben, die Zahl der Wissenschaftlerinnen betrug 464 im Jahr 1992 und 470 im Jahr 2000. 1992 gab es 43 Professorinnen (alle Besoldungsstufen) der Mathematik, im Jahr 2000 68, d.h. einen Anstieg von knapp 3% auf etwa 5%. In diesem Zeitraum (1992 bis 2000) habilitierten sich 554 Personen in Mathematik (Mathematik allgemein, Reine

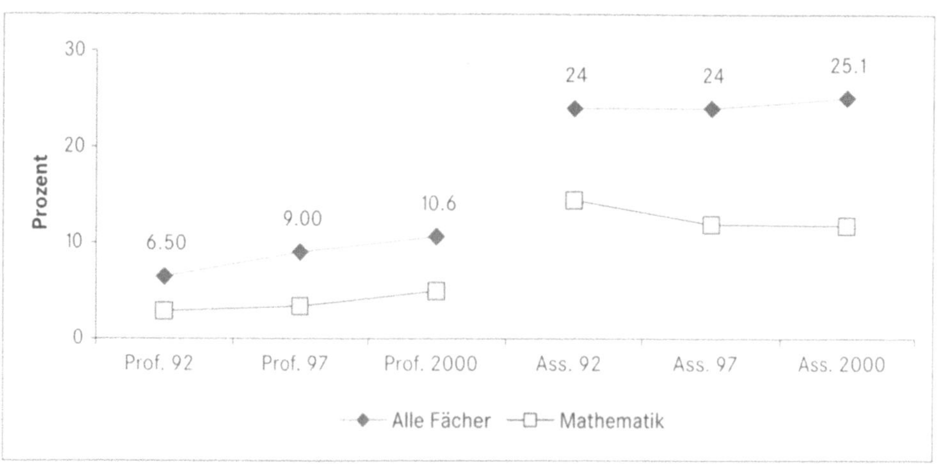

Abb. 2.6: Vergleich der Frauenanteile an den Professuren und Wissenschaftlichen Assistentenstellen von 1992 bis 2000 in allen Fächern und in der Mathematik

Mathematik, Angewandte Mathematik, Wirtschaftsmathematik und Didaktik der Mathematik), davon 56 Frauen, d.h. ziemlich genau 10% Frauen (Mitteilung des Statistischen Bundesamtes).

In Abb. 2.6 werden die Frauenanteile bei den Professuren und Assistentenstellen in der Mathematik mit denjenigen in allen universitären Fächern für die Jahre 1992, 1997 und 2000 verglichen.

Sowohl bei den Professuren, als auch bei den Assistentenstellen liegt der Frauenanteil in der Mathematik weit unter demjenigen in allen Fächern. Der zeitliche Trend ist bei den Professuren allgemein und in der Mathematik parallel, bei den Assistentenstellen dagegen ist der Frauenanteil in der Mathematik trendmäßig schwach sinkend, während er über alle Fächer hinweg betrachtet langsam steigend ist.

Zusammenfassung

In diesem Kapitel wurden anhand von statistischen Zahlen zum Mathematikstudium seit Mitte der 1920er Jahre bis heute verschiedene Trends aufgezeigt.

Vor dem zweiten Weltkrieg und danach wieder bis Ende der 60er Jahre betrug der Frauenanteil unter den Mathematikstudierenden etwa 20%; danach stieg er kontinuierlich auf über 60% bei den Lehramtsanfängern und auf etwa 40% bei den Diplomanfängern an. Mathematik ist also als Studienfach bei den Frauen kaum weniger beliebt als bei den Männern. Historisch lag der Frauenanteil im Studienfach Mathematik über demjenigen aller Studierenden. Für Frauen ist ein Lehramtstudiengang, für Männer ein Diplomstudiengang attraktiver.

Es gibt keinerlei Unterschiede in den Studienleistungen (Studiendauer, Examensnoten) zwischen Frauen und Männern.

Die „Schwundquote" in mathematischen Studiengängen beträgt etwa 58% in Diplom- und 29% in Lehramtstudiengängen. Derzeit brechen mehr Männer als Frauen das Studium ab, mehr Frauen als Männer wechseln das Studienfach.

Bei der Promotionshäufigkeit zeigt sich bei beiden Geschlechtern über die Jahre eine steigende Tendenz. Derzeit unterscheidet sich die Promotionshäufigkeit der Frauen kaum noch von der der Männer.

Mathematiker haben derzeit hervorragende Berufschancen, die Arbeitslosigkeit ist auch im Vergleich zu anderen Akademikern gering. Frauen sind jedoch unter den wenigen arbeitslos gemeldeten Personen überrepräsentiert.

Die wichtigsten Berufsfelder für Mathematiker/innen sind – neben dem Lehramt – die Arbeit an Forschungsinstitutionen, im Versicherungswesen und in der Datenverarbeitung. Die Verdienstmöglichkeiten sind gut.

Entsprechend der hohen Zahl weiblicher Lehramtsabsolvierender in der Mathematik nimmt auch der Prozentsatz von Mathematiklehrerinnen zu und nähert sich der Parität mit den männlichen Kollegen. Mathematiklehrkräfte sind derzeit stark nachgefragt, es gibt nahezu keine Arbeitslosen.

Im Hochschulbereich sind Mathematikerinnen nach wie vor stark unterrepräsentiert. Der Frauenanteil unter den Professuren hat sich in den letzten Jahren zwar leicht erhöht; entgegen dem allgemeinen Trend nahm jedoch der Frauenanteil auf den Assistentenstellen in der Mathematik ab.

3 Mathematikabsolventinnen und -absolventen im Lehramt

3.1 Berufswege im Lehramt in der ersten Hälfte des 20. Jahrhundert

In unserem Buch vergleichen wir Entwicklungen zu Beginn und gegen Ende des 20. Jahrhunderts. Während es heute viele Berufsmöglichkeiten für Mathematik studierende Frauen und Männer gibt, konzentrierten sich diese in den ersten Jahrzehnten des 20. Jahrhunderts auf eine Lehrtätigkeit im höheren Schuldienst. Noch im Studienjahr 1930/31 gaben 90% der Mathematik-Studierenden an den Universitäten wie auch an den Technischen Hochschulen in Deutschland an, dass sie Studienrat bzw. Studienrätin im höheren Schuldienst werden wollten [Böttcher et al. 1994, S. 52]. Während heute Frauen formal denselben Zugang zum Beruf haben, mussten sie sich diesen Weg um 1900 erst erstreiten.

Wir werden deshalb in diesem Kapitel zunächst beschreiben, wie Frauen Zugang zum Beruf der Oberlehrerin bzw. Studienrätin für Mathematik erhielten und wie sich durch diese neue Berufschance sogar eine bevorzugte Wahl des Studienfaches Mathematik ergab. Auf der Basis eines umfangreichen Datenmaterials vergleichen wir dann die Wege von Frauen und Männern, die ein Lehramts-Staatsexamen in Mathematik erfolgreich absolvierten. Wir werden sie zum Zeitpunkt ihres Examens betrachten und den nachfolgenden Berufsverlauf analysieren. Das heißt, wir wollen die Unterschiede und Gemeinsamkeiten ergründen, die es zwischen diesen Frauen und Männern auf dem Wege bis zum Studienabschluss und im weiteren Berufsverlauf gab. Der Weg dieser Personen kann aufgrund von Personalblättern und Lehrerkalendern bis ca. 1942, zum Teil darüber hinaus, verfolgt werden. Um die historische Situation noch besser zu verdeutlichen, sollen auch Wege herausragender Mathematik-Lehrerinnen exemplarisch beschrieben werden. Es sei bereits an dieser Stelle hervorgehoben, dass die erste Frau, die in Deutschland 1923 eine ordentliche Professur für das Gebiet Erziehungswissenschaft erhielt, eine Mathematiklehrerin war.

Bei dieser historischen Untersuchung ist zu berücksichtigen, dass gravierende politische Einschnitte, der Erste Weltkrieg, Weltwirtschaftskrise um 1930, NS-Diktatur und Zweiter Weltkrieg Einfluss auf den Berufsverlauf ausübten.

Sowohl der statistische Vergleich einer großen Datenmenge als auch die ausgewählten Biografien von Mathematiklehrerinnen werden zeigen, welche Unterschiede noch vor nicht allzu langer Zeit in den Berufsverläufen von Frauen und Männern bestanden. Ohne diese Vergangenheit zu kennen, können wir die Gegenwart nicht hinreichend verstehen.

Der Zugang von Frauen zum Beruf der Oberlehrerin und Studienrätin für Mathematik

Sofern man sich Frauen überhaupt beruflich denken konnte, wurde ihnen die als besonders weiblich geltende lehrende und erziehende Tätigkeit zugestanden. Bereits in früheren Jahrhunderten lehrten Frauen als Erzieherinnen in Klöstern und privaten Einrichtungen zum Teil auch Mathematik; als Lehrerinnen an Volks-, mittleren und höheren Mädchenschulen vermittelten sie schon im 19. Jahrhundert Anfangsgründe des Rechnens. Allerdings umfasste der Unterricht an öffentlichen höheren Mädchenschulen noch um 1900 keinen wissenschaftlichen Lehrstoff in Mathematik und Naturwissenschaften. Der Abschluss einer höheren Mädchenschule bescheinigte nicht die Hochschulreife und für eine Lehrtätigkeit an diesen Schulen brauchten Frauen kein Mathematik-Studium. Höhere Schulen (Humanistische Gymnasien, Realgymnasien, Oberrealschulen) mit fundiertem Mathematikunterricht waren im 19. Jahrhundert nur für Knaben eingerichtet worden. Dort unterrichteten nur Männer. Der Beruf des Gymnasiallehrers für Mathematik war zu Beginn des 19. Jahrhunderts entstanden, als die philosophischen Fakultäten der Universitäten mit der Lehrerausbildung betraut worden waren [Schubring 1991]. Ein entsprechendes Mathematik-Studium schloss mit dem wissenschaftlichen Staatsexamen für das Lehramt an höheren Schulen ab.[1]

Um zu diesem Staatsexamen zugelassen zu werden, mussten sich Frauen erst den Weg zum Universitätsstudium erkämpfen. Die Anfänge waren durch Sondergenehmigungen mit Hörerinnen-Status und Erlasse für die Immatrikulation, von 1900 bis 1909 in jedem deutschen Land gesondert[2], geprägt. Das Anwachsen der Zahl von Mathematik-Studentinnen wurde maßgeblich durch neue Gesetze in Preußen bestimmt, dem größten deutschen Land mit den meisten Schulen und Universitäten[3]. Nachdem an der Universität Göttingen im WS 1893/94 erstmals Ausländerinnen als Gasthörerinnen in Mathematik und Naturwissenschaften ausnahmsweise zugelassen worden waren (vgl. Kapitel 7.1), regelte das Land Preußen 1894 das höhere Mädchenschulwesen neu. Diese Neuregelung beinhaltete zwar noch keinen mathematisch-naturwissenschaftlichen Unterricht für diese Schulen, ebnete aber Frauen den Weg zur Universität. Nach der „Ordnung der Wissenschaftlichen Prüfung der Lehrerinnen (Oberlehrerinnenprüfung)" vom 31. Mai 1894 konnten Frauen, die nach einer Prüfung als Lehrerin für Volks-, mittlere und höhere Mädchenschulen bereits mehrere Jahre in der Praxis tätig gewesen waren, jetzt Vorlesungen an der Universität (philosophische Fakultät, die auch noch Mathematik und Naturwissenschaften umfasste) besuchen und die Oberlehrerinnen-Prüfung ablegen. Mit der Oberlehrerinnen-Prüfung sollte die Position von Lehrerinnen an den Mädchenschulen gestärkt werden, wo bisher in der Mehrzahl Männer unterrichteten. Mit dem Argument einer Erziehung zu

[1] Ein Studienabschluss konnte auch nur die Promotion in Mathematik sein. Die meisten Promovierenden legten zusätzlich das Staatsexamen ab, oft erst nach der Doktorpüfung. Vgl. Kapitel 6.1.

[2] Erlasse zur Immatrikulation von Frauen: Baden 28.2.1900, Bayern 21.9.1903, Württemberg 17.5.1904, Sachsen 17.4.1906, Thüringen 4.4.1907, Hessen 29.5.1908, Preußen 18.8.1908, Mecklenburg 29.6.1909.

[3] Preußen besaß um 1900 zehn Universitäten; Bayern drei.

„echter Weiblichkeit" sollten Frauen nun Oberlehrerinnen und Direktorinnen werden können [Kraul 1991]. Bis 1912 gab es schließlich an den höheren Mädchenschulen Preußens 336 Oberlehrerinnen, davon 49 mit einer Lehrbefähigung in Mathematik [Schröder 1913]. Die Bestimmungen der Oberlehrerinnenprüfung unterschieden sich jedoch von denen des Lehramts-Staatsexamens, das noch den Männern vorbehalten war. Zum Beispiel konnte die Fachkombination nicht frei gewählt werden, insbesondere konnte Mathematik nicht mit naturwissenschaftlichen Fächern kombiniert werden.

Frauen strebten deshalb danach, in gleicher Weise wie Männer zum Lehramts-Staatsexamen zugelassen zu werden. Dass dies nicht ganz einfach gewesen ist, geht aus Worten des Mathematikers Felix Klein hervor, der einen seiner Mitstreiter zu einem Aufsatz über das mathematische Frauenstudium (vgl. [Lorey 1909]) angeregt hatte; er schrieb:

> „L.[ieber] Hr. Kollege! Mir kam der Gedanke, dass Sie in Ihrem Aufsatze doch auch der Damen gedenken möchten, die jetzt den Oberlehrer in Mathematik abgelegt haben. Es ist dies vor allem Frl. Freytag (Mädchengymnasium Bonn), die vor drei Jahren als erste die ganzen Schwierigkeiten (in Berlin) durchgekämpft hat. Dann Frl. Turnau (Mädchengymn. Cöln)[4], Frl. Meissner (Mg. Hamburg), Frl. Dr. Reck (Mädchenschule Celle), Frl. Dr. Gernet (Mädchengymnasium Karlsruhe). Das Nähere müssten Sie freilich von den Damen selbst zu erfahren suchen. Ihr erg.[ebener] Klein" [Nachlass Lorey, Nachtrag]

Die erwähnte Marie Gernet (1865–1924) ist die erste Deutsche, die nach der Ausländerin Kowalewskaja eine mathematische Dissertation einreichte und erfolgreich promovierte (1895, Universität Heidelberg); sie unterrichtete am ersten deutschen Mädchengymnasium, das 1893 in Karlsruhe (Baden) gegründet worden war und zur Hochschulreife führte. Gernet besaß allerdings nur die Lehrerinnenprüfung für mittlere und höhere Mädchenschulen. Thekla Freytag (geb. 1877) absolvierte im Jahre 1905 als Erste in Preußen die wissenschaftliche Prüfung (Staatsexamen) für das höhere Lehramt in Mathematik. In der schriftlichen Hausarbeit hatte sie ein anspruchsvolles Thema aus der Theorie der elliptischen Modulfunktionen bearbeitet.

Ausgehend von diesen einzelnen Vorreiterinnen, die die Hochschulreife zum Teil im Ausland oder nach privater Vorbereitung als Externe an Knabengymnasien erworben hatten, erklärten schließlich zahlreiche Frauen Mathematik und Naturwissenschaften zu ihren Lieblingsfächern. Grundlage dafür waren wiederum neue Gesetze in Preußen. Am 18.8.1908 verfügte Preußen einen Erlass, der - erstmals in Deutschland - bestimmte, dass die Fächer Mathematik und Naturwissenschaften an den öffentlichen höheren Mädchenschulen zu unterrichten seien. Felix Klein, der als einziger Mathematik-Professor Mitglied des Preußischen Abgeordnetenhauses war, förderte dies maßgeblich. In Bayern folgte zwei Jahre später eine entsprechende Verfügung (vgl. [Schröder 1913]). Die Organisation des Mädchenschulwesens wurde den Knabenschulen angepasst. Es wurden sogenannte weibliche Studienanstalten gymnasialer, realgymnasialer und Oberrealschul-Richtung gegründet, deren Abschluss zur Hochschulreife berechtigte. Ab 1909 wurde zusätzlich verfügt, dass Frauen auch direkt nach dem Besuch

[4] Die in Wien geborenen Helene Turnau (1879–1964) hatte 1904 an der Universität Zürich in Mathematik promoviert und unterrichtete als Oberlehrerin in Köln.

der Lehrerinnen-Seminarklasse des Oberlyzeums und Ablegen der Lehrerinnen-Prüfung für Volks-, mittlere und höhere Mädchenschule (sog. „vierter Weg") zur Universität zuzulassen sind.

Die Lehrkräfte auch an den Mädchenschulen waren jedoch noch vorwiegend männlich. Diese Männer, die Mädchen unterrichteten, urteilten allerdings sehr positiv über deren Fähigkeiten und unterstützten ihre Studienwahl Mathematik. Ein Hamburger Gymnasialprofessor, der im Auftrage Felix Kleins die Situation nach den ersten fünf Jahren analysierte, beschrieb - im Ergebnis einer Umfrage - dass sich von manchen Abiturientinnen-Klassen der ersten Jahrgänge ein Drittel für ein mathematisch-naturwissenschaftliches Studium entschied. Und er schrieb über das Erfassen des schwierigsten mathematischen Stoffes, der in den höheren Schulen gelehrt wurde:

> „...ich habe [...] als Lehrer an der Oberrealschule vor dem Holstentore 12 Jahre lang und in 7 1/2 jähriger Wirksamkeit an den Realgymnasialklassen für Mädchen in Hamburg das Urteil immer wieder bestätigt gefunden, daß beide Geschlechter gleich fähig zur Erfassung der Infinitesimalrechnung sind und daß sie, sobald sie darin eingeführt werden, mit besonderer Freudigkeit mitarbeiten." [Schröder 1913, S. 70f.]

Die Entscheidung für ein Mathematik-Studium war erleichtert worden, nachdem Preußen - mit dem erwähnten Erlass vom 18.8.1908 - die Immatrikulation von Frauen genehmigt hatte. Zwar hatten bereits seit 1894 einige mit dem Hörerinnen-Status Lehrveranstaltungen besucht, aber jeder Dozent musste einzeln um Erlaubnis gebeten werden, und die Abschlüsse erforderten Sonderregelungen. Seit der regulären Zulassung von Frauen zum WS 1908/09 führte das preußische Kultusministerium Statistiken über das Frauenstudium, in denen die Mathematikstudentinnen extra ausgewiesen sind - während dies in offiziell publizierten Statistiken erst ab 1924/25 geschah (vgl. Kapitel 2). Die in den Akten[5] ermittelten Statistiken dokumentieren, dass Mathematik als gewähltes Studienfach bei Frauen in den Jahren von 1909 bis 1919 auf einem vorderen Rang lag, das heisst, nach philologischen Fächern und Medizin folgte Mathematik. Zum Beispiel hatten im SS 1914 von 2499 eingeschriebenen Studentinnen an preußischen Universitäten 308 (12%) Mathematik gewählt; in Berlin waren 77 Frauen, in Bonn 50, in Münster 48, in Göttingen 36 eingeschrieben.

Frauen ergriffen damit die neue Berufschance, Lehrerin für die neuen Unterrichtsfächer Mathematik und Naturwissenschaften an öffentlichen höheren Mädchenschulen werden zu können. Ein Drittel der Lehrerstellen an den Mädchenschulen blieb allerdings Männern vorbehalten. Eine derartige Quote gab es für Lehrerinnen an höheren Knabenschulen nicht. Über einen längeren historischen Zeitraum gesehen, in den ersten vierzig Jahren des 20. Jahrhunderts, betrug der Frauenanteil unter den Personen mit Oberlehrer/innen-Prüfung und Staatsexamen in Mathematik durchschnittlich 15%[6]. Im Folgenden sollen die Frauen und Männer verglichen werden, die von 1902 bis 1940 ein entsprechendes Examen absolvierten.

[5] [GSTA], HA Rep. 76 Va Sekt. 1 Tit. VIII Nr. 8 Adh I Bd. XII.

[6] Vgl. zum Verlauf des Frauenanteils an den Mathematik-Studierenden Kapitel 2.

Personen mit Mathematik-Staatsexamen 1902 bis 1940

Die Aussagen in diesem Kapitel stützen sich auf die Analyse von 3040 Personalblättern preußischer Lehrerinnen und Lehrer, die eine Lehrbefähigung für Mathematik (I. Stufe) besaßen und ab 1880 geboren wurden. Diese Personen legten das wissenschaftliche Staatsexamen bzw. die Oberlehrerinnenprüfung in den Jahren von 1902 bis 1940 ab; unter ihnen waren 15,2% Frauen (462).[7]

Die Abschlüsse waren nicht gleichmäßig auf die Jahre verteilt. Es sind historische Einschnitte erkennbar. Zur Zeit des Ersten Weltkrieges ging die Anzahl der Abschlüsse von Männern zurück, während Frauen in zunehmendem Maße ein Examen ablegten. Kurz nach dem Kriege holten die zurückgekehrten Männer die Abschlüsse nach. Dann trat erneut ein Rückgang ein, der einerseits darauf fußte, dass viele Abiturienten am Kriege teilgenommen hatten und diese Jahrgänge verspätet mit dem Studium abschlossen. Andererseits zeichnete sich um 1924 eine Überfüllung der höheren Schulen mit Studienräten ab, weshalb neue Verordnungen zum Personalabbau erlassen wurden [Juristinnen 1984, S. 76f.; 1998, S. 148f.]. Im Jahre 1924 wurden zahlreiche fest angestellte Personen in den zeitweiligen

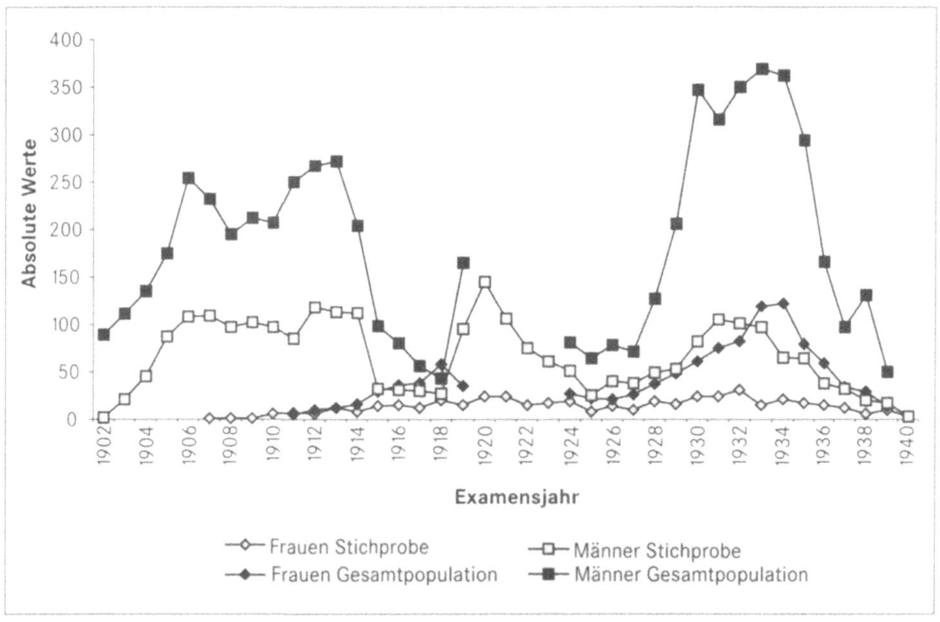

Abb. 3.1: Verteilung der Staatsexamensabschlüsse im Hauptfach Mathematik pro Jahr und Geschlecht (Gesamtpopulation[8] und Stichprobe)

[7] Der Vergleich dieser Abschlüsse mit der Absolvierendenpopulation, die in den preußischen Statistischen Jahrbüchern ausgewiesen sind, zeigte, dass mehr als 30% der Personen in die Untersuchung eingehen und die Stichprobe repräsentativ ist. Vgl. [Handbuch 1921], [Statistisches Jahrbuch 1926-33], [Zentralblatt 1911-20].

[8] Die aus den preußischen statistischen Quellen entnommenen Zahlen der Examensabschlüsse (Gesamtpopulation) beziehen sich jeweils auf den Zeitraum vom 1. April des angegebenen Jahres bis zum 1. April des nachfolgenden Jahres. Für die Jahre 1920 bis 1923 wurden keine Statistiken publiziert.

Ruhestand versetzt (vgl. [Kunze 1924ff.]). Daraus resultierte eine sinkende Zahl der Studierenden und der nachfolgenden Abschlüsse.

Erst Ende der 1920er Jahre erhöhte sich die Zahl der Abschlüsse wieder; die Lehramtskandidaten trafen allerdings wiederum auf überfüllte Schulen und zusätzlich auf durch die Weltwirtschaftskrise erschwerte Bedingungen. Bis 1935 galt ein weitgehender Einstellungs-Stop im höheren Schuldienst, was - neben weiteren politisch bedingten Rückgängen - erneut zum Sinken der Abschlüsse führte. Die seit 1930 abschließenden Personen fanden sehr schwer eine Anstellung im höheren Schuldienst. Studienassessoren und Studienassessorinnen warteten in befristeten Positionen z.T. mehr als zehn Jahre auf eine Dauerstelle.

Elfriede Twenhäfel, die bei Otto Toeplitz (1881–1940) in Bonn die wissenschaftliche Staatsexamenarbeit in Mathematik geschrieben hatte, beschrieb die schlechten Aussichten in einem Brief an Toeplitz vom 25. April 1933:

> „Sie werden vielleicht erstaunen, wenn Sie von mir hören, daß ich mich entschlossen habe, meine Ausbildung als Referendarin zu unterbrechen, um sie evtl. ganz aufzugeben. Aber Sie werden leicht erraten, welche Gründe mich zu diesem Schritt veranlassen, ja geradezu zwingen, da Sie ja am besten über meine bisherige Ausbildung unterrichtet sind. Ich habe eben eingesehen, daß ich mit meinem Staatsexamen an der höheren Schule nicht weiterkommen kann, wo die Zahl der Anwärter so groß ist und bei der Auswahl die Zeugnisse natürlich ausschlaggebend sind. Sie werden sicherlich auch den neuen Erlaß kennen, der in die Ausbildung der Studienreferendare so grundlegend eingreift. Sie können sich denken, daß mir dieser Entschluß nicht ganz leicht wurde, vor allem, da ich nicht recht weiß, was ich nun beginnen soll. Es ist ja so schwer, gerade jetzt in einen anderen Berufszweig hineinzukommen." [UABonn, Nachlass Toeplitz-13]

Einige ausgebildete Studienassessoren und -assessorinnen nahmen Stellungen als Volksschullehrer/innen an oder gingen in den Privatschuldienst. Außerdem eröffneten sich neue Tätigkeitsfelder in der Industrie (vgl. dazu Kapitel 4.1 und 6.1).

Frauen und Männer zum Zeitpunkt des Examens

Frauen und Männer, die ein Examen von 1902 bis 1940 in Mathematik erfolgreich abgeschlossen hatten, unterschieden sich vor allem in Aspekten, die den Weg Studierender in diesen Jahren allgemein bestimmten und nicht mathematikspezifisch waren.

Dazu gehört erstens die *soziale Herkunft*. Während heute bei Lehramtstudierenden hierbei keine geschlechtsspezifischen Differenzen mehr bestehen, besaßen früher die Frauen mit Staatsexamen im Hauptfach Mathematik (45%) häufiger als Männer (27%) einen Vater mit akademischer Bildung.[9] Studentinnen kamen damals im Allgemeinen stärker als Studenten aus gebildeten und begüterten Schichten (vgl. [Huerkamp 1996]). Das Studium war teuer und wurde deshalb der Tochter weniger oft als dem Sohn finanziert.

Zweitens differierte - aufgrund der monoedukativen *Schulbildung* - die bevorzugte Art des Schulabschlusses. Bei den vier möglichen Wegen, die Frauen ab 1909 zur Hochschulreife führen konnten, nahm der sogenannte „vierte" Weg - nach der

[9] Frauen mit Diplomabschluss kommen auch heute noch häufiger als Männer aus akademischen Elternhäusern, vgl. Kapitel 4.2

Studienanstalt realgymnasialer Richtung[10] (diese wurden bevorzugt neu gegründet) – mit 35% die zweite Position ein. Das heisst, 35% der Frauen mit Staatsexamen im Hauptfach Mathematik hatten die Seminarklasse des Oberlyzeums mit einer wissenschaftlichen Prüfung für Volks-, mittlere und höhere Mädchenschulen absolviert. Dagegen hatten nur 0,3% der Männer unserer Stichprobe eine Prüfung als Volks- oder/und Mittelschullehrer vor dem Studium der Mathematik abgelegt. Daraus erklärt sich, dass Frauen (22,4%) bereits in stärkerem Maße als Männer (2,5%) vor dem Studium lehrend tätig waren. Frauen hatten damit ihren Berufsweg vor dem Studium besser abgesichert.

Dieser andere Schulweg führte drittens dazu, dass *Frauen* – durchschnittlich gesehen – *zum Zeitpunkt des Examens etwas älter* als Männer waren, da der sogenannte vierte Weg ein Jahr länger dauerte.

Hinsichtlich des Studienweges – *Studierverhalten, Studiendauer, Leistungsmerkmale* – bestanden keine geschlechtsspezifischen Unterschiede. So wechselten beispielsweise 65% der Studierenden mindestens einmal den Studienort. Das betraf Frauen und Männer gleichermaßen. Gegenwärtig wechseln nur noch ca. 10% der Studierenden den Studienort, dies ebenfalls geschlechtsunabhängig (vgl. Kapitel 3.2 und 4.2); heute gehen jedoch Studierende häufiger als früher ein Semester lang ins Ausland. Die durchschnittliche Studiendauer lag damals sowohl bei Frauen als auch bei Männern zwischen neun und zehn Semestern. Auch das ist heute – natürlich abhängig vom Lehrinhalt, aber auch vom absolvierten Wochenstundenvolumen (der Samstag war früher selbstverständlich ein Studientag) – gestiegen.

Die *Durchschnittsnoten*, die im Fach Mathematik beim Staatsexamen erreicht wurden (Frauen 2,17; Männer 2,21), zeigten ebenfalls keine signifikanten Differenzen.

Hinsichtlich der *Zahl der erworbenen Lehrbefähigungen* unterschieden sich Frauen und Männern ebenfalls nicht. Es war im Untersuchungszeitraum üblich, das Lehramts-Staatsexamen für drei Fächer abzulegen; dies taten 79% der Frauen und 81% der Männer. Weitere Personen erwarben die Lehrbefähigung für zwei (im Rahmen der Oberlehrer/innen-Prüfung), vier oder auch fünf Fächer, dies ebenfalls geschlechtsunabhängig. Die bevorzugte Fachkombination (bei drei Fächern im Staatsexamen) war Mathematik/Physik/Chemie; 39,6% der Frauen und 38% der Männer wählten diese Kombination. Auch bei anderen beliebten Fachkombinationen bestanden keine signifikanten Unterschiede zwischen den Geschlechtern: Mathematik/Physik/Erdkunde, Mathematik/Physik/Botanik, Zoologie sowie Mathematik/Physik/Philosophische Propädeutik. Das bevorzugte Kombinieren von Mathematik mit Physik – das auch gegenwärtig noch anhält (vgl. Kapitel 3.2) – beruhte vornehmlich auf der Empfehlung im Rahmen der Unterrichtsreform (vgl. [Klein 1908, S. 32ff.]).

Blicken wir etwas tiefer, sind marginale Differenzen erkennbar, die eine *etwas geringere Neigung von Frauen zu Physik sowie zu anwendungsorientierter Mathematik* vermuten lassen. Wir prüften, ob das neben Mathematik belegte Fach als Hauptfach (I. Stufe) bzw. als Nebenfach (Lehrbefähigung nur bis zur Mittelstufe, II. Stufe) abgelegt wurde. Dabei zeigte sich, dass Frauen das Fach Physik etwas

[10] Das war der von den 1908 errichteten Typen höherer Mädchenschulen mit der höchsten Wochenstundenzahl in Mathematik und Naturwissenschaften.

mehr als Männer nur als Nebenfach abschlossen. Sowohl Frauen (88,7%) als auch Männer (97,7%) kombinierten zwar das Hauptfach Mathematik am häufigsten mit Physik, jedoch nur 74% der Frauen – im Vergleich zu 82% der Männer – hatten das Fach Physik als Hauptfach abgeschlossen.

Etwas größer war der Unterschied bei der Wahl des Faches „Angewandte Mathematik“. Dieses Fach wählten 21% der Männer und 3% der Frauen; diese Frauen besaßen die Lehrbefähigung für mehr als drei Fächer. Männer belegten angewandte Mathematik am dritt häufigsten als weiteres Fach, nach Physik und Chemie. Für Frauen rangierte angewandte Mathematik erst an achter Stelle. Das Fach angewandte Mathematik war erstmals 1898 als besondere Lehrbefähigung (neben reiner Mathematik) im preußischen Staatsexamen eingeführt [Ordnung 1898] und nachfolgend von den anderen Ländern übernommen worden. Als wahlobligatorische Gebiete der angewandten Mathematik wurden zunächst darstellende Geometrie, technische Mechanik und Geodäsie (verknüpft mit Wahrscheinlichkeitsrechnung) angeboten; später wurde die Zahl der Gebiete erweitert (vgl. dazu Kapitel 4.1). An den einzelnen Universitäten und Technischen Hochschulen waren die Wahlgebiete unterschiedlich ausgebaut.[11] Die Ausbildung in angewandter Mathematik zielte darauf, für Tätigkeiten an mittleren technischen Fachschulen und auch in der Industrie und Wirtschaft vorzubereiten. Die zunächst geringe Wahl des Gebietes war ein Ausdruck dafür, dass entsprechende Berufsfelder ungenügend entwickelt waren. Frauen studierten an den Fachschulen kaum und wurden dort auch nicht als Lehrerinnen angestellt. Sie waren in ihrem Verhalten ebenso pragmatisch wie Männer und wählten Einsatzfelder mit besseren Berufsaussichten. Ein geringeres Grundinteresse oder gar eine geringere Begabung für anwendungsorientierte Mathematik lässt sich daraus nicht ableiten. Vielmehr zeigen unsere Untersuchungen zu wissenschaftlich tätigen Frauen in der Mathematik ein stärkeres Hinwenden zu Anwendungen (vgl. hierzu Kapitel 6.1).

Berufswege im höheren Schuldienst – Frauen und Männer im Vergleich

Nach dem wissenschaftlichen Staatsexamen folgten zwei Jahre (im Untersuchungszeitraum unterschiedlich genannt: 1. und 2. Vorbereitungsjahr bzw. Seminar- und Probejahr), die auf eine Tätigkeit im höheren Schuldienst vorbereiteten und mit einer pädagogischen Prüfung abschlossen. Bis zu dieser Prüfung, die mit der Ernennung zum Studienassessor bzw. zur Studienassessorin verbunden war, bestanden keine Unterschiede zwischen den Wegen, die Frauen und Männer erreichten: 84,2% der Frauen mit Staatsexamen in Mathematik und 85,7% der Männer absolvierten diese Prüfung.

Der weitere berufliche Werdegang zeigte jedoch, dass Frauen weniger erfolgreich waren als ihre männlichen Kollegen – trotz gleicher Studienleistungen und trotz ähnlichen Verlaufs des Berufseinstiegs. So endete z.B. für 36% der Frauen der Berufsweg auf der Stufe der *Studienassessorin*, während nur 16,3% der Männer nicht weiter kamen. Eine feste Position als *Studienrätin* im höheren Schuldienst

[11] Eine Analyse von Staatsexamen an der TH Dresden zeigte, dass hier die Kombination reine Mathematik, angewandte Mathematik, Physik bevorzugt gewählt wurde, von Frauen und Männern. Dabei war Versicherungsmathematik ein beliebtes Wahlgebiet in angewandter Mathematik [Phil.-Jb Sachsen].

erhielten 59% der Frauen unserer historischen Stichprobe, aber 72% der Männer wurden *Studienrat.*

Die Analyse der in den Personalbögen eingetragenen Gründe für das Ausscheiden aus dem Schuldienst erbrachte, dass die *Eheschließung* für Frauen der hauptsächliche Grund für die Aufgabe des Berufs war. Männer schieden in erster Linie wegen Krankheit oder Tod aus. Die Frage der Vereinbarkeit von Beruf und Familie stand nicht zur Diskussion. Als Frauen das akademische Studium ermöglicht wurde, war nur an die Existenzsicherung von unverheiratet bleibenden Frauen gedacht. Deshalb bestand auch bis zur Weimarer Reichsverfassung 1919 das sog. *Beamtinnenzölibat.*

Da diese Entwicklungen wenig bekannt sind, aber manche Haltungen heute erklären, sei dies kurz erläutert. Bis 1919 mussten Frauen aus einer bereits verbeamteten Position ausscheiden, wenn sie heirateten. Dahinter steckte folgende Argumentation, die Franz Riehl, Professor der Philosophie an der Universität Königsberg, am 16.2.1907 bei einer Anfrage des preußischen Kultusministeriums aussprach:

> „Zunächst könnten Frauen zur Professur wohl nur zugelassen werden, falls sie unverheiratet sind. Dieser Grundsatz gilt meines Wissens gegenüber allen weiblichen Personen, welche im preußischen Staate eine öffentliche Anstellung erlangen wollen, z. B. den Lehrerinnen, und zwar mit Recht. Die Pflichten einer Hausfrau werden sich nur ausnahmsweise mit denen einer öffentlichen Lehrerin vereinigen lassen, und Schwangerschaft, Wochenbett und Kindererziehung und -wartung werden nur zu oft die erheblichsten Störungen in der Abhaltung der Vorlesungen herbeiführen." [GSTA, HA Rep. 76 Va Sekt. 1 Tit. VIII Nr. 8 Adh III, Bl. 88]

Diese weit verbreitete Ansicht verarbeitete die promovierte Mathematikerin Marie Vaerting (1880–1964) – die eine berühmte Schriftstellerin werden sollte – in ihrem ersten autobiografischen Roman. Sie legte einem Dialekt sprechenden Mann folgende Worte in den Mund:

> „Mag eine weibliche Person der Neuzeit entsprechend studieren wie eine männliche, abers auch noch wie eine männliche zu heiraten, is und bleib bei einer weiblichen verdammenswert." [Vaerting 1912, S. 119]

Wenn das Beamtinnenzölibat auch 1919 aufgehoben wurde, so existierten zunächst noch Landesgesetze mit einer „Zölibatsklausel", die schließlich mit Beschlüssen des Reichsgerichts vom 10. Mai 1921 und vom 5. Januar 1923 außer Kraft gesetzt wurden. Allerdings wurde bereits zum 27. Oktober 1923 eine neue „Personal-Abbau-Verordnung" erlassen, die in Artikel 14 wieder die Kündigung der verheirateten Beamtin vorsah. Dieser Artikel 14 galt bis zum 31. März 1929. Und wiederum, am 30. Mai 1932 wurde ein Gesetz begründet, das es der vorgesetzten Dienstbehörde ermöglichte, der verheirateten Frau zu kündigen. [Juristinnen 1984, S. 76f.; 1998, S. 148f.]

Wir sehen, dass sich demnach Berufstätigkeit im Staatsdienst sowie Eheschließung/Familiengründung nahezu ausschlossen. Daraus erklärt sich, dass die fest angestellten Lehrerinnen dominant unverheiratet und kinderlos waren; nur 1% der Lehrerinnen war damals verheiratet.[12]

[12] Natürlich gab es interessante Ausnahmen. Frieda Nugel, die in Halle als Erste in Mathematik promovierte, im Februar 1912 die mündliche Doktorprüfung und im Juli 1912 das Staatsexamen in Mathematik, Physik und Deutsch abgelegt hatte, heiratete am 4.4.1914, gebar bis 1922 vier Kinder, setzte jedoch selten mit ihrer Lehrtätigkeit aus und wurde 1930 als Studienrätin

Eine generelle Benachteiligung weiblicher Lehrkräfte drückte sich damals auch in Bezug auf das *Gehalt* aus – und verstärkte sich während der NS-Zeit. (Vgl. [Enzelberger 2001], [Juristinnen 1998, S. 149])

Die Frauen unserer Stichprobe gelangten in den Jahren zwischen 1909 und 1942 in eine Dauerstelle als *Oberlehrerin* bzw. *Studienrätin*, wobei sich Examensjahre mit relativ kurzen Anstellungszeiten bzw. langen Wartezeiten abwechselten. In der Zeit 1932 bis 1936 wurden keine Frauen unserer Stichprobe eingestellt; auch die Zahl der neu angestellten Männer war von 1932 bis 1934, der Zeit weitgehender Einstellungssperre, gering. Der Beginn der NS-Diktatur markierte einen tiefen Einschnitt, der sich auf den Weg vieler Frauen und Männer auswirkte. Die schon gegen Ende der Weimarer Republik proklamierte Politik gegen das „Doppel-Verdienertum" drängte die wenigen verheirateten Lehrerinnen aus dem Schuldienst.[13] Wenn diese Politik auch im November 1933 für einige Gebiete wieder etwas revidiert wurde und Frauen mehr unter antisemitischen als antifeministischen Positionen zu leiden hatten, waren Frauen mit mathematisch-naturwissenschaftlicher Lehrbefähigung in den Jahren der Weimarer Republik in bessere Positionen gelangt als nach 1933.

Einstellungshöhepunkte wiesen die Jahre 1919 sowie 1926 bis 1930 aus, wobei der Frauen-Anteil der 1930 angestellten Personen 30,8% betrug. Dies wurde in den nachfolgenden Jahren des Untersuchungszeitraumes nicht wieder erreicht. Auch als Frauen zu Beginn des zweiten Weltkrieges wieder gebraucht wurden, lag der Frauen-Anteil bei den Neueinstellungen nur bei 18,8% (1939).

Frauen erreichten durchschnittlich später eine feste Anstellung als Männer und wurden seltener in höhere Positionen befördert. So wurden Frauen nach durchschnittlich 6,3 Jahren Studienrätin, Männer nach 5,45 Jahren fest angestellt. 5,7% der Studienrätinnen wurden *Oberstudienrätin*; Männer gelangten zu 7,9% in eine vergleichbare Position. Noch größer war die Schere bei den Schulleiter-Positionen (Studiendirektor, Oberstudiendirektor[14]). 26,6% der Oberstudienrätinnen wurden *Oberstudiendirektorinnen*; bei den Männern in vergleichbarer Position waren es 79,6%.

Die Höherstufungen der Frauen konzentrierten sich vor allem auf die Zeit bis 1932. Die Durchsicht der Lehrer-Kalender zeigte, dass es im Schuljahr 1940/41 insgesamt 23 Oberstudiendirektorinnen an preußischen höheren Mädchenschulen gab. Von diesen besaßen nur vier eine Lehrbefähigung für Mathematik, wobei sie schon vor 1933 in diese Position gelangt waren. Die Tätigkeit als Schulleiter bzw. Schulleiterin nach 1933 setzte eine besondere Anpassung an die politischen Bedingungen der NS-Diktatur voraus. Es zeigte sich aber, dass es auch Personen gab, die eine Degradierung in Kauf nahmen, um die politisch und rassistisch bedingten Entlassungen nicht mit tragen zu müssen.[15]

Die Lehrerkalender weisen aus, dass unter den Bedingungen der Weimarer Republik in der preußischen Schulverwaltung ab 1920 einzelne Frauen auch

die Hauptverdienerin der Familie, nachdem ihr Mann als Redakteur arbeitslos geworden war (vgl. [Donner 1999], [Tobies 2003]).

[13] Vgl. das Gedicht über die Hamburger Mathematik-Doktorin und Studienrätin Käte Hey (1904–1990) in Kapitel 6.1, das die allgemeine Situation gut kennzeichnet.

[14] Oberstudiendirektoren leiteten sog. Doppelanstalten, Studiendirektoren sog. Nichtvollanstalten.

[15] Als Beispiel siehe unten die Biografie Elisabeth Staigers, jüngste Tochter des Mathematikers Felix Klein.

als *Oberschulrätinnen* im Provinzialschulkollegium oder als Stadtschulrätinnen eingestellt wurden [Kunze 1918ff.]. Im Jahre 1925 gab es vier Oberschulrätinnen, davon eine mit der Lehrbefähigung in Mathematik, neben 52 Oberschulräten, von denen sieben eine Lehrbefähigung Mathematik besaßen. Im Jahre 1930 waren es sechs Oberschulrätinnen, davon zwei mit dem Fach Mathematik, die 1927 bzw. 1928 eingestellt worden waren. Zu gleicher Zeit waren 51 Männer in dieser Position, davon zehn mit Mathematik. Im Jahre 1940 bekleideten nur noch drei Frauen die Position einer Oberschulrätin; keine von diesen besaß die Lehrbefähigung für Mathematik oder Naturwissenschaften.

Die insgesamt geringe Zahl von mathematisch- naturwissenschaftlich ausgebildeten Lehrerinnen in höheren Positionen, die in den 30er Jahren noch mehr zurück ging, kann auch ein Ausdruck dafür sein, dass die Fächer in weniger hohem Ansehen standen. Bereits nach dem verlorenen ersten Weltkrieg - verbunden mit einem Technikpessimismus - war die Ausbildung zugunsten von historisch-ethischen Fächern zurückgedrängt worden.[16]

Mathematik-Lehrerinnen mit herausragender Biografie

Wenn es vor 1945 eine Mathematik-Lehrerin zur ordentlichen Professorin brachte, wenn eine Oberstudiendirektorin eine Degradierung in Kauf nahm und sich nicht der NS-Politik anpasste oder wenn eine Ordensschwester promovierte und eine Schule leitete, so sind das herausragende Berufsverläufe, deren Kenntnis es ermöglicht, grundlegende Entwicklungen noch besser zu verstehen.

Mathilde Vaerting, von der Mathematiklehrerin zur ordentlichen Professorin[17]

*10.1.1884 Messingen (heute Freren bei Lingen, Niedersachsen)
†6.5.1977 Schönau (Schwarzwald)
zweite ordentliche Professorin in Deutschland

Mathilde Vaerting wurde 1923 auf ein Ordinariat für Erziehungswissenschaften an der Universität Jena (Thüringen) berufen und war damit die erste Pädagogik-Professorin und die zweite ordentliche Professorin in Deutschland überhaupt. (Als erste war 1923, wenige Monate vor ihr, die in Estland geborene Margarete Wrangell (1876-1932) für das Gebiet der Pflanzenphysiologie an der Landwirtschaftlichen Hochschule Stuttgart-Hohenheim in Württemberg berufen worden.) Mathilde Vaerting ist für uns besonders interessant, weil ihre schriftlich niedergelegten Erfahrungen als Mathematiklehrerin noch heute aktuell sind und weil sie sich Ruhm mit Arbeiten zur Geschlechterpsychologie und Soziologie erwarb. Außerdem wird deutlich, welchen Anfeindungen eine ordentliche Professorin ausgesetzt war. Preußen dagegen erlaubte Frauen keine verbeamtete Professur, kein Ordinariat, kein Extraordinariat, nur den Titel - ohne Gehalt - konnten einige Frauen im größten deutschen Land damals erhalten.

[16] Vgl. hierzu ausführlicher [Tobies 1993, Mathematiker und Mathematikunterricht..]

[17] Diese Ausführungen beruhen zum Teil auf der Ausarbeitung eines Vortrags, den Helgard Ulshoefer, Berliner Landesinstitut für Schule und Medien, am 3.7.2000 in Kaiserslautern hielt.

Leben: Mathilde Vaerting steht mit ihren Schwestern für die Frauen der ersten Generation, die aufbrachen, Mathematik und Naturwissenschaften zu studieren. Sie stammte aus dem katholischen Emsland (Preußen) und wurde als fünftes Kind der Familie des wohlhabenden Landwirtes Johann Heinrich Vaerting (geb. 1843) und seiner naturwissenschaftlich interessierten Frau Anna Mathilde Vaerting geb. Siering (geb. 1857) geboren. Das Ehepaar hatte zehn Kinder, acht Töchter und zwei Söhne. Von fünf Töchtern wissen wir, dass sie Mathematik und Naturwissenschaften studierten, dies zu einem großen Teil gemeinsam, wie der Mathematikprofessor Gerhard Kowalewski (1876–1950) berichtete:

> „Die später so berühmt gewordene Romanschriftstellerin Marie Vaerting, deren erster Roman ‚Hasskamps Anna' aus ihrer Bonner Studentenzeit stammt, war auch meine Schülerin, ebenso ihre Schwester Mathilde, die später eine Professur für Pädagogik an der Universität Jena bekleidete und durch große pädagogische Werke stark hervortrat. Marie Vaerting sorgte in bewunderungswürdiger Weise für ihre Geschwister, unter denen sich auch ein Bruder befand, der Jura studierte. Die Eltern waren beide gestorben und Marie Vaerting war das Oberhaupt der Familie.[18] [...] Daneben arbeitete sie in Bonn unter meiner Leitung an einer Doktordissertation über ein recht schwieriges Thema. Es kam aber nicht dazu, dass sie bei mir promovierte, da ich nach Prag berufen wurde. Sie zog dann mit allen Geschwistern nach Gießen, wo ihre Arbeit[19] von Professor Pasch[20] angenommen wurde, so dass sie dort ihren Doktor machen konnte." [Kowalewski 1950, S. 206f.]

Die Schwestern Marie (geb. 1880), Mathilde (geb. 1884), Stephanie (geb. 1889) und Theodora (geb. 1891), die an 3., 5., 8 und 9. Stelle der Geschwisterreihe standen, erwarben nachweislich einen Studienabschluss in Mathematik und Naturwissenschaften. Die Wege aller dieser Frauen tragen einen besonderen Charakter. Während die promovierte Mathematikerin Marie kurze Zeit verheiratet war (Pfeiffer), Schriftstellerin und Verlegerin (Pfeiffer-Verlag) wurde, wobei sie auch Bücher ihrer Schwester Mathilde verlegte, arbeiteten die anderen als Lehrerinnen. Stephanie erhielt 1925 eine Stelle als Studienassessorin für Mathematik und Physik an der städtischen höheren Knaben- und Mädchenschule zu Nordenburg, obgleich sie verheiratet war (Willrodt) und einen Sohn hatte. Ihr Mann nahm nach der Entlassung aus dem Marinedienst (Kapitänleutnant des Marine-Ingenieurwesens) ein Zusatzstudium an der TH Berlin auf, so dass sie die Verdienerin war.[21] Theodora absolvierte 1918 das Staatsexamen in Mathematik, Physik, Chemie/Mineralogie – die beliebteste Fachkombination – und erhielt nach längerer Tätigkeit an einer höheren deutschen Auslandsschule in Argentinien zum 1.4.1927 eine Stelle als Studienrätin am staatlichen Oberlyzeum in Solingen [Kunze 1920ff.].

Mathilde erreichte die höchste Karrierestufe der Geschwister. Sie war zunächst den klassischen Weg der damaligen Frauenbildung gegangen: Lehrerinnenseminar (1903), Abitur als Externe, Tätigkeit als Lehrerin in Düsseldorf (ab 1905) sowie weitere Studien, um die Fakultas für das höhere Lehramt zu erreichen. Sie

[18] Vor Marie waren zwei weitere Schwestern geboren worden: 1877 Hendrica Gesina Ida und 1878 Elisabeth; nach [Kraul 1999, S.95] ging die Älteste ins Kloster und wurde ebenfalls Lehrerin für mathematisch-naturwissenschaftliche Fächer.

[19] Sie erwarb den Titel mit der Dissertation „Zur Transformation der vielfachen Integrale" und legte das Rigorosum in den Fächern Mathematik, Physik und Deutsch ab.

[20] Moritz Pasch (1843–1930), Mathematikprofessor in Gießen von 1874 bis 1911.

[21] Angaben der Urenkelin Maren Pannen, wofür herzlich gedankt sei.

studierte ab 1907 in Bonn (2 Semester), München (1), Marburg (1), Gießen (1) und wieder in Bonn (2), wo sie am 16.5.1911 bei dem Professor für katholische Philosophie Adolf Dyroff (1866–1943) promovierte[22]. Nach dem Staatsexamen am 1.2.1912 in den Fächern Mathematik, Physik und philosophische Propädeutik unterrichtete sie ab 16.4.1912 als Oberlehrerin an der 1. höheren Mädchenschule in Berlin-Neukölln, die seit 1908 zum Abitur führte, eine Studienanstalt mit Oberrealschul-Richtung (d.h. mit dem höchsten Stundenvolumen in Mathematik und Naturwissenschaften) sowie mit Lyzeum und Oberlyzeum (vierter Weg). Neben dem Schulleiter gab es hier nur noch einen Kollegen mit Mathematik-Lehrbefähigung, ab 1917 eine weitere Kollegin mit der Kombination Mathematik/Physik/Chemie. Mathilde Vaerting unterrichtete ausschließlich Rechnen und Mathematik, was den Schuljahresberichten zu entnehmen ist. Auch in einer Notiz vom 23. November 1923 aus ihrer Habilitationsakte an der Berliner Universität können wir lesen: „Frl. Dr. Vaerting bekleidet eine hauptamtliche Stelle als Oberlehrerin am städtischen Lyzeum u. Oberlyzeum zu Neukölln, 21 Wochenstunden Mathematik.“ [UAB, Nr.1236] Neben ihrer Tätigkeit als Lehrerin hatte sie wissenschaftliche Studien fortgesetzt, Vorlesungen in Sozialwissenschaften und Anthropologie besucht, über pädagogisch-psychologische Themen publiziert und am 16.6.1919 ein Gesuch zur Habilitation bei der Philosophischen Fakultät der Universität Berlin eingereicht. Sie besaß allerdings keinen Förderer an der Universität; ihre Schrift *Neubegründung der vergleichenden Psychologie der Geschlechter* widersprach allen Konventionen und wurde vom Philosophen Carl Stumpf (1848–1936) negativ begutachtet; das Habilitationsgesuch wurde von der gesamten Fakultät abgelehnt.[23] Ihr daraufhin publiziertes zweibändiges Werk zu diesem Thema (1921,1923) erregte allerdings großes Aufsehen, wurde von der Frauenbewegung aller Schattierungen lebhaft begrüßt und trug dazu bei, dass sie zum 1.10.1923 als Professorin an die Universität Jena berufen wurde.

Sie war nicht Mitglied einer Partei, jedoch mit Friedrich Ebert persönlich bekannt, der den Ruf empfohlen haben soll. Mathilde Vaerting engagierte sich im Bund Entschiedener Schulreformer, der von 1919 bis 1933 existierte; sie setzte sich für Koedukation, für Lebens- und Produktionsschulen, für eine Einheitsschule während der damals achtjährigen Pflichtschulzeit und für Chancengleichheit von Arbeiterkindern ein. Sie war an der Reichschulkonferenz beteiligt, die das Ministerium des Innern vom 11. bis 19. Juni 1920 nach Berlin einberief [Die Reichsschulkonferenz 1920]. Sie wandte sich – wie viele naturwissenschaftlich-technischen Vereine – gegen die sich hier abzeichnende untergeordnete Rolle von Mathematik, Naturwissenschaften und Technik an den Schulen. Jede Fremdsprache wurde mit mehr Wochenstunden bedacht als die drei Naturwissenschaften (Ma, Ph, Bio) zusammen [Vaerting 1920].

Orientiert am Konzept der Einheitsschule erließ das Thüringer Volksbildungsministerium 1922 ein Gesetz, das die Ausbildung von *Volksschul*lehrern an die

[22] Mathilde konvertierte übrigens, wie ihre Schwestern Marie und Stephanie, vom katholischen zum evangelischen Glauben, um die Anstellungschancen im preußischen Schuldienst zu erhöhen. Dieser Zusammenhang ist belegt [Bewerbungsschreiben Stephanie Willrodts am 14.4.1925; Privatbesitz Maren Pannen]. Eine Rolle spielte zudem, dass sich die katholische Kirche länger gegen das Frauenstudium aussprach.

[23] Die Habilitationsakte ist publiziert in [Tobies 1997] Promotionen...

Universität holte; Volksbildungsminister Greil (SPD) gründete eine eigene Erziehungswissenschaftliche Abteilung und besetzte die Lehrstühle mit reformpädagogisch orientierten Personen, gegen den Willen der Philosophischen Fakultät. Während die anderen berufenen Schulreformer, der Psychologe Wilhelm Peters und der Erziehungswissenschaftler Peter Petersen (1884–1952), sich etablieren konnten, geriet Mathilde Vaerting ins Kreuzfeuer von Macht und Geschlechterproblematik. Nach dem Sturz der SPD/USPD-Regierung 1924 wurde sie als Wissenschaftlerin angegriffen. Dass die Konflikte auf ihrer Position als Frau beruhten, drückt ein Brief aus, den sie am 4.8.1924 an das Ministerium für Volksbildung schrieb:

> „Sehr bezeichnend ist, dass mir in dem Gutachten auch noch vorgeworfen wird, dass meine Schriften dem Nachweise dienen, dass die Frau in jeder Hinsicht die gleiche Stellung wie der Mann zu beanspruchen habe. Obgleich die Gleichberechtigung der Frau schon in der Verfassung festgelegt worden ist, glaubt man mir mein Eintreten für diese Selbstverständlichkeit als Fehler anrechnen zu müssen." (Zitiert nach [Kraul 1999, S. 106])

Sie konnte zwar diese Konflikte wie auch ein 1930 gegen sie eingeleitetes Dienststrafverfahren abwehren, aber mit Machtantritt der Nazis wurde sie auf der Basis des „Gesetzes über die Wiederherstellung des Berufsbeamtentums" (7.4.1933) nach §4 zum 28.4.1933 aus politischen Gründen entlassen, wobei sie 3/4 ihres Ruhegehalts erhielt. Ihr wurde Publikationsverbot erteilt; sie durfte das Land nicht verlassen; ein Antrag, Heilkunde auszuüben, wurde ihr verwehrt. Erarbeitete Manuskripte wurden Opfer eines Bombenangriffs im Juni 1944. Ihre Bewerbungen auf Professuren nach 1945 blieben erfolglos. Seit 1952 lebte sie in Darmstadt, mit Edwin Elmerich, einem ihrer Doktoranden aus der Jenaer Zeit, und ihrer Schwester Marie. Mathilde Vaerting und Elmerich edierten die *Zeitschrift für Staatssoziologie* (1953–1977); ein von ihnen gegründetes „Internationales Institut für Politik und Staatssoziologie" existierte zwar nur kurz und als „Post-Phantom", war jedoch Ausdruck ihrer unermüdlichen Energie bis ins hohe Alter.

Werk und Wirkung: Ihre Dissertation „Otto Willmanns und Benno Erdmanns Apperceptionsbegriff im Vergleich zu dem von Herbart" (1911), eine traditionelle Literaturarbeit, zeigte bereits ihr Interesse an psychologischen Lernprozessen. In ihrem Aufsatz *Vernichtung der Intelligenz durch Gedächtnisarbeit* (1913) wandte sie sich gegen einen Mathematikunterricht, der nur zu abprüfbaren Kenntnissen führt. In ihrer Schrift *Neue Wege im mathematischen Unterricht* (1921, ^{2}1929), die auch ins Russische übersetzt wurde, befürwortete sie, sehr modern, einen problemorientierten Unterricht, von ihr „forschendes Lernen" genannt, und forderte Erziehung zu Selbständigkeit:

> „Die Selbständigkeit ist dadurch gekennzeichnet, dass sie dem Schüler eine Aufgabe stellt, die über das Bekannte hinaus etwas Neues verlangt. Der Stoff wird nicht vorher erarbeitet und dann das Verständnis an der Aufgabe geprüft, sondern die Aufgabe wird so gestellt, dass der Schüler selbständig etwas nicht Behandeltes, etwas Neues findet." [Vaerting 1929, S. 9f.]

Diese forschende Unterrichtsmethode, wobei sie betonte, dass es kein Mittel im Unterricht gebe, das Lust und Freude an eigener Leistung stärker anrege, als diese Art von „mathematischer Selbständigkeitsprobe", ließ sie mit einer Dissertation von ihrer Doktorandin Elsie Knowles noch gründlicher untersuchen [Knowles 1933]. Eine Zuordnung bestimmter Begabungen zu einem Geschlecht lehnte sie entschieden ab:

> „Die Eigenart der Begabung ist an kein Geschlecht gebunden, sondern nur an das Individuum. Deshalb hat man allen Kindern gleiche Möglichkeiten zur Entfaltung ihrer Individualität zu geben ohne Rücksicht auf ihr Geschlecht. Jede Berücksichtigung des Geschlechts bedeutet Verkürzung des Individuums." [Vaerting 1929, S. 18]

Mathilde Vaerting verwies darauf, dass Mädchen weniger Gelegenheit als Jungen erhielten, sich technische und mathematische Kenntnisse und Fähigkeiten anzueignen und forderte deshalb, dass die Schule hier eine kompensatorische Funktion ausüben müsse. Sie forderte deshalb gleiche Lernbedingungen für Schülerinnen und Schüler, in Bezug auf Unterrichtsstunden, Rahmenpläne usw., die man damals nur über Koedukation glaubte erreichen zu können.

Aufgrund ihrer Schulerfahrungen erkannte sie, dass Mädchen gute Mathematikleistungen bei Lehrer/innen erbringen, die es von ihnen erwarten und schlechte Fachleistungen bei denjenigen Lehrkräften, die Mädchen weniger zutrauen. Sie beschrieb damit einen pädagogischen Effekt, der 1971 als Pygmalion-Effekt in die Literatur einging – das Lernen im Kontext sozialer Erwartungen von Lehrern (vgl. [Rosenthal/Jacobsson 1971]).

Mit ihrem Werk *Neubegründung der Psychologie von Mann und Weib*, Band 1: *Die weibliche Eigenart im Männerstaat und die männliche Eigenart im Frauenstaat* (1921, Nachdruck 1975), Band 2: *Wahrheit und Irrtum in der Geschlechterpsychologie* (1923) charakterisierte sie die Rolle der Geschlechter als Produkt ihrer Machtstellung; Band 2 basierte u.a. auf der Untersuchung von Intelligenz und Begabung bei Schülerinnen und Schülern. Ihre in der Reihe „Soziologie und Psychologie der Macht" erschienenen Bücher *Die Macht der Massen* (1928) und *Die Macht der Massen in der Erziehung* (1929), von der Kölner Soziologin Hanna Meuter (1889–1964) anerkannt und auf dem Internationalen Kongress für Reformpädagogik (Nizza 1932) verbreitet, werden von Soziologinnen jüngst wieder rezipiert (vgl. u.a. [Wobbe 1995]). Mathilde Vaertings Motto lautete:

> „Es müssen unter allen Umständen Mittel und Wege gefunden werden, das Ideal der Gleichberechtigung der Geschlechter dauernd zu verwirklichen und jede eingeschlechtliche Vorherrschaft, von welcher Seite sie auch kommen mag, fern zu halten." [Vaerting 1921, S. 168]

Elisabeth Staiger geb. Klein, Oberstudiendirektorin und Degradierung

Leben: Als jüngste Tochter des Mathematik-Professors Felix Klein (1849–1925) und dessen Ehefrau Anna Klein geb. Hegel (1851–1927)[24] wuchs Elisabeth in einer Zeit auf, als ihr Vater maßgeblicher Motor der mathematischen Unterrichtsreformbewegung war – in Deutschland wie auch international. Wie viele Mädchen ihres Jahrgangs besuchte sie nach einer 10klassigen höheren Mädchenschule in Göttingen realgymnasiale Kurse (in Hannover) und legte extern die Reifeprüfung an einem Knabengymnasium ab (Leibnizschule in Hannover, Ostern 1908). Von SS

[24] Ihr Großvater war der berühmte Philosoph Georg Wilhelm Hegel (1813–1927).

*21.5.1888 Göttingen
†18.7.1968 Göttingen

Mathematiklehrerin, Schulleiterin, jüngste Tochter des Mathematikers Felix Klein

Elisabeth Staigers Neffe, der Mathematiklehrer Meinholf Hillebrand, Scheeßel, verglich die starke, selbstbeherrschte Persönlichkeit in ihrem Wesen mit der Schauspielerin Adele Sandrock. Ihr „musikalischer" Neffe Siemer Oppermann ergänzte ihr Bild durch einen Hauch von Wärme und Schwärmerei, den er erlebt habe, wenn sie an den Flügel trat. Orientiert an der mathematisch-naturwissenschaftlichen Unterrichtsreform, die durch ihren Vater getragen wurde, gestaltete sie einen begeisterten Unterricht, wodurch sie bis 1932 schnell in den Karrierestufen aufstieg.
Elisabeth Staiger gehörte zu den wenigen Frauen, die in Preußen Oberstudiendirektorin wurden. Die Dienstaltersliste der Direktorinnen an den anerkannten öffentlichen höheren Lehranstalten Preußens mit Stand vom 29. Juni 1933 umfasste 22 Oberstudiendirektorinnen, die mit einer Ausnahme vor dem 1.4.1933 ernannt worden waren [Kunze 40 (1933/34)]. Von diesen besaßen zehn die Lehrbefähigung in Mathematik, darunter die in Halle mit summa cum laude promovierte Mathematikerin Dr. Charlotte Platen (1894-1987)[25], die promovierten Physikerinnen Dr. Sophie Hoeltzenbein (geb. 1882) und Dr. Helene Stallwitz (geb. 1885). Die Namen von vier Oberstudiendirektorinnen, darunter eine mit Mathematik-Lehrbefähigung, Dr. Paula Best (geb. 1886), waren mit dem Vermerk versehen: „beurl. B. Ges.", d.h. sie waren nach dem sog. „Gesetz über die Wiederherstellung des Berufsbeamtentums" vom 7. April 1933 beurlaubt (entlassen) worden[26]. Elisabeth Staiger betraf das nicht. Sie wollte jedoch Entlassungen ihrer Kolleginnen nicht mit verantworten. Sie bewies Rückgrat und passte sich nicht an. Es gibt dafür wenige, aber weitere Beispiele. Elise Schwartz (geb. 1894), die 1922 in Bonn promovierte[27], wurde am 1.1.1924 Studienrätin und am 1.9.1929 Oberin (stellvertretende Schulleiterin einer höheren Mädchenschule). Die NS-Zeit brachten ihr die Versetzung an eine andere Schule und die Zurückstufung zur Studienrätin am 1.1.1934 [BBF].

1908 bis WS 1912/13 studierte sie in Göttingen, unterbrochen durch ein Semester. Das WS 1910/11 verbrachte sie am berühmten Women's College Bryn Mawr in den USA. Zwischen Göttinger Mathematikern und diesem College bestand bereits seit den 1890er Jahren enger Kontakt; Schülerinnen dieses College's studierten in Göttingen; sie wurden von Klein und anderen Göttinger Mathematikern gefördert (vgl. hierzu Kapitel 7.1); hier kam auch Emmy Noether (1882–1935) unter, als sie 1933 aus Deutschland emigrieren musste.

Elisabeth Klein absolvierte das wissenschaftliche Staatsexamen im Februar 1913 in Göttingen mit der Note „Mit Auszeichnung" in den Fächern Mathematik und Physik für die I. Stufe und in Englisch für die II. Stufe. Nach dieser Prüfung ging sie nicht - wie üblich - als Referendarin an eine Schule, sondern fügte ein Studium der Musik am Königlichen Konservatorium in Leipzig an, wo sie vom

[25] Vgl. zu Platen ausführlicher [Tobies 2003].

[26] Bei allen vier war evangelische Konfession ausgewiesen; sie galten nach der NS-Gesetzgebung als Jüdinnen.

[27] Ihre bei Eduard Study (1862–1930) geschriebene Dissertation „Über binäre trilineare Formen" erschien in der *Mathematischen Zeitschrift*, 12 (1922) S.18–35.

bedeutenden Komponisten Max Reger (1873–1916) unterrichtet wurde. Dieses Studium, das sie auch mit einer Prüfung abschloss, beruhte auf ihren frühen musikalischen Neigungen und auch auf ihrer Verbindung mit Robert Staiger, Doktor der Musikgeschichte und Leiter der Akademischen Orchester-Vereinigung in Göttingen. Sie heiratete ihn am 2. August 1914, kurz vor dessen Einberufung.

Kaum verheiratet, war sie jedoch schon verwitwet, da ihr Mann bereits am 23. August 1914 im Ersten Weltkrieg bei Kämpfen um Charleroy fiel. Als kinderlose Witwe richtete sie sich darauf ein, ihren Lebensunterhalt selbst zu verdienen. Nachdem sie zunächst ihrem Vater geholfen hatte, seine Vorlesungen über die Mathematikgeschichte des 19. Jahrhunderts auszuarbeiten, ging sie 1916 als Referendarin nach Heidelberg. Die Aussicht auf eine feste Stelle in Baden war jedoch schlecht. Deshalb wechselte sie mit Unterstützung ihres Vaters in den preußischen Schuldienst. Felix Klein schrieb über seine Tochter am 15.3.1917 an das preußische Kultusministerium[28]:

> „Darf ich heute, was ich sonst nie getan habe, an Sie noch eine Anfrage wegen eines meiner Kinder nämlich wegen meiner jüngsten Tochter, Frau Dr. Staiger[29], jetzt 28 Jahre alt, richten. Sie hat s.[einer] Z.[eit] hier Math. u. Physik studiert, dann nachdem sie ein Jahr in Amerika war, das Oberlehrerexamen mit Auszeichnung bestanden (M. Ph. I. Stufe, Englisch II. Stufe). Hernach war sie noch 1 1/2 Jahre auf dem Konservatorium in L.[eipzig] und hat auch da mit Prüfung abgeschlossen. Am 2. Aug. 1914 Kriegstrauung; ihr Mann (Musikgelehrter) ist aber schon am 23. VIII. gefallen. Ich habe immer darauf gehalten, dass meine Kinder sich selbständig entwickelten und würde auch wenig erreichen, wenn ich es anders hielte. So ist sie mit Neuj.[ahr] 1916 als Lehramtspraktikantin in Heidelberg eingetreten, wurde bald an die Knabenoberrealschule dort verschlagen, wo sie eine vielseitige Tätigkeit hat, und erhielt Weihnachten die Anstellungsfähigkeit [...], mit dem Bemerken aber, dass in Baden kein Platz sei, weil alle Stellen für Kriegsteilnehmer u. andere ältere Bewerber reserviert bleiben müssten. So schrieb sie mir neulich, dass sie sich nun doch wohl nach Preussen wenden werde. Die Frage ist, an wen sie ihre Papiere am besten einsendet. Zur näheren Charakterisierung dazu: sie ist die einzige m.[einer] K.[inder], welches a.o. Fähigkeiten hat. Vielseitige Interessen, Unternehmungslust, wirkliche pädagog. Begabung. Sie hat früher immer davon gesprochen, an eine Auslandsschule gehen zu wollen, liebt sonst den Aufenthalt in einer kleinen Universitätsstadt. Nur nicht Göttingen, wo sie von früher her zu viele Beziehungen hat. Sie möchte eben selbständig entwickeln, nicht zu sehr in gegebenen Organismus eingespannt sein. Was würden Sie raten?"

Sie absolvierte das Probejahr 1917/18 in Trier (Preußen). Ein mit Begeisterung an ihren Vater gerichteter Brief vom 6.6.1917 drückte aus, wie sie in ihrem Beruf aufging:

> „Es war Physik in OL III, einer leider wenig begabten Klasse. Ich hatte in der Stunde vorher die Entstehung der Transversalwellen erklärt durch Superposition der hin- und rücklaufenden Welle. Dazu hatte ich mir kleine Handmodelle [...] ausgeschnitten, die ich gegen einander verschob (Die geometrische Addition zweier Wellen war vorher erklärt und geübt). Ich war aber nicht bei allen durchgedrungen; [...]. Darauf hatte ich mir den Stoff noch einmal gründlich durchdacht und von einer Schülerin sehr schöne große Pappmodelle anfertigen lassen. Ich wusste nun genau, wo das Verständnis hakte und wie ich den Haken beseitigen würde. (Ich rahmte an der Tafel den zu betrach-

[28] Briefentwurf an Geh.Rat Norrenberg, aufbewahrt im Klein-Nachlass [UBG, II G, Bl.23].

[29] Sie war nicht promoviert.

tenden festen Punkt auf meiner Geraden mit Reissschienen ein [...] und zwang sie, ihren Blick nur auf die Stelle zu richten und in jedem Augenblick die vorübergehenden Wellen für diesen Punkt zu addieren [...] Der Erfolg war unbedingt und im ganzen dies sicher eine der besten Stunden, die ich je gegeben habe [...] Und in dieser Stunde war Kösters anwesend!!! Er war danach derartig angetan, dass ich gar nicht wusste, was ich sagen sollte. ‚Sie haben das Wesen des Unterrichts erfasst', sagte er ‚das ist Anschauung und Verarbeitung'. Als ich sagte, es machte mir sehr große Freude, sagte er; ‚das merkt man; Sie gehen ja völlig darin auf'. In der Tat hatte ich ihn fast vergessen. Abgesehen von der großen Freude über diesen Erfolg, der mir die Sicherheit giebt, dass ich für mein Amt tauge, ist die Sache nicht ohne Bedeutung für meine Zukunft. Ganz im Gegensatz zu Heidelberg ist nämlich unsere Anstalt nach oben sehr gut angeschrieben und gilt als Sprungbrett in der Carriere." [UBG, X, Nr. 430]

Zum 1.4.1918 erhielt sie eine Stelle als Studienrätin an der Viktoriaschule in Essen. Sie unterrichtete hier neben Mathematik, Physik und Englisch auch zeitweise Musik. Bereits am 23.4.1918 berichtete sie an ihren Vater, dass sie gebeten worden sei, die Leitung des verwaisten Gemeindemädchenchor (Erlöser Kirche) zu übernehmen [UBG, Cod. Ms. Klein, X, Nr. 431]. Während der Novemberrevolution beteiligte sie sich - wie viele studierte Frauen in dieser Zeit - auch an politischen Aktionen. Sie trat der neu gegründeten Deutschen Demokratischen Partei bei, half, eine Ortsgruppe dieser Partei zu schaffen und trat als Rednerin auf. Sie erläuterte ihrem Vater am 9.12.1918:

„Die Partei knüpft an 1848 an und man kann wirklich etwas vom damaligen Geiste darin spüren, vor allem in der Betonung der Reichseinheit als oberstem Punkt. Ich gehöre zum ‚Ausschuss' von 25 Leuten (drei Damen) [...]. Unsere Aufgabe ist meiner Meinung nach, alle links neigenden Kreise, die nicht zur Sozialdemokratischen Klassenpartei [...] gehören, zu sammeln." [UBG, Cod. Ms. Klein, X, Nr. 432]

Elisabeth Staiger wechselte am 1.4.1927 als Studienrätin an ein Oberlyzeum nach Kiel und am 1.10.1928 nach Schleswig. Zum 1.10.1930 wurde sie am staatlichen Oberlyzeum in Neumünster zur Oberstudienrätin ernannt und am 1.4.1932 erfolgte die Berufung zur Oberstudiendirektorin an die Goetheschule in Hildesheim, ein staatliches Oberlyzeum mit mehr als 600 Schülerinnen [Kunze 1932].

Der nun folgende Bruch in ihrer Entwicklung ist aus ihrem Personalblatt [BBF] zu erkennen. Nach §5 des sogenannten „Gesetzes über die Wiederherstellung des Berufsbeamtentums" wurde sie zur Studienrätin degradiert und zum 1.12.1933 an das staatliche Oberlyzeum nach Harburg-Wilhelmsburg versetzt; die Amtbezeichnung und die Dienstbezüge blieben nach diesem Paragrafen unberührt [Kunze, 41 (1933/34), S. 313, 440]. Constance Reid, die noch den aus Göttingen in die USA emigrierten Mathematiker Richard Courant (1888-1972) befragen konnte, berichtete, dass Elisabeth Staiger wegen ihrer Loyalität gegenüber ihren vielen jüdischen Freunden zurückgestuft worden sei [Reid 1976, S. 264].

Ihre Biografie wäre unvollständig, würde nicht ihre Freundin Adele Beusch (geb. 1886) erwähnt, Katholikin und Studienrätin für Deutsch, Englisch und Geschichte. Sie wohnten in einem gemeinsamen Haushalt, ließen sich stets an denselben Ort versetzen und nahmen eine verwaiste Schülerin als Pflegetochter auf. Im Jahre 1945 erhielt Elisabeth Staiger erneut eine Position als Oberstudiendirektorin, an der Kaiserin-Auguste-Viktoria-Schule in Celle. Nach ihrer Pensionierung zog sie wieder nach Göttingen.

Bernhardine Liebrecht, Direktorin einer katholischen Ordensschule

*16.11.1893 Paderborn
†10.8.1975 Paderborn

Promovierte Mathematikerin und Schuldirektorin im Augustiner-Orden

An der Universität Münster studierten zahlreiche katholische Ordensschwester, legten ein Staatsexamen ab und promovierten. In unserem Untersuchungszeitraum gab es zwei dieser Frauen, die in Mathematik promovierten und als Lehrerinnen tätig waren. Bernhardine Liebrecht, Schwester Maria Lioba (1893–1975) und Anna Holling, Schwester Maria Nicetia (1894–1967). An den Berufsverläufen dieser Ordensfrauen wird deutlich, dass sie zu leitenden Positionen aufsteigen konnten, während der NS-Zeit jedoch Brüche in ihren Karrieren erleiden mussten. Anna Holling war das fünfte Kind der Familie des Landwirts Heinrich Holling (1847–1927), der nach dem frühen Tode seiner Frau Anna geb. Leugers (1855–1896) die Tochter in das Kloster gab, wo sie eine gute Ausbildung erhielt und studieren konnte. Sie promovierte bei Heinrich Scholz (1844–1953) in Münster (Rigorosum: 18.7.30, sehr gut) [UAM]. Ihre Dissertation „Die Frage nach der Existenz der Nichteuklidischen Geometrie und ihre Beantwortung in den Schriften der beiden Bolyai", publiziert in *Philosophisches Jahrbuch der Görresgesellschaft* 44 (1931) S. 41–78, bezog sich auf die durch die allgemeine Relativitätstheorie implizierte Frage der nichteuklidischen Struktur des Raumes, gab jedoch keine eindeutige Antwort. Anna Holling erwarb das Staatsexamen für die Fächer Mathematik, Physik und philosophische Propädeutik. Sie lehrte bis 1939 und wieder ab 1945 an höheren Mädchenbildungsanstalten der Franziskanerinnen in Gelsenkirchen und M.-Gladbach (vgl. [Kunze], [Phil.-Jb Nordrhein-Westfalen]). Über Bernhardine Liebrecht, die erste in Mathematik promovierte Ordensfrau, liegt uns ein ausführlicherer Bericht[30] vor.

Leben: Als Tochter des Schriftsetzers Joseph Liebrecht und seiner Ehefrau Johanna geb. Schäfers besuchte Bernhardine Liebrecht das Oberlyzeum des St.-Michaels-Klosters[31] zu Paderborn und absolvierte dort das Examen als Oberschullehrerin. 1915 trat sie in dieses Augustiner-Kloster ein (1917: Ordensprofess abgelegt). Nach ihrer Lehrerinnenprüfung unterrichtete sie dort am Lyzeum und Oberlyzeum, wo sie selbst Schülerin gewesen war.

Etwa 1925 konnte sie an der Universität Münster das akademische Studium aufnehmen. Sie war die erste Ordensfrau Preußens, die in Mathematik promovierte. Sie schrieb ihre Dissertation „Über die Folge der Ableitungen einer reellen Funktion von 1,2 und mehr Argumenten" (Rigorosum: 29.05.1929, sehr gut) unter Ludwig Neder (1890–1960) [UAM]. Am 7.2.1930 legte sie das wissenschaftliche Staatsexamen in den Fächern Mathematik, Erdkunde, Botanik und Zoologie ab [BBF] und nahm ihre Lehrtätigkeit wieder an der Schule des St.-Michaels-Klosters auf, die 1923 um eine Realgymnasiale Studienanstalt erweitert worden war. Von 1933 bis 1939 war sie als Direktorin der Hildegardis-Schule in Hagen tätig, die – ebenso wie das Michaelskloster – von Augustiner Chorfrauen geführt wurde und wird. Diese Schule – wie alle Ordensschulen – wurde durch eine nationalsozialistische Zwangsmaßnahme 1939 geschlossen (Wiedereröffnung 1946). Schwester Lioba unterzog sich 1940 einer Ausbildung zur Fürsorgerin und war während des Krieges und auch wohl noch in der Nachkriegszeit als Verwalterin des Katholischen Fürsorgevereins in Castrop-Rauxel sehr erfolgreich tätig. 1947 nahm sie einen Ruf an das Kloster Unserer Lieben Frauen in Offenburg an, ebenfalls ein Augustiner-Kloster. Diese gleichfalls während der Kriegsjahre geschlossene Schule wurde im Zuge der Neuregelung des deutschen Schulwesens zum mathe-

[30] R. Tobies dankt Schwester Leonie Meyenberg für diesen Bericht.

[31] Vgl. http://www.michaelsschule.de/Seiten/stm_chor.htm

matisch- naturwissenschaftlichen Gymnasium ausgebaut. Wie Schwester Leonie Meyenberg berichtete, setzte Schwester Lioba „ihre überragenden wissenschaftlichen und pädagogischen Fähigkeiten mit aller Kraft für diese Aufgabe ein und hatte maßgeblichen Einfluß auf die hervorragende Entwicklung und Wertschätzung dieser Schule". Nach ihrer Pensionierung 1965 kehrte sie in das St.-Michaels-Kloster zurück. Sie verbrachte ihren Lebensabend mit wissenschaftlicher und pädagogischer Arbeit und verstarb nach längerem Leiden.

Zusammenfassende Bemerkungen

Frauen erreichten zu einer Zeit den Zugang zum Beruf der Mathematik-Lehrerin, als in Deutschland und international eine Reform des mathematisch-naturwissenschaftlichen Unterrichts im Gange war. Die Protagonisten dieser Reform, an ihrer Spitze der Mathematik-Professor Felix Klein - bereits zu seinen Lebzeiten hieß es „Kleinsche Unterrichtsreform" - traten dafür ein, dass die Reformierung des Unterrichtsinhalts (Funktionsbegriff, Verstärken von Anschaulichkeit und Anwendbarkeit) auch die Mädchenschulen erfasste. Sie sorgten für die entsprechende Fortbildung bereits in der Praxis tätiger Lehrerinnen und förderten das mathematisch-naturwissenschaftliche Frauenstudium. In den Jahren von 1909 bis 1919 wählten Frauen Mathematik als ein bevorzugtes Studienfach, um Oberlehrerin an einer öffentlichen höheren Mädchenschule werden zu können. Durchschnittlich gesehen, betrug der Frauenanteil an den Lehramts-Staatsexamen mit Hauptfach Mathematik ca. 15% im Zeitraum von 1902 bis 1940. Wenn es auch einige Unterschiede hinsichtlich der sozialen Herkunft und der Schulbildung gab, so differierten Frauen und Männer kaum in ihren kognitiven Leistungen. Der weitere Berufsverlauf dokumentiert, dass weniger Frauen als Männer höhere Positionen im öffentlichen Schuldienst erreichten. Zahlreiche Frauen schieden aus einer Tätigkeit aus, weil sie heirateten. Sowohl Gesetze als auch das traditionelle Bild der Frau im Denken der Gesellschaft behinderten eine Vereinbarkeit von Beruf und Familie, wenn es auch einige wenige Ausnahmefälle gab. Die Mathematik-Lehrerinnen, die höhere Karrierestufen erklommen, die erste ordentliche Professorin für Erziehungswissenschaft in Deutschland und mehrere Schulleiterinnen, blieben unverheiratet und kinderlos.

3.2 Berufswege von Mathematiklehrerinnen und -lehrern heute

Wie die historische Analyse (vgl. Kapitel 2 und 3.1) zeigte, war der Beruf des Gymnasiallehrers für Mathematik unter Frauen sehr beliebt, stellte er doch damals nahezu die einzige Möglichkeit dar, sich als Frau mit diesem Fach befassen und damit auch Geld verdienen zu können. Heutzutage haben sich die Möglichkeiten, als Mathematikerin oder Mathematiker berufstätig zu sein, sehr erweitert und Frauen wie Männer können außer einem Lehramts- auch einen Diplomstudiengang wählen (vgl. Kapitel 2 und 4.1). Welche Auswirkungen diese Wahlmöglichkeit hat, welche Unterschiede es zwischen Personen mit Abschluss Staatsexamen und Diplomabschluss gibt und wie die Berufsverläufe von Mathematiklehrern und -lehrerinnen, Diplommathematikerinnen und Diplommathematikern heute aussehen, das erforscht unsere Studie, die die Berufs- und Lebenswege heutiger Absolventinnen und Absolventen eines Mathematikstudiums begleitet. Wir befragten möglichst viele Absolventinnen und Absolventen eines bestimmten Jahrgangs zu ihren Studienerfahrungen, ihrem persönlichen Hintergrund, ihren Berufsplänen und ihren privaten Zielen, um Erkenntnisse über die aktuelle Situation zu erhalten und mit den historischen Daten vergleichen zu können. Diese Personen wurden drei Jahre nach dem Examen erneut befragt. Über die Studie werden wir in drei Kapiteln dieses Buches berichten. In diesem Kapitel betrachten wir diejenigen Mathematikerinnen und Mathematiker, die ein Lehramtsstudium absolvierten, in Kapitel 4.2 beschäftigen wir uns mit den Diplommathematikerinnen und -mathematikern, und in Kapitel 5 betrachten wir diejenigen Personen, die – unabhängig davon, welchen Studiengang sie durchliefen – nach dem Mathematikexamen noch eine Promotion beabsichtigten.

Das Ziel der Studie bestand zum einen darin, Gemeinsamkeiten und Unterschiede zwischen weiblichen und männlichen Mathematikabsolventen zu betrachten, zum zweiten Faktoren herauszufinden, die den erfolgreichen Berufseinstieg erleichtern bzw. erschweren und drittens Aufschluss darüber zu erhalten, ob – und falls ja, warum – Frauen in der Mathematik beruflich weniger erfolgreich sind als Männer (vgl. auch [Abele et al. 2001], [Abele/Krüsken 2003], [Abele/Stief/Krüsken 2002]).

Wir wählten den Absolventenjahrgang des Jahres 1998. In diesem Jahr absolvierten insgesamt 1920 Personen an einer deutschen Universität ein Staatsexamen für Sekundarstufe II bzw. Gymnasium in Mathematik, davon 1168 Frauen und 752 Männer. Weitere 382 Frauen und 1064 Männer legten eine Diplomprüfung in Mathematik ab.

Da es aus datenschutzrechtlichen Gründen nicht möglich ist, von den Prüfungsämtern der Hochschulen direkt Adressen von Absolventinnen und Absolventen zu erhalten, mussten wir einen indirekten Weg wählen. Wir schrieben die Prüfungsämter von 48 großen deutschen Universitäten an und baten sie um Mitarbeit. Konkret baten wir darum, dass von uns entwickelte Fragebögen von den Prüfungsämtern an alle an dieser Universität im Jahr 1998 examinierten Mathematikerinnen und Mathematiker verschickt werden. 40 Prüfungsämter erklärten sich bereit, zu helfen. Sie erhielten von uns die fertigen Umschläge mit den Fragebögen, schrieben jeweils die Adressen darauf und versandten sie. Die ausgefüllten Fragebögen wurden dann direkt an uns zurückgeschickt. Insgesamt wurden 2122 Fragebögen verschickt, von denen 1092 ausgefüllt zurückkamen, d.h. 32% des gesamten Jahrgangs. Die Rücklaufquote von 52% ist im Vergleich zu anderen Absolventenbefragungen durchaus gut. Da die Befragten im Fragebogen gebeten worden waren, ihre Adressen anzugeben, und 97% der Befragten dies auch taten, konnten wir 1060 Personen im Frühjahr 2001 wieder anschreiben und bitten, einen zweiten Fragebogen auszufüllen. Berücksichtigt man, dass 49 unbekannt verzogen waren, so bedeutet die Zahl von nun 857 zurückgeschickten Fragebögen eine Rücklaufquote von 85%. Dieser sehr hohe Wert deutet darauf hin, dass die Befragten gern an der Studie teilnahmen. Im Internet veröffentlichten wir jeweils Zusammenfassungen wichtiger Ergebnisse und auch diese wurden häufig abgerufen.

Im ersten Fragebogen wurden u.a. Informationen zur Schulzeit, zur Studienfachwahl, zum Studium, zum Studienabschluss, zu beruflichen und privaten Plänen und zu allgemeinen Einstellungen erhoben (vgl. genauer [Abele/Schradi 2000]). Bei der zweiten Befragung lag der Schwerpunkt auf der bisherigen beruflichen Entwicklung, der Zufriedenheit mit dieser Entwicklung, weiteren Plänen sowie auch privaten Lebenseinstellungen (vgl. genauer [Abele/ Krüsken/ Mühlhans 2001]).

Der Aufbau der drei Kapitel über diese Studie ist ähnlich. Nach einem kurzen Literaturüberblick beschreiben wir im ersten Schritt die Befragten selbst und ihre Herkunft, ihr Studienerleben, ihre Studienleistungen und ihre beruflichen Wünsche und Zielvorstellungen am Ende des Studiums. Sodann stellen wir vor, wie diese Personen ihren Berufseinstieg nach dem Examen meisterten, in welchen Feldern sie arbeiten und welche Erfahrungen sie beim Berufseinstieg gemacht haben. Im dritten Schritt analysieren wir, welche Voraussetzungen den Berufseintritt erleichterten oder erschwerten; und im vierten Schritt betrachten wir das Wechselspiel zwischen Privatleben und Beruf. Hinsichtlich des Vergleichs von Frauen und Männern war unsere forschungsleitende Annahme, dass es am Ende des Studiums bei Leistungen und beruflichen Interessen keinerlei Unterschiede gibt, dass sich jedoch im Laufe der Zeit und im Zusammenhang mit der Dynamik von Beruf und Privatleben kleine Unterschiede ergeben, die zusammengenommen auch größere Unterschiede in der beruflichen Entwicklung, den sogenannten „Schereneffekt“ [Abele et al. 2001] bewirken können.

Die Daten wurden mit unterschiedlichen statistischen Verfahren ausgewertet und die Vergleiche zwischen verschiedenen Gruppen, z. B. Frauen versus Männer, Personen mit Staatsexamen versus mit Diplom, wurden auf statistische Signifikanz getestet. Die entsprechenden Kennwerte werden der Lesbarkeit halber im Folgenden nicht mitgeteilt, interessierte Leser mögen sie in den entsprechenden Projektberichten nachlesen (vgl. [Abele/Schradi 2000], [Abele/Krüsken/ Mühlhans 2000a, 2000b, 2001], [Abele/Candova 2002]; vgl. auch [Abele et al. 2002], [Abele/Krüsken 2003]).

Bisherige Befunde

Im Vergleich zu früheren Zeiten verlor der Lehrerberuf heute an Image [Giesen/ Gold 1994], [Glumpler 1993]. Lehrer gelten als „Halbtagsjobber", die zu großer Zahl aus dem schließlich erreichten Beamtenstatus in den vorzeitigen Ruhestand wechseln wollen; sie wären mehr am sicheren Posten als an Schülern interessiert; der Lehrerberuf wird als „Verlegenheitslösung“ bezeichnet; teilweise wird sogar vermutet, Lehrer seien eine Negativselektion der Abiturienten. Letzteres trifft jedoch zumindest für Gymnasiallehrer nicht zu [Gold/Giesen 1993]. Seit etwa 50 Jahren gibt es Studien zur Berufsmotivation von Lehrern, die alle erbrachten, dass pädagogisches Interesse und das Interesse an der Arbeit mit Kindern und Jugendlichen Hauptmotiv für die Wahl des Lehrerberufs ist [Berg 1997], [Boßmann 1977], [Fock et al. 2001], [Knauf 1992], [Oesterreich 1987], [Steltmann 1980], [Terhart et al. 1994]. Daneben spielen Aspekte wie gute Besoldung, Sicherheit des Beamtenverhältnisses und geregelte Freizeit eine wichtige Rolle.

Der Lehrerberuf ist ein Frauenberuf geworden. Im Schuljahr 2000/2001 unterrichteten an Grundschulen etwa 85%, an Hauptschulen 53%, an Realschulen 61%

und an Gymnasien 48% Frauen ([Statistisches Bundesamt 2002]; vgl. auch Kapitel 2). Die Gründe für diese „Feminisierung" sind vielfältig, beginnend mit der relativ guten Vereinbarkeit von Beruf und Familie, über das Image des Berufs als der weiblichen Geschlechtsrolle relativ nahestehend [Flaake 1989], bis hin zu Überlegungen, dass die Wahl eines Lehramtsstudiums bei Frauen häufiger als bei Männern eine „Verlegenheitslösung" und ein „soziales Moratorium" darstellt, das ihnen einen gesellschaftlich akzeptierten Schonraum bietet [Brehmer 1987], [Glumpler 1993]. In diese Richtung interpretierbar ist auch der Befund, dass Frauen sich durch die jeweilige Arbeitsmarktlage weniger in der Wahl eines Lehramtstudiums beeinflussen lassen als Männer [Kahle/Schaeper 1991]. Auch werden schulische Lieblingsfächer zwar von Frauen und Männern gleich häufig als Studienfach gewählt, Frauen studieren sie jedoch eher in Bezug auf einen Lehrerberuf, Männer eher in Bezug auf einen anderen Beruf [Abele/Andrä/ Schute 1999]. Entsprechend erbringen fast alle Studien über die Berufswahlmotivation von Lehrern Unterschiede zwischen Frauen und Männern dahingehend, dass für Frauen die Vereinbarung von Beruf und Familie ein besonders wichtiges Motiv für die Wahl dieses Berufs darstellt (z.B. [Boßmann 1977], [Müller-Fohrbrodt et al. 1978], [Oesterreich 1987], [Terhart et al. 1994]). Einige Studien zeigen darüber hinaus, dass für Lehrerinnen Karriereaspekte und beruflicher Aufstieg weniger wichtig sind als für Lehrer und entsprechend weniger Lehrerinnen in schulischen Leitungspositionen zu finden sind (vgl. z.B. [Rustemeyer 1998]). Und schließlich rechnen sich Lehrerinnen infolge von Familienpausen weniger Chancen zum Aufstieg aus und sind generell weniger davon überzeugt, neue Aufgaben meistern zu können, haben also ein geringeres berufliches Selbstvertrauen [Lührig 1990].

Alle diese Studien wurden jedoch nicht speziell mit Gymnasiallehrerinnen und -lehrern für das Fach Mathematik, sondern mit Lehrkräften unterschiedlicher Schultypen und unterschiedlicher Fächerkombinationen durchgeführt, sodass die Generalisierbarkeit der Ergebnisse für unsere Fragestellungen unklar ist. Wir werden die Befunde unserer Studie mit denen vorliegender Arbeiten am Ende dieses Kapitels vergleichen.

Die befragten Staatsexamensabsolventinnen und -absolventen

Von der Gesamtzahl der von uns befragten Personen absolvierten 446 das Staatsexamen für das Fach Mathematik, 196 Frauen und 250 Männer. Der Frauenanteil betrug damit 44%, im Jahrgang insgesamt lag der Frauenanteil in der entsprechenden Gruppe bei 40% [Statistisches Bundesamt, Fachserie 11, Bildung und Kultur 1998–99].

Die Befragten waren zum Zeitpunkt der Befragung etwa 27 Jahre alt, die Frauen jünger (im Durchschnitt 26 1/2 Jahre) als die Männer (im Durchschnitt knapp 28 Jahre). Sie hatten in nahezu der Hälfte der Fälle mindestens einen Elternteil als Akademiker. Darüber hinaus gab es bei etwa einem Viertel der Befragten bereits mindestens einen Lehrer in der Familie, d.h. der Sohn oder die Tochter hatten sich am Beruf ihres Vaters und/oder ihrer Mutter orientiert. Letzteres war bei Männern noch ausgeprägter als bei Frauen. Etwa 70% lebten in festen Partnerschaften, mehr Frauen (75%) als Männer (64%), 6% aller Befragten waren bereits Eltern (kein Geschlechtsunterschied).

Welche Erfahrungen mit Mathematik haben die Befragten in ihrer Schulzeit gemacht, warum wählten sie ein Mathematik-Lehramtstudium?

Tabelle 3.1 gibt Informationen zu Schulzeit und Studienfachwahl. Frauen waren während der Schulzeit noch stärker an Mathematik interessiert als Männer, alle Befragten hatten überdurchschnittlich gute Abiturnoten; bei den Studienwahlmotiven waren sowohl der spezielle Berufswunsch, als auch das fachliche Interesse und die Begabung und schließlich ebenso die gute Vereinbarkeit von Beruf und Familie wichtig.

Tabelle 3.1: Schulzeit und Studienwahlmotive (fett gedruckte Werte unterscheiden sich jeweils statistisch bedeutsam zwischen Frauen und Männern)

Mathematische Vorbilder und Förderer in Kindheit und Jugend	Knapp 20% der Befragten hatten Vorbilder, häufig berühmte mathematische Wissenschaftler, aber auch Mathematiklehrer oder einen Elternteil; 37% der Befragten wurden während der Schulzeit in ihren mathematischen Interessen gefördert, meist von den Eltern (40%) oder einem/einer Mathematiklehrer/in (35%) - keine Geschlechtsunterschiede
Interesse an Mathematik in der Schulzeit	Frauen schätzten ihr Interesse für Mathematik in der Schulzeit höher ein und nannten häufiger Mathematik als schulisches Lieblingsfach (60%) als Männer (47%); 80% der Befragten hatten - falls möglich - Mathematik als Leistungskurs in der gymnasialen Oberstufe (kein Geschlechtsunterschied);
Abiturnote	Alle Befragten hatten eine überdurchschnittliche Abiturnote von 1,9 - kein Geschlechtsunterschied
Studienwahlmotive	Verschiedene Studienwahlmotive konnten hinsichtlich ihrer Wichtigkeit auf einer Skala von 1 (unwichtig) bis 5 (sehr wichtig) eingeschätzt werden. 1. „Berufswunsch Lehrer" Zustimmungsgrad 4.11 2. „Spezielle Begabung" Zustimmungsgrad 3.90 3. „Fachliche Interessen": Frauen **3.71**; Männer **3.46** 4. „Gute Vereinbarkeit Beruf - Privatleben" Frauen **3.68**; Männer **3.02** 5. „Beschäftigungsaussichten" Zustimmungsgrad 2.20

Wie haben sie die Studienzeit gestaltet?

Abb. 3.2 zeigt die Fächerkombinationen der Befragten. Am häufigsten wurde die Kombination Mathematik/Physik gewählt, bei Männern in knapp der Hälfte der Fälle, bei Frauen in einem Viertel der Fälle. Häufig sind auch Kombinationen mit anderen Naturwissenschaften, mit Sport und wirtschafts- und sozialwissenschaftlichen Fächern sowie - insbesondere bei Frauen - mit Sprachen. Informationen zu Studiengestaltung und Studienerleben vermittelt Tabelle 3.2.

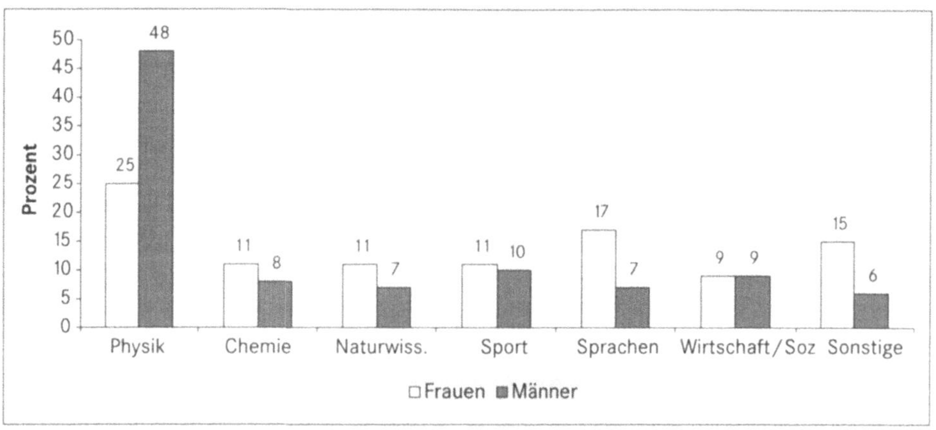

Abb. 3.2: Fächer, die mit Mathematik kombiniert wurden, nach Geschlecht

Tabelle 3.2: Studienerleben (fett gedruckte Werte unterscheiden sich statistisch bedeutsam zwischen Frauen und Männern)

	Frauen	Männer
Studienortwechsel	12%	15%
Auslandsstudium	17%	12%
Mentor gehabt?	20%	24%
Studienfachwechsel	**30%**	**40%**
Davon:		
- andere Fächerkombination im Lehramt	**40%**	13%
- Wechsel von anderem Studiengang	**60%**	**87%**
Mal an Studienabbruch gedacht?	50%	47%
Falls ja, Gründe:		
Realitätsfernes Studium*	**4.27**	**3.97**
Zu hohe Anforderungen*	**4.20**	**3.70**
Zweifel, ob Mathematik das Richtige ist*	**3.42**	**2.94**
Erleben des Studiums		
- Dozenten*	2.94	3.02
- Positive Bewertung*	2.79	2.93
- Belastung*	**3.64**	**3.43**
Berufsvorbereitung durch Studium*	**1.77**	**1.97**
Zurückschauende Zufriedenheit mit Studienfachwahl*	3.47	3.55

*alle Fragen auf 5-stufigen Skalen zu beantworten (1: Ablehnung bzw. negative Bewertung; 5: Zustimmung bzw. positive Bewertung)

Während des Studiums gab es bei den Befragten relativ selten Studienortwechsel und auch selten Auslandsaufenthalte. Weniger als ein Viertel der Befragten hatte während des Studiums eine Art Mentor, d.h. eine Lehrperson, die sich speziell um den jeweiligen Studenten bzw. die jeweilige Studentin kümmerte. Deutlich mehr Lehramtsstudierende als der Durchschnitt aller Studierenden (vgl. Kapitel 2) hatten das Studienfach gewechselt. Bedenklich hoch ist auch der Anteil von Personen, die während des Studiums ernsthaft an Studienabbruch dachten. Frauen wechselten seltener das Studienfach als Männer, aber genauso häufig dachten sie an Abbruch. Das „realitätsferne Studium" war der wichtigste Grund, über einen Abbruch des Studiums nachzudenken.

Die Befragten sollten anhand verschiedener Aussagen ebenfalls angeben, wie sie ihr Studium erlebt hatten. Auch hier zeigte sich eine eher negative Bewertung. Die Dozenten wurden auf einer Skala von 1 (schlecht) bis 5 (gut) nur „mittel" eingeschätzt, Gleiches gilt für die Bewertung des Studiums allgemein. Die Belastung im Studium wurde als relativ hoch beurteilt, von Frauen noch höher als von Männern. Schließlich wurde die Berufsvorbereitung durch das Studium als ausgesprochen schlecht bewertet, von Frauen noch schlechter als von Männern. Trotzdem waren alle Befragten mit ihrer Studienfachwahl im Nachhinein eher zufrieden.

Nur 12% der Befragten „jobbten" während des Studiums nicht nebenher, alle anderen arbeiteten entweder während der gesamten Zeit (30%) oder zeitweilig (58%) nebenher. Dies galt für Frauen und Männer in gleicher Weise.

Tabelle 3.3 zeigt die Ergebnisse zu Studiendauer, Studienleistungen und beruflichem Selbstvertrauen. Frauen und Männern studierten jeweils etwa 12 Fachsemester; Männer hatten jedoch insgesamt etwas länger studiert, was auf ihre häufigeren Studienfachwechsel zurückzuführen ist. Die Examensnoten unterschieden sich zwischen Frauen und Männern nicht. Im Jahre 1998 betrug die durchschnittliche Fachstudiendauer im Gymnasiallehramt Mathematik 11,5 Semester und die durchschnittliche Abschlussnote lag bei 2,20 [Statistisches Bundesamt, Fachserie 11, Bildung und Kultur 1998–99]. Das bedeutet, dass unsere Befragten hinsichtlich Studiendauer und Studienleistung dem Durchschnitt dieses Jahrgangs entsprechen.

Beim beruflichen Selbstvertrauen sollten Fragen wie z.B. „Ich weiß genau, dass ich die an meinen Beruf gestellten Anforderungen erfüllen kann, wenn ich nur will" oder „Schwierigkeiten im Beruf sehe ich gelassen entgegen, da ich meinen Fähigkeiten vertrauen kann" auf jeweils 5-stufigen Antwortskalen beantwortet werden (höhere Werte = höheres berufliches Selbstvertrauen). Wie Tabelle 3.3 zu entnehmen ist, war das berufliche Selbstvertrauen generell recht hoch, bei Frauen jedoch trotz gleicher Leistungen etwas niedriger als bei Männern.

	Frauen	Männer
Studiendauer		
- Hochschulsemester	**12.75**	**13.88**
- Fachsemester	11.91	12.25
Examensnote	2.17	2.15
Berufliches Selbstvertrauen*	**3.73**	**3.87**

* Werte von 1 (niedrig) bis 5 (hoch)

Tabelle 3.3: Studienleistungen (fett gedruckte Werte unterscheiden sich statistisch bedeutsam zwischen Frauen und Männern)

Welche Vorstellungen zur Berufstätigkeit und zum Privatleben hatten die Befragten am Ende ihres Studiums?

Den Befragten wurden u.a. verschiedene Szenarien zur Ausgestaltung der Berufstätigkeit im gesamten Lebensgefüge vorgelegt und sie sollten jeweils angeben, inwieweit sie diesen Szenarien für sich selbst zustimmen (jeweils von 1 „keine Zustimmung“ bis 5 „große Zustimmung“). Die Szenarien lauteten folgendermaßen:

A sagt: „Ich möchte gern in verantwortlicher Führungs- oder Spezialistenposition tätig sein. Dafür bin ich gerne bereit, mehr als vierzig Stunden in der Woche zu investieren und auf Freizeit zu verzichten.“ (Karriereorientierung)

B sagt: „Für mich ist die Berufstätigkeit ebenfalls wesentlich. Ich möchte eine Arbeit, die mir Spaß macht und mich fordert, die mich aber nicht auffrisst und mir Zeit für anderes lässt.“ (Integrationsorientierung)

C sagt: „Ich könnte mir vorstellen, wenn das finanziell möglich ist, Teilzeit zu arbeiten und dadurch mehr Zeit auch für andere Lebensbereiche wie Familie, Freunde, Hobbys usw. zu haben.“ (Teilzeitorientierung)

D sagt: „Für mich ist eigene Berufstätigkeit nicht so wichtig. Ich kann mir durchaus vorstellen, ganz aus dem Erwerbsleben auszusteigen und mich anderem (Familie, Freunde, Hobbys usw.) zu widmen.“ (Ausstiegsorientierung)

E sagt: „Wenn ich eine Familie mit kleinen Kindern habe, möchte ich meine Berufstätigkeit stark reduzieren. Die Familie ist mir wichtiger. Später kann ich ja immer noch wieder einsteigen.“ (Drei-Phasen-Orientierung)

F sagt: „Wenn mein(e) Partner(in) beruflich stark engagiert ist, kann ich mir durchaus vorstellen, selbst nicht berufstätig zu sein, sondern ihm (ihr) den Rücken frei zu halten und ihn (sie) aktiv in seiner (ihrer) Karriere zu unterstützen“ (Partnerorientierung)

Abb. 3.3 zeigt die Ergebnisse. Alle Befragten bevorzugten Typ „B“, die „Integrationsorientierung“, es folgten Typ C, die „Teilzeitorientierung“ und Typ E, die „Drei-Phasen-Orientierung“. Typ A, die „Karriereorientierung“ spielte kaum eine Rolle. Gleiches galt für Typ D, die „Ausstiegsorientierung“. Bei Teilzeitorientierung und Drei-Phasen-Orientierung stimmten Frauen noch mehr zu als Männer. Bei „Partnerorientierung“ (Typ F) war dagegen die Zustimmung der Männer höher.

Die Bevorzugung einer „Integrationsorientierung“ bei der Lebensgestaltung zeigte sich neben diesen Einschätzungen der Berufstypen auch darin, dass lediglich 37% der befragten Frauen eine Vollzeitbeschäftigung anstrebten, und auch bei den Männern der Anteil derjenigen, die gern Vollzeit arbeiten wollten, nur bei 59% lag. Die Mehrheit der Befragten (75%) war bereit, wegen einer guten beruflichen Position den Wohnsitz auch in weitere Entfernung zu verändern, Frauen allerdings etwas weniger als Männer (70% vs. 80%).

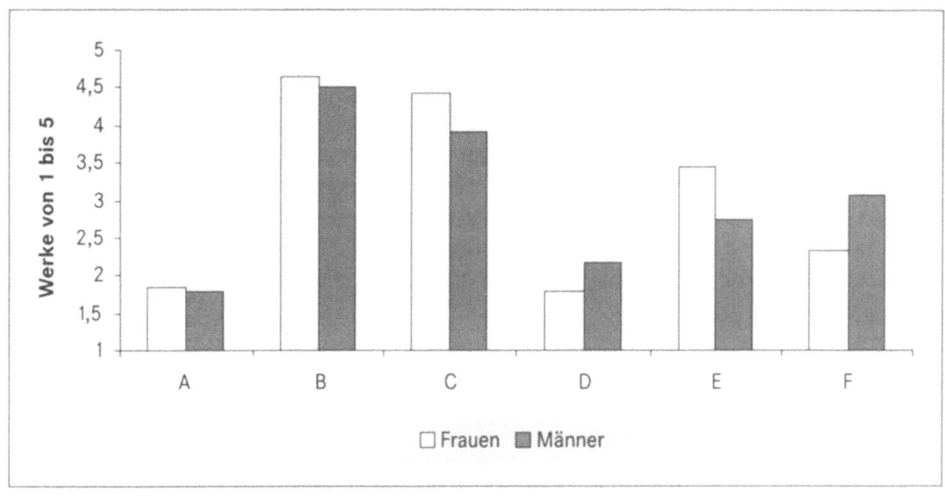

Abb. 3.3: Zustimmung zu verschiedenen „Berufstypen“
(A: „Karriereorientierung“; B: „Integrationsorientierung“; C: „Teilzeitorientierung“; D: „Ausstiegsorientierung“; E: „Drei-Phasen-Orientierung“; F: „Partnerorientierung“)

Was ist aus den Befragten drei Jahre nach dem Examen geworden?

Von den ursprünglich 446 befragten Staatsexamensabsolventinnen und -absolventen beantworteten 146 Frauen und 205 Männer auch den zweiten Fragebogen, der im Schnitt etwa 2 1/2 Jahre nach dem Examen ausgefüllt wurde. Vergleicht man die Personen, die beide Fragebögen ausfüllten, mit denjenigen, die sich nur beim ersten Mal beteiligten, dann gibt es keine Unterschiede, was die Verteilung von Frauen und Männern, was Alter, Studiendauer oder Examensnoten angeht, d.h. die Befragten der zweiten Erhebung entsprechen denen, die den ersten Fragebogen beantworteten.

Der „normale“ Berufsweg dieser Befragten bestand darin, in der Zwischenzeit das Referendariat absolviert zu haben und nun als Lehrkraft zu arbeiten. Daneben gab es auch andere Berufswege. Wir unterscheiden je nach bisherigem Berufs- und Tätigkeitsweg fünf verschiedene Gruppen von Personen:

1. Lehrer und Lehrerinnen hatten bei der zweiten Befragung das zweite Staatsexamen absolviert und gehen einer Tätigkeit an der Schule nach.
2. Referendare und Referendarinnen befinden sich noch in der zweiten Ausbildungsphase.
3. Promovendinnen und Promovenden sind - meist ohne Referendariat - an der Universität verblieben.
4. Die vierte Gruppe bilden Personen, die sich - mit oder ohne Referendariat - gegen eine Lehrertätigkeit entschieden haben und in der Privatwirtschaft arbeiten.

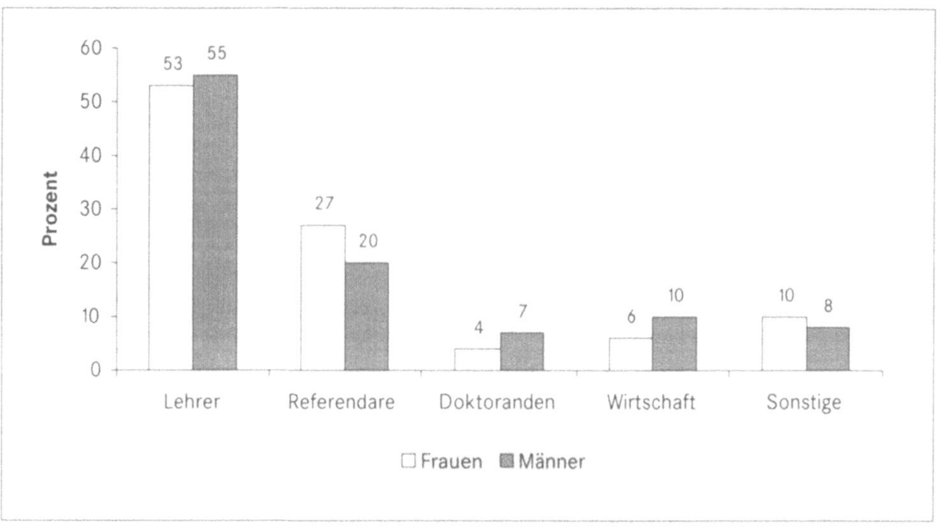

Abb. 3.4: Verteilung der Befragten auf die Berufsgruppen nach Geschlecht

5. Die „sonstige" Gruppe besteht aus 12 Personen, die ausbildungsinadäquat beschäftigt sind (z.B. Buchhändlerin, freier Journalist); und weiteren 21 Personen, die eine Zusatzausbildung bzw. Weiterbildung absolvieren (z.B. Ausbildung zum Priester, Schulpsychologen), derzeit nicht arbeiten, eine Übergangstätigkeit ausüben oder eine Stelle suchen.

Abb. 3.4 zeigt die Verteilung der Befragten auf diese fünf Gruppen, getrennt nach Geschlecht. Mehr als die Hälfte der Befragten arbeitete als Lehrer, knapp ein Viertel - mehr Frauen als Männer - war noch im Referendariat, der Rest verteilte sich auf die anderen Gruppen.

Die Doktorandinnen und Doktoranden bleiben im Weiteren unberücksichtigt, da sie in Kapitel 5 zusammen mit denjenigen des Diplomstudiengangs untersucht werden.

Genauere Betrachtung der Gruppen

Tabelle 3.4 beschreibt - mit Ausnahme der 39 Frauen und 40 Männer, die noch Referendare sind - die Gruppen der Lehrkräfte, der in der Wirtschaft Beschäftigten und der „Sonstigen" genauer.

Die voll ausgebildeten Lehrerinnen und Lehrer waren hiernach überwiegend an Gymnasien eingesetzt, hatten etwa 22 Unterrichtsstunden pro Woche Lehrdeputat, waren zu gleichen Teilen angestellt oder bereits beamtet und wurden meist nach A13/BAT IIa besoldet. Zwei Frauen und ein Mann waren derzeit in Erziehungsurlaub. Die Noten im zweiten Staatsexamen waren deutlich besser als die im ersten (vgl. Tabelle 3.4). Es gab keine Geschlechtsunterschiede. Die in der Privatwirtschaft beschäftigten Personen arbeiteten überwiegend im Bereich Software/ Systementwicklung, waren alle Vollzeit beschäftigt und hatten überwiegend (80%) unbefristete Verträge. Ihr letztjähriges Bruttogehalt lag in den meisten Fällen bei bis zu 80.000 DM. Bei diesen drei Gruppen (Lehrer/innen, Referendar/innen, in der Wirtschaft beschäftigte Personen) gab es keine Geschlechtsunterschiede. In der Gruppe „Sonstige“ bestanden dagegen Geschlechtsunterschiede: Frauen waren eher in dieser Gruppe, wenn sie aufgrund von Kinderbetreuung nicht berufstätig waren; Männer waren eher in dieser Gruppe, wenn sie ausbildungsinadäquat arbeiteten oder sich gerade auf Stellensuche befanden.

Tabelle 3.4: Beschreibung der drei Gruppen von Lehramtsabsolventinnen und -absolventen

	Frauen	Männer
Lehrer/innen (78 Frauen, 112 Männer)		
Note zweites Staatsexamen	1.94	2.02
Schulart Gymnasium	87%	86%
Unterrichtsstunden pro Woche (Durchschnitt)	21	22
Bereits beamtet?	49%	49%
Befristung des Beschäftigungsverhältnisses	29%	27%
Besoldung:		
- A13/ BAT IIa	93%	89%
- A 12/ BAT III	7%	11%
Derzeit in Erziehungsurlaub	N = 2	N = 1
In Privatwirtschaft Beschäftigte (8 Frauen, 21 Männer)		
Tätigkeitsbereich		
- Software / EDV/ Systementwicklung	N = 6	N = 14
- Versicherungen/ Finanzdienstleistung	-	N = 4
- Consulting / Management	N = 2	N = 1
- Sonstiges	-	N = 2
Bruttogehalt im letzten Jahr		
- unter 40.000.- DM	N = 3	N = 5
- 40.000.- bis 80.000.- DM	N = 3	N = 9
- über 80.000.- DM	N = 2	N = 7
Sonstige (16 Frauen, 17 Männer)		
- Ausbildungsinadäquat berufstätig ohne zweites Staatsexamen	N = 2	N = 3
- Ausbildungsinadäquat berufstätig mit zweitem Staatsexamen	N = 3	N = 4
- Kinderpause ohne Stelle, Referendariat abgeschlossen	N = 3	N = 1
- Kinderpause ohne Stelle, kein Referendariat	N = 2	-
- Zweites Staatsexamen abgelegt, Stellensuche	N = 2	N = 5
- Weiteres Studium, Umschulung	N = 4	N = 4

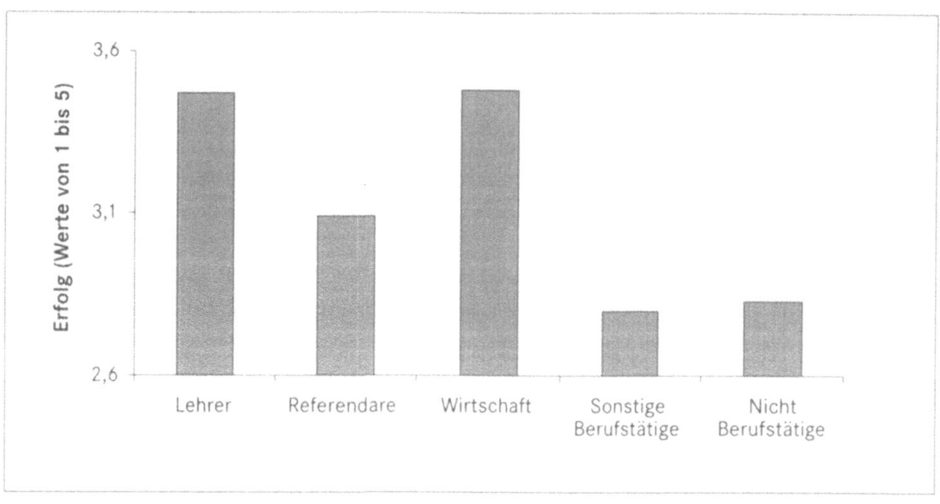

Abb. 3.5: Erfolgseinschätzung des bisherigen Berufsverlaufs

Die Befragten sollten angeben, wie erfolgreich ihr bisheriger Berufsverlauf im Vergleich zu ihren Studienkolleginnen und -kollegen gewesen sei (5-stufiges Rating). Wie Abb. 3.5 zeigt, gibt es einen deutlichen Unterschied zwischen voll ausgebildeten Lehrkräften und in der Wirtschaft beschäftigten Personen einerseits, sowie noch nicht fertigen Lehrkräften, inadäquat arbeitenden Personen und nicht Berufstätigen andererseits. Erstere waren zufrieden, letztere weniger. Somit schätzten sich die Befragten einigermaßen „realistisch" ein.

Wie hängen Studienerfahrungen und Studienleistungen mit dem beruflichen Werdegang und der eigenen Erfolgseinschätzung zusammen?

Wir untersuchten auch, in welchen bei der ersten Befragung erfassten Aspekten sich diese Gruppen unterschieden. Hierbei finden sich lediglich zwei statistisch bedeutsame Unterschiede, nämlich bei Fachstudiendauer und beruflichem Selbstvertrauen. Personen, die ihr Referendariat immer noch nicht beendet hatten und diejenigen, die inadäquat beschäftigt waren, hatten bereits für den Studienabschluss mehr Zeit gebraucht (Durchschnitt 12.5 Semester) als die beiden anderen Gruppen (Durchschnitt 11.6 Semester); Lehrer und Referendare hatten direkt nach dem Examen ein höheres berufliches Selbstvertrauen (Durchschnitt 3.86) als die beiden anderen Gruppen (Durchschnitt 3.55).

Weiterhin wurde geprüft, durch welche Faktoren des Studiums und der Studienleistungen die Einschätzung des eigenen Erfolgs im bisherigen beruflichen Werdegang (vgl. Abb. 3.5) beeinflusst worden war. Drei der bei der ersten Befragung erhobenen Variablen waren hierbei wichtig:

- die Examensnote – je besser diese gewesen war, desto höher schätzten die Befragten später ihren Berufserfolg ein;

- das berufliche Selbstvertrauen – je höher dieses gewesen war, desto besser beurteilten sie später ihren Berufserfolg;
- der Gedanke an Studienabbruch – Personen, die diesen Gedanken gehabt hatten, bewerteten später ihren Erfolg schlechter.

Erleben der Tätigkeit

Der zweite Fragebogen enthielt Fragen dazu, wie die gegenwärtige Arbeits- und berufliche Situation erlebt wird und wie zufrieden man mit verschiedenen Aspekten seiner Berufstätigkeit ist. Diese Angaben werden nun für die vier Gruppen verglichen, wobei in der Gruppe der „Sonstigen" nur diejenigen 12 Personen berücksichtigt werden, die aktuell berufstätig waren.

Die Beschreibung des eigenen Arbeitsplatzes erfolgte anhand von Aussagen, die jeweils auf 5-stufigen Skalen (1 „trifft gar nicht zu" bis 5 „trifft sehr zu") zu beurteilen waren. Einige Aussagen bezogen sich auf die Belastung am Arbeitsplatz (Beispiel „ich stehe häufig unter Zeitdruck"), andere bezogen sich auf den Handlungsspielraum (Beispiel „Ich kann meine Arbeit selbständig planen und einteilen"), auf die Qualifizierungsmöglichkeiten am Arbeitsplatz (Beispiel „Diese Arbeit schafft gute Möglichkeiten, beruflich weiterzukommen"), auf die Bewertung der Vorgesetzten (Beispiel „An meinem Arbeitsplatz sind die Vorgesetzten bereit, Ideen der Mitarbeiter aufzugreifen") und auf die Beziehung zu den Kollegen (Beispiel „Man hält an meinem Arbeitsplatz gut zusammen").

Tabelle 3.5: Tätigkeitsbeschreibung (fett geschriebene Werte unterscheiden sich besonders deutlich von den anderen)

	Lehrer/ -innen	Referendar/ -innen	Wirtschaft	12 Sonstige Beschäftigte
Tätigkeitsbeschreibung				
- Belastung*	3.62	**3.90**	3.39	3.11
- Handlungsspielraum*	3.40	**2.97**	3.84	3.72
- Qualifizierungsmöglichkeiten*	3.10	3.28	**4.01**	3.04
- Vorgesetzte*	3.22	2.95	**3.95**	3.49
-Kollegen*	3.53	3.33	**4.16**	3.82

* Werte zwischen 1 (niedrige Zustimmung) und 5 (hohe Zustimmung)

Die Ergebnisse zeigen, dass Referendare insgesamt die negativsten Beurteilungen abgaben, sie fühlten sich besonders belastet und erlebten ihre Vorgesetzten vergleichsweise negativ. Voll ausgebildete Lehrkräfte beurteilten ihre Arbeitssituation ebenfalls ungünstiger als Personen, die in der Privatwirtschaft arbeiteten und teilweise sogar ausbildungsinadäquat beschäftigt waren. Es gab keinerlei Geschlechtsunterschiede.

Darüber hinaus sollte ebenfalls auf 5-stufigen Skalen die Zufriedenheit mit der Tätigkeit, mit den Arbeitsbedingungen und mit der Bezahlung eingeschätzt werden. Danach waren alle Befragten mit ihrer Tätigkeit (Durchschnitt 3.91) sehr zufrieden, weniger jedoch mit den Arbeitsbedingungen (Durchschnitt 3.36) und der Bezahlung (Durchschnitt 2.77). Es gab aber auch Unterschiede zwischen den Gruppen (vgl. Tabelle 3.6). Lehrer/innen und insbesondere Referendar/innen waren mit ihren Arbeitsbedingungen unzufriedener als die nicht an Schulen Beschäftigten, letztere waren mit ihren Entwicklungsmöglichkeiten und auch mit ihrer Bezahlung am zufriedensten. Referendar/innen waren mit der Bezahlung besonders unzufrieden. Es gab keine Geschlechtsunterschiede.

Die Lehrkräfte sollten noch einige andere Aspekte ihrer Arbeit beurteilen. Sie waren generell zufrieden mit ihrem Unterricht (Durchschnitt 3.58) und auch mit den Schülerinnen und Schülern (Durchschnitt 3.64), weniger zufrieden jedoch mit den Elternkontakten (Durchschnitt 3.17).

Tabelle 3.6: Arbeitszufriedenheit (fett geschriebene Werte unterscheiden sich besonders deutlich von den anderen)

	Lehrer/ -innen	Referendar/ -innen	Wirtschaft	12 Sonstige Beschäftigte
Zufriedenheit mit:				
- Arbeitsbedingungen*	3.32	**3.08**	3.72	3.58
- Entwicklungsmöglichkeiten*	3.00	3.00	**3.76**	2.92
- Bezahlung*	3.06	**1.73**	3.52	2.33

* Werte zwischen 1 (niedrige Zufriedenheit) und 5 (hohe Zufriedenheit)

Bindung an den Beruf

Alle Befragten sollten verschiedene Aussagen darüber machen, welchen Stellenwert der Beruf in ihrem Leben hat (alle Fragen mit 5-stufiger Antwortmöglichkeit).

Die „berufliche Bindung“ wurde über Fragen wie „Die Arbeit bedeutet mir viel mehr als bloß Geld“ erhoben. Hierbei zeigte sich, dass die Bindung bei Lehrkräften (Durchschnitt 3.04) und Referendaren (Durchschnitt 3.01) höher lag als bei in der Wirtschaft Beschäftigten und bei inadäquat Beschäftigten (Durchschnitt jeweils 2.67).

Die „Verzichtsbereitschaft zugunsten des Berufs“ wurde gemessen über Fragen wie „um beruflich aufzusteigen, bin ich bereit, längere Arbeitszeiten und entsprechende Verkürzungen meiner Freizeit in Kauf zu nehmen“. Sie war bei allen Befragten gering (Durchschnitt 2.73).

Die Bereitschaft zur Übernahme von Führungsaufgaben wurde über Fragen wie „Verantwortung tragen“, „auf Andere Einfluss nehmen“ oder „Mitarbeiter/innen führen“ erfragt. Der Durchschnittswert lag bei 3.4; es gab wiederum keine Unterschiede zwischen den Gruppen oder den Geschlechtern.

Die Frage nach Benachteiligungserfahrungen im Berufsleben wurde ebenfalls von allen Befragten gleich beantwortet, es gab nur wenige Benachteiligungserfahrungen (Durchschnitt 2.11).

Beruf und Privatleben

Nun lebten drei Viertel der Befragten in festen Partnerschaften, mehr Frauen (82%) als Männer (71%). Die Partner der Frauen waren häufiger selbst berufstätig (in 83% der Fälle) als die Partnerinnen der Männer (in 66% der Fälle). 70% der Partner/innen hatten selbst einen Hochschulabschluss (kein Geschlechtsunterschied). Bei der Frage nach der Verteilung der Haushaltsaufgaben antworteten 54% mit „gleichverteilt", 36% gaben an, dass die Frau jeweils mehr tue und 10% gaben an, dass der Mann jeweils mehr tue.

10% der Frauen und 14% der Männer waren mittlerweile Eltern. Bei Männern war Elternschaft unabhängig von ihrer derzeitigen beruflichen Situation, bei Frauen dagegen nicht. Frauen, die Mütter waren, hatten häufiger einen verzö-

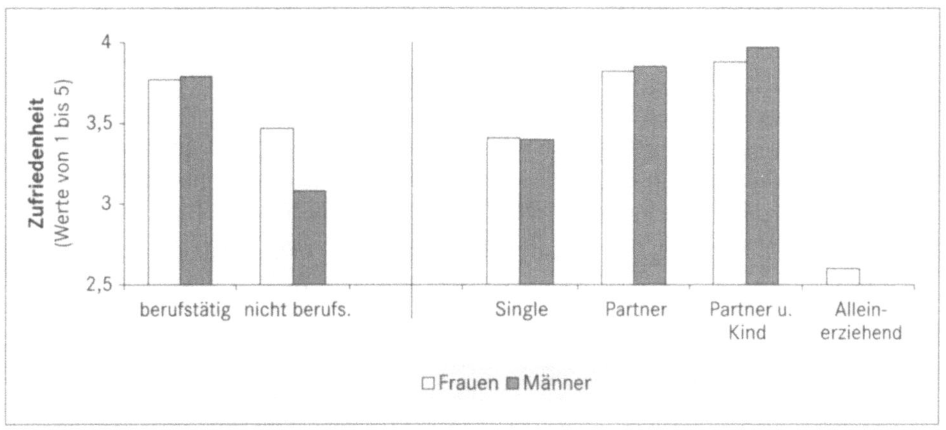

Abb. 3.6: Lebenszufriedenheit

gerten Berufseintritt als Nicht-Mütter und Männer (mit oder ohne Kinder), d.h. waren noch im Referendariat oder - noch - nicht berufstätig. Voll ausgebildete Lehrerinnen mit Kind(ern) waren entweder weiter berufstätig oder zum Befragungszeitpunkt im Erziehungsurlaub.

Abschließend wurde die Lebenszufriedenheit der Befragten anhand mehrerer Aussagen (z.B. „meine Lebensbedingungen sind hervorragend" oder „bisher habe ich in meinem Leben die Dinge, die mir wichtig sind, erreicht"; jeweils 5-stufige Antwortmöglichkeit) erhoben. Es ergaben sich Zusammenhänge sowohl mit der beruflichen als auch mit der privaten Lebenssituation.

Die nicht berufstätigen Personen waren deutlich weniger zufrieden als die Berufstätigen, und die Singles waren weniger zufrieden als Personen, die in Partnerschaften lebten. Bei Personen, die in Partnerschaften lebten, spielte es für ihre Lebenszufriedenheit keine Rolle, ob sie bereits Eltern waren oder nicht. Alleinerziehende waren dagegen deutlich unzufrieden (letztere waren allerdings nur drei Personen, eine Lehrerin, eine Referendarin und eine nicht berufstätige Frau). Es gab keine Geschlechtsunterschiede (vgl. Abb. 3.6).

Zusammenfassung der Befunde

Die Staatsexamensabsolventinnen und -absolventen kamen aus bildungsnahen Elternhäusern, in denen in einem Viertel der Fälle bereits mindestens ein Elternteil selbst Lehrer war; sie hatten schon in der Jugend ein ausgeprägtes Interesse für Mathematik und ihre Abiturprüfungen waren überdurchschnittlich gut. Die Studienwahlmotive waren fachlich, berufsbezogen und auch am Wunsch orientiert, einen Beruf zu haben, der gut mit privaten Interessen vereinbar ist. Entsprechend waren die Vorstellungen zur Berufstätigkeit daran orientiert, Beruf und Privatleben gut vereinbaren zu können und nicht daran, besonders schnell Karriere zu machen. Die Befragten hatten gute Leistungen, die, sowohl, was die Studiendauer, als auch, was die Examensnote angeht, in etwa dem Durchschnitt des Examensjahrgangs insgesamt entsprachen. Bei den Fächerkombinationen dominierte Mathematik/Physik.

Wenig erfreulich waren die Angaben zum Studium selbst: Ein hoher Prozentsatz der Befragten, höher als der Durchschnitt aller Fächer, hatte das Studienfach gewechselt; jede(r) Zweite hatte ernsthaft einmal daran gedacht, das Studium abzubrechen; und die Bewertung des Studiums selbst war eher negativ. Trotzdem waren die Befragten in der Rückschau mit ihrer Studienfachwahl zufrieden, d.h. die negative Bewertung bezog sich weniger auf das Fach als auf das Studium.

Drei Jahre nach dem Examen waren 90% der Befragten studienadäquat berufstätig, wobei etwa ein Viertel das Referendariat noch nicht abgeschlossen hatte und knapp 15% nicht als Lehrer arbeiteten und/oder promovierten. Etwa 10% der Befragten arbeiteten ausbildungsinadäquat bzw. waren nicht berufstätig. Das berufliche Selbstvertrauen am Ende des Studiums war ein gewisser Prädiktor der tatsächlichen Berufsausübung: Personen, die den angestrebten Beruf auch ausübten (Lehrer und Referendare) hatten am Ende des Studiums bereits ein höheres berufliches Selbstvertrauen gehabt als solche, die das nicht taten. Diejenigen Befragten, die bereits als fertige Lehrer arbeiteten oder eine studienadäquate Stelle in der Privatwirtschaft gefunden hatten, empfanden ihre bisherige Berufslaufbahn als deutlich erfolgreicher als die Befragten, die noch im Referendariat waren oder nicht beschäftigt bzw. ausbildungsinadäquat beschäftigt waren. Personen, die gute Examensnoten und ein hohes berufliches Selbstvertrauen hatten sowie im Studium nicht an Abbruch gedacht hatten, schätzten später ihren beruflichen Erfolg höher ein.

Lehrer/innen und Referendar/innen beschrieben ihre Tätigkeit als recht belastend, sie waren mit ihren Arbeitsbedingungen und auch mit den Kontakten zu Eltern von Schülern nicht sehr zufrieden. Zufriedener waren sie mit Schülern und Unterricht. Im Vergleich zu denjenigen Staatsexamensabsolventinnen und -absolventen, die in der freien Wirtschaft arbeiteten, fällt die deutlich geringere Zufriedenheit der Lehrkräfte mit Handlungsspielraum, Qualifizierungsmöglichkeiten, Vorgesetzten, Kollegen und Bezahlung auf.

Die berufliche Bindung, erfasst über Engagement und Verzichtsbereitschaft zugunsten des Berufs, war bei allen Befragten nur mittelhoch ausgeprägt. Das Engagement war hierbei bei Lehrern (voll ausgebildete Lehrer und Referendare) trotz ihrer geringeren Zufriedenheit mit den Arbeitsbedingungen höher als bei den in anderen Feldern Tätigen. Die Bereitschaft zur Übernahme von Führungsaufgaben war ebenfalls nur mittelhoch ausgeprägt, was den Befunden zur geringen Karriereorientierung bei der Ersterhebung entspricht.

Von der ersten zur zweiten Erhebung nahm die Zahl der festen Partnerschaften zu, wobei jeweils mehr Frauen als Männer in Partnerschaften lebten. Auch die Anzahl Befragter, die bereits Eltern waren, nahm zu. Die Lebenszufriedenheit war bei Berufstätigen höher als bei nicht Berufstätigen. Besonders deutlich hing die Lebenszufriedenheit jedoch mit dem Bestehen einer Partnerschaft zusammen.

Geschlechtsvergleich

Beim Vergleich zwischen Frauen und Männern gab es insgesamt recht wenig Unterschiede. Dies entspricht der oben genannten allgemeinen These, dass Frauen und Männer, die den gleichen Studiengang durchlaufen haben, sich am Ende des Studiums in berufsrelevanten Aspekten nur unwesentlich unterscheiden und dass Unterschiede in der beruflichen Entwicklung nur allmählich auftreten (vgl. [Abele et al. 2001]). Die wenigen Unterschiede bei der Befragung direkt nach dem Examen deuten darauf hin, dass die Wahl des Mathematiklehrerberufs bei Frauen Priorität besaß, während sie bei Männern möglicherweise eher „zweite Wahl“ war (also entgegengesetzt zu den anfangs in der Literatur zitierten Annahmen): So hatten die befragten Frauen beispielsweise bereits in der Schulzeit ein höheres Interesse für Mathematik, und das fachliche Interesse war als Motiv der Studiengangwahl wichtiger als bei Männern; die Frauen hatten auch seltener den Studiengang bzw. das Studienfach gewechselt als die Männer, die relativ häufig vom Diplomstudiengang zum Lehramtstudiengang gegangen waren. Auch der Befund, dass etwas mehr Männer als Frauen dem Lehramt den Rücken gekehrt und in der Privatwirtschaft eine Stelle gefunden hatten, lässt sich in diese Richtung interpretieren.

Bei der zweiten Befragung gab es noch weniger Geschlechtsunterschiede. Frauen und Männer waren beruflich in etwa gleich gut integriert, sie waren ähnlich zufrieden mit ihrem bisherigen Berufsverlauf, mit ihrer Tätigkeit und ihren Arbeitsbedingungen, sowie ihrem Leben allgemein. Die gefundenen Differenzen bezogen sich hauptsächlich auf das Privatleben, wo Frauen häufiger in Partnerschaften lebten, ihre Partner häufiger selbst berufstätig waren und wo sie mehr Haushaltsaufgaben übernahmen als ihre Partner. Männer lebten dagegen seltener in Partnerschaften; wenn sie in Partnerschaften lebten, waren ihre Partnerinnen seltener berufstätig als dies bei den Partnern der Frauen der Fall war. Die Berufswege von Frauen und Männern differierten vor allem durch die unterschiedliche Vereinbarkeit von Privatleben und Beruf. Von den 15 Müttern unter den Befragten hatten 13, d.h. 87% einen verzögerten Berufseintritt bzw. waren nicht berufstätig, die beiden anderen befanden sich im Erziehungsurlaub. Von den 26 Vätern hatten nur 6, d.h. 23%, einen verzögerten Berufseintritt und einer befand sich im Erziehungsurlaub!

Folgerungen

Lehramtstudiengänge sind reformbedürftig. Unsere Studie zeigt, dass sich die Befragten durch das Studium nur unzureichend auf den Beruf vorbereitet fühlten.

Sie stellten ihrem Studium insgesamt schlechte Noten aus. Die Arbeitsbedingungen von Lehrern sind offensichtlich ebenfalls reformbedürftig. Dies zeigt sich z.B. darin, dass Lehrer ihre Arbeitsbedingungen schlechter einschätzten und mit ihrer Tätigkeit weniger zufrieden waren als Personen, die nach dem Lehramtsstudium diesem Beruf den Rücken gekehrt haben und in der freien Wirtschaft arbeiteten. Wenn - darüber hinaus - diese Ergebnisse zutage treten, obwohl die „richtigen" Lehrer eine stärkere Bindung an ihren Beruf haben und ihr berufliches Selbstvertrauen - zumindest nach dem Examen - deutlich höher war, ist dies äußerst bedenklich. Hierbei sind es die Arbeitsbedingungen, die den Lehrern nicht gefallen, und nicht der Unterricht oder die Schüler.

Das in der Literatur und in Medien kolportierte Stereotyp des Lehrers als „Verlegenheitslösung" stimmt für Personen, die einen Lehramtstudiengang Mathematik wählen, so sicherlich nicht. Die Befragten stellten keinesfalls eine Negativselektion unter Studierwilligen dar. Falls „Verlegenheitslösung" überhaupt, dann traf das eher auf die Männer als auf die Frauen zu. Die hier befragten angehenden Mathematiklehrerinnen und -lehrer stellten sich vielmehr als Personen dar, die wenig karriereorientiert im engeren Sinn sind, sondern die eine Balance zwischen Beruf und Privatleben suchen. Dies gilt zwar für Frauen noch stärker als für Männer, aber es gilt für Männer auch. Im Vergleich zu den anfangs zitierten Studien sind die Geschlechtsunterschiede in Einstellungen, Bewertungen und im Berufsverlauf bei den von uns Befragten deutlich geringer. Doch zeigt sich auch hier, dass sogar im Lehrerberuf die Integration von Beruf und Familie bei Frauen schlechter gelingt als bei Männern.

4 Diplommathematikerinnen und -mathematiker

4.1 Zum Entstehen der Diplom-Studiengänge in Mathematik, Wirtschafts- und Technomathematik

Vor 1945 schlossen nur sehr wenige Personen ihr Studium mit einem Diplom in Mathematik ab. Deshalb können wir in diesem Abschnitt nicht eine größere Zahl von Frauen und Männern vergleichen, die vor längerer Zeit diesen Berufsweg einschlugen. Wir wollen vielmehr kurz beschreiben, wie es überhaupt zu diesem Beruf kam und welche Mathematik-Abschlüsse mit Diplom heute erworben werden können. Außerdem fügen wir das Porträt einer Frau an, die zu den ersten Diplom-Mathematikerinnen gehörte und 1927 das Diplom erwarb. Wir vergleichen ihren Weg mit der Karriere ihres Mannes, der ein halbes Jahr jünger als sie war.

Diplomprüfungsordnungen für Mathematik, die Voraussetzung für einen entsprechenden Abschluss waren, entstanden in Abhängigkeit von möglichen Berufsfeldern in Industrie und Wirtschaft erstmals in den 1920er Jahren an Technischen Hochschulen. Ausgangspunkt waren Impulse, die von der im Juni 1920 in Berlin durchgeführten Reichsschulkonferenz ausgingen [Die Reichsschulkonferenz 1920]. Jede Hochschule erließ eine eigene Verordnung. Im *Jahresbericht der Deutschen Mathematiker-Vereinigung* von 1921 wurde über eine neue Diplomprüfung für angewandte Physik, Mechanik und angewandte Mathematik an der TH Danzig (heute Gdansk, Polen) informiert. Die Prüfung bestand aus einer Vor- und einer Hauptprüfung; Voraussetzung für die Zulassung war die Reifeprüfung (Abitur) sowie ein zwei- bzw. vierjähriges Studium an einer deutschen Technischen Hochschule; das Studium an einer Universität konnte bis zu sechs Semestern angerechnet werden. In der Begründung für die Neuordnung hieß es:

> „Durch die neue Diplomprüfung wird denen, die sich der wissenschaftlichen Technik widmen wollen, auch den Mathematikern und Physikern, die nicht in den Lehrberuf eintreten wollen (oder wegen der derzeitigen Überfüllung nicht können), eine geeignete Prüfung geboten, die ihnen für die nächste Zeit gute Aussichten bietet. Auch wird durch das Bestehen der neuen Prüfung den Mathematikern und Physikern die Möglichkeit eröffnet, an den Technischen Hochschulen zu promovieren."[1]

An den Universitäten wurden zu gleicher Zeit die Prüfungsordnungen für das Lehramt überarbeitet, wobei das bisher mögliche „Zusatzfach" angewandte

[1] „Hochschulnachrichten. Eine neue Diplomprüfung an der Technischen Hochschule Danzig". *Jahresbericht der Deutschen Mathematiker-Vereinigung*, 30 (1921), Abt. 2, S. 34. – Die Technischen Hochschulen Preußens besaßen das Promotionsrecht seit 1899 (für Ingenieure); an der TH München (Bayern) war eine Promotion in Mathematik seit 10.1.1901, an der der TH Dresden (Sachsen) seit 1.10.1912 möglich.

Mathematik – in der wissenschaftlichen Lehramtsprüfung 1898 erstmals eingeführt – ebenfalls verstärkt wurde. „Reine" und „angewandte" Mathematik wurden in der Prüfung zwei gleichberechtigte Haupt-Wahlfächer. Für die angewandte Mathematik wurde gefordert: „Vertrautheit mit den für die Anwendungen wichtigsten Teilen der Analysis, insbesondere ihren rechnerischen, zeichnerischen und instrumentellen Verfahren, der darstellenden Geometrie, der Mechanik (einschließlich graphischer Statik und Kinematik), der Wahrscheinlichkeits- und Ausgleichsrechnung; tiefer eindringende theoretische und praktische Studien auf mindestens einem Anwendungsgebiet" [Bericht ... 1923, S. 83]. Die 1898 erstmals genannten drei möglichen Anwendungsgebiete (darstellende Geometrie, technische Mechanik und Geodäsie) wurden laufend erweitert. 1921 standen zur Wahl: „1. Astronomie, 2. Vermessungskunde, 3. Meteorologie und Geophysik, 4. angewandte Mechanik, 5. angewandte Physik, 6. Finanzmathematik, mathematische Statistik und Versicherungswesen, 7. technische Wissenschaften (z.B. Elektrotechnik oder Wärmetechnik oder Flugtechnik oder Statik der Baukonstruktionen oder dgl.)" [Lietzmann 1921]. Je nachdem, wie das jeweilige Gebiet an den einzelnen Universitäten ausgebaut war, konnte die Spezialisierungsrichtung erfolgen.

Zu dieser Zeit, als es an den Universitäten noch keinen Studiengang Diplommathematik gab, war es somit trotzdem möglich, Mathematiker/innen für einen Berufsweg im außerschulischen Bereich vorzubereiten. Dass z.B. Richard von Mises (1883–1953) mit seinem Ruf 1920 auf die neu etablierte Professur für angewandte Mathematik an der Universität Berlin entsprechende Intentionen verfolgte, geht aus einem Antrag hervor, den er am 28. Juni 1922 an das Ministerium für Wissenschaft, Kunst und Volksbildung, Berlin, richtete:

> „So sicher es ist, daß die Industrie zum allergrößten Teil die an den Technischen Hochschulen ausgebildeten Diplom-Ingenieure verwenden muß, so unzweifelhaft besteht bei ihr auch ein Bedürfnis nach einzelnen, wenigen Theoretikern, deren fachliche Ausbildung sich auf dem Untergrund einer umfassenden physikalischen und rein-mathematischen Schulung, wie sie nur die Universität bieten kann, vollzieht. Die Nachfrage nach derartigen Kräften übersteigt, wie mich meine persönliche Erfahrung lehrt, z.Zt. das Angebot. Die Universitäten, die bisher nur in der Chemie, und teilweise in der Physik, den Bedürfnissen der Industrie unmittelbar gedient haben, müssen jetzt auch auf einem weiteren Gebiet, dem der angewandten Mathematik, technischen Aufgaben nutzbar gemacht werden." [STA, Bl.65]

Schüler Richard von Mises', insbesondere promovierte Personen, gingen nachweislich in die Industrie (vgl. Kapitel 6.1). Im Vergleich zu den Personen, die eine Karriere im höheren Schuldienst anstrebten, war dies jedoch eine relativ kleine Gruppe. Noch im SS 1928 gaben von 5091 Mathematik-Studierenden[2] an den Universitäten lediglich 81 an, dass sie „Industriebeamter" werden wollen, weitere 23 nannten einen „Freien Beruf" als Ziel; dagegen nannten 4756 (93%) den Studienrat als Wunschberuf. Auch von den Mathematik-Studierenden an den Technischen Hochschulen wollten zu dieser Zeit noch 91% (509 von 558) Studienrat werden. Dieser Wunsch ging erst mit den Einstellungsschwierigkeiten im Schulwesen um

[2] Die Statistik enthält hier keine Giederung nach dem Geschlecht [Böttcher et al. 1994, S. 52].

1930 etwas zurück: Im WS 1931/32 strebten noch 88% der Mathematik-Studierenden an den Universitäten und 79% an den Technischen Hochschulen eine Position in höheren Schuldienst an [Böttcher et al.1994, S. 52]. Somit verwundert es auch nicht, wenn die Zahl der abgelegten Diplomprüfungen in Mathematik gering war. Im Zeitraum von 1932 bis zum 1. Halbjahr 1941 erwarben 63 Männer und vier Frauen ein Diplom in Mathematik an deutschen Technischen Hochschulen [Lorenz 1942, Bd.2, S. 78f.].

Seit Mitte der 1930er Jahre wurden die Berufsmöglichkeiten von Mathematikern verstärkt diskutiert (vgl. [Kamke 1937])[3]; dies führte schließlich 1942 zu einer Diplomprüfungsordnung[4] für Mathematik auch an den Universitäten [Neuordnung 1942]. Die Neuordnung war durch die Bedingungen des Zweiten Weltkrieges diktiert und zielte auf ein anwendungsorientiertes Diplom. Das Studium der Mathematik (und Physik) wurde für Universitäten und Technische Hochschulen gleichmäßig geregelt und die Studiendauer – als vorübergehende Ausnahmeregelung deklariert – auf sieben Semester festgesetzt. Dabei sollte nach vier Semestern Grundstudium eine Diplomvorprüfung und nach weiteren drei Semestern Fachstudium die Diplomhauptprüfung abgelegt werden. Bis zur Vorprüfung war eine viermonatige praktische Tätigkeit an Hochschulinstituten, Forschungsanstalten oder Instituten und Betrieben der freien Wirtschaft abzuleisten. Für das Studium der Mathematik waren zwei Richtungen vorgesehen, eine naturwissenschaftlich-technische Richtung sowie eine wirtschaftswissenschaftliche Richtung. Die letztere Richtung enthielt auch Versicherungswirtschaftslehre. Zuvor bestehende Prüfungsordnungen für Versicherungsmathematik (in Göttingen 1895 und Dresden 1896 gab es die ersten) entfielen damit. Während die naturwissenschaftlich-technische Richtung für alle Universitäten und Technischen Hochschulen vorgesehen war, blieb die wirtschaftswissenschaftliche Richtung auf die Universitäten Berlin, Göttingen, Leipzig und München und die Technischen Hochschulen Berlin und Dresden begrenzt [Studienordnung 1942, S. 98], wo die entsprechenden Gebiete seit längerer Zeit ausgebaut waren (vgl. [Tobies 1990], [Voss 2001]).

Nach 1945 gewann der Diplomstudiengang gegenüber den Lehramtsstudiengängen an Gewicht[5]. Gleichzeitig veränderte er langsam seinen Charakter, in dem er die reine Mathematik mehr und mehr betonte. Wer in den 1960er und 1970er Jahren an reiner Mathematik, z.B. an der in der Bundesrepublik sehr starken Funktionentheorie mehrerer Veränderlicher interessiert war, schloss in zunehmenden Maße mit dem Diplom ab. Eine Tätigkeit in Wirtschaft und Industrie geriet jedoch weitgehend aus dem Blickfeld. Eine solche Entwicklung wurde dadurch unterstützt, dass zwischen 1960 und 1980 das Hochschulsystem stark ausgebaut, viele neue Universitäten gegründet wurden. Dadurch wuchsen die Berufsmöglichkeiten

[3] Das wird in Kapitel 6.1 ausführlicher erörtert.

[4] Bis zur Einführung der Diplomprüfungen konnte eine Doktorprüfung abgelegt werden, ohne eine andere Prüfung (Staatsexamen) zuvor bestanden zu haben; mit Einführung der Diplomprüfungen wurde diese zur Vorbedingung – die wissenschaftliche Prüfung im Staatsexamen wurde gleichberechtigt anerkannt – für das Gesuch um die Promotion, wenn auch zunächst noch Ausnahmeregelungen gestattet waren [Promotionsordnungen 1942].

[5] Über diese Zeit, die nicht genuiner Bestandteil unserer Untersuchung ist, liegen keine detaillierten Analysen vor; die Darlegungen beruhen auf persönlichen Erfahrungen der Autoren und beziehen sich auf die Bundesrepublik.

an den Universitäten – die Zahl der neu berufenen Hochschullehrer war relativ hoch; diese Kollegen gehen gegenwärtig in den Ruhestand, wodurch sich die Hochschullandschaft in der Mathematik deutlich ändert.

Erste Änderungen zeichneten sich bereits seit den 1970er Jahren ab, da zum einen neue Stellen an den Hochschulen rar wurden und zum anderen Wirtschaft und Industrie vermehrt passend ausgebildete Mathematiker anforderten. Dies beruhte vor allem auf der wachsenden Leistungsfähigkeit von Computern, die es erlaubte, komplexe mathematische Modelle auszuwerten und somit für die praktische Arbeit zu nutzen. Ursprüngliche Zielsetzungen mit dem Diplomstudiengang, stärker anwendungsorientiert sowohl für die Wirtschaft, Versicherungswesen als auch für die Technik auszubilden, wurden wieder aufgegriffen. In Wirtschaftsmathematik gingen diese Ansätze von der Universität Ulm aus, in Technomathematik war die Universität Kaiserslautern der Vorreiter. Es ist wohl kein Zufall, dass diese Ansätze besonders an jungen Universitäten entwickelt wurden; sie konnten sich im Konzert der etablierten Einrichtungen nur durch Profilbildung behaupten.

Den neuen Studienrichtungen Wirtschafts- und Technomathematik war gemeinsam, dass sie das Arbeiten mit mathematischen Modellen für die Wirtschaft oder Technik und deren Auswertung mittels Computer in den Vordergrund stellten. Mathematische Modellierung und "scientific computing"[6], die Verbindung von (angewandter) Mathematik, Fachwissenschaft (Wirtschaftswissenschaft oder Technik) und Informatik erhielten ein höheres Gewicht. Die Gemeinschaft der Mathematiker (z.B. in Form der „Konferenz der mathematischen Fachbereiche") sah diese Entwicklung zunächst mit großer Skepsis, akzeptierte und förderte sie jedoch letztendlich. Dies und die Tatsache, dass die Vertreter der reinen und angewandten Mathematik an vielen Universitäten von einer Konkurrenz zu einer Kooperation fanden, führte zur heutigen Stärke der Mathematik in Deutschland. Mathematik ist aktuell eine nützliche Wissenschaft, wenn nicht sogar eine Technologie. Dies wird in der Praxis anerkannt und allmählich auch in der Politik. Mathematik spielt damit im Rahmen der MINT-Fächer (M = Mathematik, I = Informatik, N = Naturwissenschaft, T = Technologie) eine integrale Rolle.

Der Studiengang Wirtschaftsmathematik verbreitete sich seit etwa 1975 von Ulm aus über die gesamte Bundesrepublik. Seine Schwerpunkte liegen in der (kombinatorischen) Optimierung und in der Statistik, seine Anwendungen in der Logistik, in Fragen wie Standortplanung, Bestimmung optimaler Routen, dem "Supply Chair Management" oder der Produktionsplanung. Durch die veränderte Bankenwelt – Banken wie Versicherungen handeln und nutzen "financial products" wie Optionen, Investements und versuchen, ihren Besitz, ihr Portfolio, so zu steuern, dass sich minimales Risiko mit maximalem Profit verbindet – verstärkte sich die Finanzmathematik seit etwa 1990 besonders und zieht heute einen großen Teil der Studierenden an. Die Finanzmathematik hat ihre Wurzeln in Wahrscheinlichkeitstheorie und Statistik, in stochastischer Kontrolle und in Optimierung. In Banken und Versicherungen wuchs die Nachfrage nach entsprechend ausgebildeten Wissenschaftlern seit den 1990er Jahren; sie kamen zunächst zum großen Teil aus der Physik[7]. Heute pendelt sich die Nachfrage auf einem der

[6] Das deutsche Wort „wissenschaftliches Rechnen" besitzt noch eine andere Bedeutung.

[7] Das führte u.a. zu fragwürdigen Wortschöpfungen wie „Finanzphysik".

Stärke des Wirtschaftsfaktors angemessenen „normalen" Niveau ein – das ist in den anderen europäischen Staaten und den USA ähnlich. Noch immer spezialisieren sich die Studierenden der Wirtschaftsmathematik (ca. 15% der Diplommathematik-Studierenden) vorwiegend in Finanzmathematik; dadurch schießen neue Professuren mit dieser Spezialisierungsrichtung aus dem Boden, ohne dass deren Inhaber immer einen Bezug zur Praxis der Finanzwelt garantieren können.

Der Studiengang Technomathematik verbreitete sich seit 1980 von Kaiserslautern aus an viele Hochschulen mit technischen Fächern, zunächst nach Karlsruhe, Berlin, Clausthal-Zellerfeld, Paderborn und Duisburg, nach 1990 auch in die neuen Bundesländer. Da dieser Studiengang neben Informatik ein technisches Anwendungsfach erfordert – das Verhältnis Mathematik, Informatik, Technik ist etwa 3:1:1 –, kann es nur an den Universitäten und Technischen Hochschulen eingeführt werden, wo technische Fächer etabliert sind. Aus der Sicht der Studierendenzahl (5% der Diplommathematik-Studierenden) ist der Studiengang als „klein, aber fein" zu bezeichnen; jedenfalls kann er die industrielle Nachfrage nach Fachleuten mit den entsprechenden Kompetenzen nicht befriedigen. Er scheint sich im Sog der Ingenieurfächer zu befinden, bei denen die Zahl der Studierenden sank und es auch noch nicht hinreichend gelungen ist, Frauen von der Attraktivität des Studiengangs zu überzeugen. Technomathematik entwickelt Modelle für technisch-naturwissenschaftliche Prozesse und basiert daher hauptsächlich auf Differentialgleichungen, gewöhnlichen wie partiellen, differentialalgebraischen Systemen wie Integrodifferentialgleichungen; sie bemüht sich um effiziente Algorithmen zur approximativen Lösung solcher Gleichungen, wobei neue Rechnerarchitekturen immer neue Herausforderungen definieren. Zum Verständnis der praktischen Relevanz technomathematischer Forschung ist es gut zu wissen, dass in der letzten Dekade die Rechnerleistungsfähigkeit um einen Faktor 1000 gesteigert wurde, durch verbesserte Algorithmen konnte die Geschwindigkeit in derselben Größenordnung erhöht werden; durch diese Gesamtverbesserung um etwa 10^6 können sehr komplexe Modelle für realistische technische Konfigurationen ausgewertet werden, an die noch vor zwanzig Jahren nicht zu denken war. So gibt es heute zuverlässige Berechnungen der Umströmung von Fahrzeugen, der Verbrennung in Motoren, der Abläufe in chemischen Reaktoren, aber auch der Strömung des Blutes in den Gefäßen oder von Prozessen in menschlichen Organen (vgl. [Neunzert 2003]).

Heute werden deshalb viel mehr Personen gebraucht, die ein Mathematikdiplom abgeschlossen haben als vor 1945. Während der Zeit von 1950 bis 2000 schwankte das Verhältnis von Diplom- und Lehramtstudierenden außerordentlich. Empfehlungen von Kultusbehörden und Arbeitsämtern orientierten sich meist an der momentanen Situation, wobei sie die zwischen Studienbeginn und Berufseintritt liegende Zeitspanne von fünf bis sieben Jahren ungenügend berücksichtigten. So entstand ein zyklisches Verhalten; in Zeiten von Lehrermangel wurden viele Studierende zur Aufnahme eines Lehramtsstudiums ermutigt; sieben Jahre später führte dies zu einer „Lehrerschwemme", nach weiteren sieben Jahren erneut zum Lehrermangel. Die Schwankungen waren so groß, dass der Anteil von Diplom-Studierenden am Gesamtanteil der Mathematikstudierenden an einigen Hochschulen zwischen 10 und 90 Prozent pendelte. Insgesamt wuchs die Zahl der Mathematik-Studierenden bis 1990 und sank danach wieder; die Studierenden wandten sich von sogenannten „harten" Fächern ab. Gegenwärtig hat sich die

Gesamtzahl auf einem relativ niedrigen Niveau stabilisiert - auf einem Niveau, das nicht einmal die Nachfrage in Wirtschaft und Industrie befriedigen kann. Dies führt allerdings zu den sehr guten Berufsaussichten, was im Rahmen unserer Untersuchung bestätigt wird (vgl. Kapitel 4.2).

Diplommathematikerin mit herausragender Biografie

Irmgard Flügge-Lotz, der Weg bis zur Professur für Mechanik, Aeronautik und Astronautik

*16.7.1903 Hameln a.W. (Niedersachsen)

†22.5.1974 Stanford (Kalifornien, USA)

Von der Diplommathematikerin zur Luftfahrtforscherin in Göttingen, Berlin und den USA

Irmgard Dorette Wilhelmine Lotz, verheiratet Flügge-Lotz, realisierte mit ihrem Studium einen Jugendtraum, wollte von Beginn an nicht Lehrerin, sondern Forscherin werden. Sie erzielte wichtige Ergebnisse auf dem Gebiet der theoretischen Aerodynamik und Kontrolltheorie. Die Luftfahrtforschungsinstitutionen ermöglichten ihr auch als verheirateter Frau, weiter forschend tätig zu sein. In den USA brachte sie es bis zur Professorin.

Wir beschreiben hier zugleich den Weg ihres Mannes, Wilhelm Flügge (18.3.1904-19.3.1990), der ebenfalls an einer Technischen Hochschule promovierte und bis zur Professur gelangte. Obgleich er ein halbes Jahr jünger war, hatte er die entsprechenden Positionen schneller.

Leben: Irmgard Lotz war die ältere von zwei Töchtern des Lehrers, späteren Redakteurs, Oskar Lotz und seiner Frau Dora geb. Grupe. Bereits als Kind technisch interessiert, befand sie sich oft auf Baustellen des mütterlichen Familienbetriebs. Sie beobachtete früh das Starten von Zeppelin-Luftschiffen und war fasziniert von dieser Art Konstruktion. Nach dem Abitur an der realgymnasialen Studienanstalt in Hannover 1923 studierte sie dort an der Technischen Hochschule, wo sie in vielen Vorlesungen die einzige Frau war. Nachdem sie im Oktober 1927 die Diplom-Hauptprüfung in Mathematik bestanden hatte, wurde sie Assistentin am Lehrstuhl für praktische Mathematik und darstellende Geometrie, den Horst von Sanden (1883-1965) von 1922 bis 1952 leitete. Er war ein Schüler Carl Runges (1856-1927), der in Deutschland überhaupt die erste ordentliche Professur für angewandte Mathematik erhalten hatte (in Göttingen 1904). Bereits 1928 trat Irmgard Lotz der Deutschen Mathematiker-Vereinigung als Mitglied bei [Toepell 1991, S. 109]. Die Ergebnisse ihrer Dissertation (1929), betreut und begutachtet durch von Sanden und Georg Prange (1885-1941), einem Hilbert-Schüler, trug sie im September 1929 auf der Jahresversammlung der Gesellschaft für angewandte Mathematik und Mechanik in Prag vor. Somit ergaben sich schnell zwei Angebote für eine Anstellung, in der Stahlindustrie sowie von einem Forschungsinstitut in Göttingen. Sie wählte Göttingen, wo sie als Assistentin an der Aerodynamischen

Versuchsanstalt, die mit dem Kaiser-Wilhelm-Institut (KWI) für Strömungsforschung verbunden war, angestellt wurde. Sie besuchte weiter Vorlesungen, arbeitete u.a. im WS 1932/33 die später als Buch erschienene Vorlesung *Konforme Abbildung* (1948) von Albert Betz (1885–1968) aus. Nachdem sie anfangs in Göttingen einen Teil ihrer Zeit mit Katalogisieren von Sonderdrucken hatte verbringen müssen, waren ihre Fähigkeiten bald erkannt worden. 1931 war ihr nämlich gelungen - aufgrund ihrer guten mathematischen Vorbildung - ein wichtiges Problem zur Berechnung der Auftriebsverteilung zu lösen, das Ludwig Prandtl (1875–1953), Direktor des KWI für Strömungsforschung, zehn Jahre zuvor gestellt hatte. Somit wurde sie 1934 als Gruppenleiterin (inoffiziell „Abteilungsleiterin") eingesetzt (vgl. [Vogt 1999, S. 86]), d.h. sie leitete eine Gruppe meist promovierter Wissenschaftler, mehrheitlich Männer, aber auch eine Frau[8] sowie Rechnerinnen, die damals noch mit mechanischen Rechenmaschinen arbeiteten, unterstanden ihr [Spreiter/Flügge, S. 34]; Prandtl schlug sie 1937 sogar für eine „Forschungsprofessur" vor [Vogt 1999, S. 86].

Sie heiratete jedoch 1938 Wilhelm Flügge, der 1927 an der Technischen Hochschule in Dresden mit der Dissertation „Die strenge Berechnung von Kreisplatten unter Einzellasten mit Hilfe von krummlinigen Koordinaten und deren Anwendung auf die Pilzdecke" promoviert[9], 1932 für angewandte Mechanik an der Universität Göttingen habilitiert worden war und ebenfalls am KWI arbeitete. Da Wilhelm Flügge 1938 eine Position als Abteilungsleiter an der Deutschen Versuchsanstalt für Luftfahrt (DVL) in Berlin-Adlershof erhielt, wechselte Irmgard Flügge-Lotz mit ihm nach Berlin. Sie übernahm die Position einer Beraterin („Konsultant") für Aerodynamik und Dynamik des Fluges. Beide arbeiteten zugleich in der Redaktion des *Zentralblattes für Mechanik* mit. Das Ehepaar blieb kinderlos; Irmgard Flügge-Lotz konnte deshalb in dieser Einrichtung weiter als verheiratete Frau ihren Forschungen nachgehen, gelangte hier zu wichtigen Ergebnissen auf dem Gebiet der automatischen Kontrolltheorie.

Im Frühling 1944 verlagerte die DVL ihre Aktivitäten nach Saulgau in die Nähe des Bodensees, wo das Ehepaar nach dem Krieg in der französischen Besatzungszone interniert und dem „Centre de Technique de Wasserburg" eingegliedert wurde[10]. Eine ausgeprägte Haltung gegen das NS-System, wie bei [Day/McNeil 1996, S. 263] beschrieben[11], wird durch andere Quellen nicht bestätigt. Irmgard Flügge-Lotz übernahm 1946 die Leitung einer Forschergruppe für theoretische Aerodynamik beim Office National d'Études et de Recherches Aérodynamiques (ONERA) in Paris. Da beide keine Dauerstellungen hatten, gingen sie im

8 Ingeborg Ginzel, vgl. dazu Kapitel 6.1.

9 Sein Doktorvater war Prof. Dr.-Ing. Kurt Beyer, Abt. Bauingenieurwesen; für den Hinweis dankt R. Tobies Frau Dr. Dr. habil. Waltraud Voss, TU Dresden.

10 Hier und kurz danach in Paris arbeiteten zahlreiche weitere promovierte Mathematiker in der Luftfahrtforschung, so z.B. Aloys Herrmann (1898–1953), Heinz Söhngen (1908–2001), Udo Wegner (1902–1989); sie wurden später Mathematikprofessoren in Deutschland, vgl. [Müller 2003].

11 Die dort gegebene Biografie von Irmgard Flügge-Lotz enthält inhaltliche Fehler; z.B.: "By 1928 she had risen to the position of head of the Department of Theoretical Aerodynamics at Göttingen University, but she and her husband, Wilhelm Flügge, an engineering academic known for his anti-Nazi views, felt themselves increasingly discriminated against by the Hitler regime. In 1948 they emigrated to the USA..." [Spreiter/McNeil, S. 263].

Herbst 1948 in die USA, wo er Professor an der Stanford University wurde[12] und sie zunächst Lehrbeauftragte (lecturer in engineering mechanics and research supervisor). Obgleich ihr noch der entsprechende Titel fehlte, entfaltete Irmgard Flügge-Lotz eine erfolgreiche Lehr- und Forschungstätigkeit und betreute zahlreiche Doktoranden. Sie hielt 1949 ihre erste Vorlesung über boundary-layer theory und richtete einen regelmäßigen Kurs über mathematische Hydro- und Aerodynamik für Anfänger-Studierende ein. Sie zog mehr und mehr Studierende an, etablierte mit einem ihrer ersten Doktoranden John R. Spreiter ein wöchentliches Forschungsseminar über fluid mechanics, setzte ihre Forschungen über automatische Kontrolltheorie fort und interessierte sich auch für numerische Methoden zur Lösung von Differentialgleichungen in der Hydrodynamik. Um die Mitte der 1950er Jahre schien es in Stanford evident zu sein, dass Irmgard Flügge-Lotz die Aufgaben eines full professors erfüllte. Diesen offiziellen Status erhielt sie jedoch erst 1960, nachdem sie im Sommer 1960 als einzige Frau der Vereinigten Staaten am ersten Kongress der Internationalen Föderation der automatischen Kontrolltheorie in Moskau teilgenommen hatte. Bis zu ihrem Ruhestand 1968 wirkte sie als ordentliche Professorin für Mechanik, Aeronautik und Astronautik an der Stanford Universität und war auch danach noch bis zu ihrem Lebensende forschend aktiv.

Werk und Wirkung: Bereits die Dissertation „Die Erwärmung des Stempels beim Stauchvorgang“ (1929), in der sie sich mit der mathematischen Theorie der Wärmeleitung in Zylindern befasste, besaß hohen mathematischen Anspruch. Flügge-Lotz leistete international anerkannte Beiträge zur Aerodynamik, besonders zur Tragflügeltheorie, und zur automatischen Kontrolltheorie. Eine Methode zur Berechnung der Auftriebsverteilung (1931), „Lotz-Methode“, ist nach ihr benannt. Sie publizierte zahlreiche Beiträge, darunter viele Gemeinschaftsarbeiten, u.a. mit Ingeborg Ginzel. Eine gemeinsame Arbeit mit Ginzel 1939/1940[13] erfuhr besonders große Aufmerksamkeit. Sie behandelten eine durch Geradenstücke angenäherte Flügel-Ruder-Kombination mit Spalt. Diese Arbeit wurde in den Berichten über die Forschung der Jahre 1939 bis 1946 mehrfach hervorgehoben, in den Bänden zur *Angewandten Mathematik*, in den Bänden zur *Reinen Mathematik* und auch im Band *Hydro- und Aerodynamik*. Es wurde besonders die Verwendung von Methoden der konformen Abbildung als neuer Ansatz betont:

> „Flügge-Lotz und Ginzel haben in zwei Arbeiten das Strömungsproblem bei Flosse-Spalt-Ruder behandelt; sie gehen von Tandemanordnung aus und benutzen im Gegensatz zu verschiedenen Vorgängern Methoden der konformen Abbildung. Der Gang ihrer Untersuchung entspricht grundsätzlich dem Vorgehen von Garrick und Lagally (1935) beim Doppeldecker, trägt aber dem besonderen Umstande Rechnung, dass hier der Spalt als klein angenommen

12 Wilhelm Flügge war ebenfalls ein bedeutender produktiver Wissenschaftler; er publizierte u.a. *Stresses in shells*. Springer-Verlag: Berlin 1960; *Handbook of engineering mechanics*. McGraw-Hill: New York 1962; *Viscoelasticity*. Blaisdell Pub. Co.: Waltham, Mass. 1967, vgl. auch [Poggendorff, Bde. VI, VIIa].

13 Flügge-Lotz, Irmgard; Ginzel, Ingeborg: „Die ebene Strömung um ein geknicktes Profil mit Spalt“. *Jahrbuch der deutschen Luftfahrtforschung* 1939, I, S. 55–66 und *Ingenieur-Archiv* 11 (1940) S. 268–292.

werden kann. Die konforme Abbildung wird mittelbar erschlossen, indem zugeordnete Strömungen in der Ebene mit zwei Streckenspalten und der Ebene der Parallelogramme aufgestellt werden. [...] Die Arbeit auf mathematischem Gebiet ist durch eingehende Meßreihen ergänzt." [Ullrich 1953, S. 107f.]

An der Stanford University hatte Irmgard Flügge-Lotz viele Schüler; ihre wissenschaftlichen Enkel sind heute noch in den USA tätig. Sie entwickelte neue numerische Methoden für die Lösung von Problemen in der Theorie kompressibler Grenzschichten, gilt als Pionierin bei der Anwendung von Differenzenmethoden in der Grenzschichttheorie und nutzte früh den Computer dafür. Ihre Ergebnisse zur Kontrolltheorie sind in zwei Büchern zusammengefasst: *Discontinuous Automatic Control* (1953), *Discontinuous and Optimal Control* (1958). Sie erhielt zahlreiche Ehrungen, wurde 1971 ausgewählt, die von Kármán lecture am American Institute of Aeronautics and Astronautics zu halten, bekam 1973 ein honorary degree von der University of Maryland und wurde in Stanford mit der Ehrendoktorwürde ausgezeichnet [Spreiter/Flügge 1987, S. 37].

Ausgehend von der Kenntnis, wann es überhaupt möglich wurde, ein Diplom in Mathematik abzulegen, welche Studiengänge sich dafür entwickelten und welche besondere Karriere einer frühen Diplommathematikerin möglich war, werden wir im nächsten Abschnitt die Wege der Frauen und Männer vergleichen, die heute, d.h. um die Wende vom 20. zum 21. Jahrhundert mit ihrer Berufslaufbahn begannen.

4.2 Berufswege von Diplommathematikerinnen und -mathematikern heute

In diesem Kapitel beschäftigen wir uns mit Personen, die ein Diplom in Mathematik absolvierten. Nach einem kurzen Literaturüberblick stellen wir weitere Ergebnisse der in 3.2 beschriebenen Studie vor.

Befunde früherer Studien

Die wenigen bisher vorliegenden Befunde zu Herkunft, Berufswahlmotiven, Studienbewertungen und Berufswegen von Studienabgängern im Diplomstudiengang Mathematik stammen aus Umfragen des Hochschulinformationssystems Hannover (vgl. [Minks/Nigmann 1991], [Minks/Bathke/Filaretow 1993], [Minks 1996], [Holtkamp/Koller/ Minks 2000]), wo bei Befragungen von Hochschulabgängern der Jahrgänge 1989, 1993 und 1997 auch Personen mit Diplomabschlüssen Mathematik beteiligt waren. Die Befragungen fanden 6 bis 18 Monate nach dem Examen statt. Eine zweite Befragung erfolgte bei den Abschlussjahrgängen 1989 und 1993 etwa 5 Jahre nach dem Examen. Einige ausgewählte Ergebnisse:

Ähnlich wie bei der historischen Stichprobe kamen Frauen (38%) häufiger aus einem akademischen Elternhaus als Männer (23%). Motive der Studienfachwahl waren hauptsächlich persönliche Neigungen und Begabungen (90%), fachspezifisches Interesse (80%) und die Vielzahl der Berufsmöglichkeiten (55%). Der größte Wert des Studiums wurde – von Frauen und Männern gleichermaßen – in der Möglichkeit gesehen, einen interessanten Beruf ergreifen und sich persönlich weiterentwickeln zu können. Fast 80% der Befragten gaben an, dass sie genau das gleiche Studium wieder aufnehmen würden. Auslandsstudien (Frauen 3%, Männer 2%) und Hochschulwechsel gab es selten (Frauen 18%, Männer 11%). Wechsel des Studienfachs und/oder der Abschlussart kamen bei Frauen in 22%, bei Männern in 12% der Fälle vor.

Die Einschätzungen zum Berufsübergang, den Realisierungsmöglichkeiten des eigenen Berufswunsches, der Arbeitsplatzsicherheit und der beruflichen Entwicklungsmöglichkeiten waren sehr gut. 82% der Befragten beurteilten z.B. die beruflichen Entwicklungsmöglichkeiten 1997 als sehr gut und gut. Frauen schätzten ihre Arbeitsplatzsicherheit und die Entwicklungsmöglichkeiten jedoch schlechter ein als Männer. Etwa drei Viertel der Befragten bevorzugte eine Vollzeitstelle, mehr Männer (75%) als Frauen (57%). Die Übergänge ins Berufsleben waren bei Frauen und Männern ähnlich. Zwölf Monate nach dem Examen gingen acht von zehn Befragten einer regulären Erwerbstätigkeit nach. Allerdings waren etwa 5% weniger Frauen als Männer in einem regulären Beschäftigungsverhältnis, da Frauen häufiger eine Familientätigkeit ausübten.

Von den Befragten des Jahrgangs 1987/88 arbeiteten 23% in Hochschulen und Forschungseinrichtungen und jeweils knapp 20% im Kredit- und Versicherungswesen sowie im Bereich Software. 1997 verdienten drei Viertel der Befragten mehr als 5.000 DM im Monat. Frauen hatten ein geringeres Einkommen als Männer, waren damit jedoch nicht unzufriedener.

Unsere Studie

Wie in Kapitel 3.2 bereits ausgeführt, befragten wir Personen des Absolventenjahrgangs 1998 zu ihrem privaten Hintergrund, ihren Studienerfahrungen und ihren Berufswünschen und kontaktierten sie drei Jahre nach dem Examen nochmals, um etwas über ihren beruflichen Werdegang in Erfahrung zu bringen. Wie auch im Kapitel über die Lehrer beschreiben wir hier für die Diplomabsolventinnen und -absolventen im ersten Schritt die Befragten selbst, ihre Herkunft, ihr Studienerleben, ihre Studienleistungen und ihre beruflichen Wünsche und Zielvorstellungen am Ende des Studiums. Dann betrachten wir den Berufseinstieg, so wie er sich bei der zweiten Befragung darstellt. Wir analysieren die Felder, in denen die Befragten arbeiten und untersuchen, wie die Befragten ihre Berufstätigkeit erleben. Im dritten Schritt analysieren wir, welche Voraussetzungen den Berufseintritt erleichtert oder erschwert haben, und im vierten Schritt beleuchten wir das Wechselspiel zwischen Privatleben und Beruf. Hinsichtlich des Vergleichs von Frauen und Männern war auch hier die forschungsleitende Annahme, dass es am Ende des Studiums bei Leistungen und beruflichen Interessen keinerlei Unterschiede gibt, dass sich jedoch im Laufe der Zeit und im Zusammenhang mit der Dynamik von Beruf und Privatleben kleine Unterschiede ergeben, die zusammengenommen auch größere Unterschiede in der beruflichen Entwicklung, den sogenannten „Schereneffekt" [Abele et al. 2001] bewirken können.

Die statistischen Berechnungen werden der Lesbarkeit halber wiederum nicht im Einzelnen vorgestellt, sie sind in den entsprechenden Projektberichten nachzulesen (vgl. [Abele/Schradi 2000], [Abele/Krüsken/Mühlhans 2000a, 2000b, 2001], [Abele/Stief/Krüsken 2002]; vgl. auch [Abele/Neunzert/Tobies/Krüsken 2002], [Abele/Krüsken 2003]).

Die Befragten

Von den insgesamt 1.446 Personen, die im Jahr 1998 ein Mathematikdiplom absolvierten, waren 605 Personen, d.h. 42% beteiligt, davon 175 Frauen und 430 Männer. Der Frauenanteil betrug bei den Befragten 29%, im entsprechenden Jahrgang lag er bei 26% [Statistisches Bundesamt, Fachserie 11, Bildung und Kultur 1998]. Zum Zeitpunkt der ersten Erhebung waren die Frauen durchschnittlich 27 Jahre alt, die Männer etwa 27 1/2 Jahre.

Abb. 4.1 zeigt die spezifischen Studiengänge, in denen das Diplom erworben wurde. Drei Viertel der Befragten hatten den traditionellen Diplomstudiengang Mathematik gewählt, 18% hatten sich in Wirtschaftsmathematik spezialisiert, 5% in Technomathematik. Diese Verteilung entspricht in etwa den Zahlen dieses Prüfungsjahrgangs (Frauen: Mathematik 80%, Technomathematik 2%, Wirtschaftsmathematik 18%; Männer: Mathematik 82%, Technomathematik 5%, Wirtschaftsmathematik 13% [Statistisches Bundesamt, Fachserie 11, Bildung und Kultur 1998]).

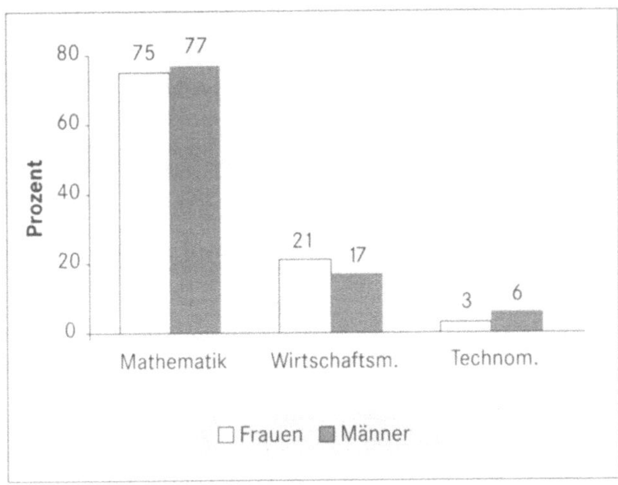

Abb. 4.1: Verteilung der Abschlüsse in den drei Diplomstudiengängen Mathematik, Wirtschaftsmathematik und Technomathematik nach Geschlecht

Etwa die Hälfte der Befragten stammte aus Akademikerfamilien, Frauen noch häufiger als Männer. Wir finden somit, dass zwar bei Lehramtsabsolventinnen und -absolventen die soziale Herkunft nicht mehr geschlechtsspezifisch variiert, im Diplomstudiengang jedoch nach wie vor – wenn auch im historischen Vergleich abgeschwächt – Frauen hinsichtlich ihrer sozialen Herkunft noch stärker selegiert sind als Männer.

Auch die private Lebenssituation unterschied sich zwischen den weiblichen und männlichen Befragten. Mehr Frauen als Männer lebten in einer festen Partnerschaft (78% zu 57%), mehr Partner der Frauen hatten selbst einen Hochschulabschluss (69%) und waren berufstätig (72%) als Partnerinnen der befragten Männer (45% mit Hochschulabschluss, 52% berufstätig). 8% der Befragten hatten bereits Kinder und knapp zwei Drittel waren sich sicher, dass sie einmal Kinder haben wollen. Im Vergleich zu den Lehrerinnen und Lehrern lebten weniger Befragte in einer festen Partnerschaft.

Welche Erfahrungen mit Mathematik haben die Befragten in ihrer Schulzeit gemacht, warum haben sie diesen Studiengang gewählt?

Die folgende Übersicht bringt Ergebnisse zu Schulzeit und Berufswahl.

Thema	Diplomabsolventinnen und -absolventen
Mathematische Vorbilder und Förderer in Kindheit und Jugend	Vorbilder hatten 17% der Befragten 39% der Befragten wurden während der Schulzeit in ihren mathematischen Interessen speziell gefördert, meist von den Eltern (48%) oder von Mathematiklehrer/inne/n (32%) (keine Geschlechtsunterschiede)
Interesse für Mathematik in der Schulzeit	Das Interesse für Mathematik in der Schulzeit wurde sehr hoch eingeschätzt und 70% gaben an, dass Mathematik in der Schule ihr Lieblingsfach gewesen sei; 84% der Befragten hatten - falls möglich - Mathematik als Leistungskurs in der gymnasialen Oberstufe (keine Geschlechtsunterschiede)
Abiturnote	Alle Befragten hatten eine überdurchschnittliche Abiturnote von 1,9 (kein Geschlechtsunterschied)
Studienwahlmotive	Verschiedene Studienwahlmotive konnten hinsichtlich ihrer Wichtigkeit auf einer Skala von 1 (unwichtig) bis 5 (sehr wichtig) eingeschätzt werden. - „Spezielle Begabung" Zustimmungsgrad 4.27 - „Fachliche Interessen" Zustimmungsgrad 4.11 - „Vielfalt der Möglichkeiten" Zustimmungsgrad 2.81 - „Beschäftigungsaussichten" Zustimmungsgrad 2.77 - „Bestimmter Berufswunsch" Zustimmungsgrad 2.00 - „Gute Vereinbarkeit Beruf - Privatleben" Zustimmungsgrad 1.87 (keine Geschlechtsunterschiede)

Die Befragten waren schon während der Schulzeit sehr an Mathematik interessiert, fast 3/4 gaben Mathematik als Lieblingsfach an, deutlich mehr als die Lehramtsabsolventinnen und -absolventen.

Die Studienwahlmotive waren stark an der Mathematik selbst ausgerichtet, nämlich fachliches Interesse und spezielle Begabung, weniger an bestimmten Berufsperspektiven oder an Beschäftigungsaussichten. Hier zeigen sich deutliche Unterschiede zu den Lehramtsabsolventinnen und -absolventen, die – naturgemäß – bei der Studienfachwahl die Berufsperspektive stärker im Auge hatten und auch die Vereinbarung des Berufs mit dem Privatleben mehr betonten.

Wie wurde die Studienzeit gestaltet?

Tabelle 4.1 bringt Ergebnisse zur Gestaltung der Studienzeit, zum Erleben dieser Zeit und zu Studienleistungen.

Tabelle 4.1: Studienerleben

	Frauen	Männer
Studienortwechsel	11%	6%
Auslandsstudium	**27%+**	**18%**
Studienfach- bzw. Studiengangwechsel	19%	16%
Mentor im Studium gehabt?	30%	30%
Mal an Studienabbruch gedacht?	39%	34%
Falls ja, Gründe:		
Realitätsfernes Studium*	3.40	3.23
Zweifel, ob Mathematik das Richtige ist*	3.36	3.45
Zu hohe Anforderungen*	3.32	3.21
Erleben des Studiums		
- Dozentenbewertung*	3.41	3.51
- Belastungserleben*	2.81	2.73
- Positive Bewertung des Studiums allgemein*	**3.38**	**3.53**
Berufsvorbereitung durch Studium*	2.55	2.77
Zurückschauende Zufriedenheit mit Studienfachwahl*	4.09	4.22
Studiendauer		
- Hochschulsemester	13.88	13.41
- Fachsemester	12.99	12.74
Examensnote	1.66	1.60
Berufliches Selbstvertrauen*	3.91	3.94

*alle Fragen auf 5-stufigen Skalen zu beantworten (1: Ablehnung bzw. negative Bewertung; 5: Zustimmung bzw. positive Bewertung)
+fett gedruckte Werte unterscheiden sich statistisch bedeutsam zwischen Frauen und Männern

In Übereinstimmung mit den Befunden der HIS Befragungen gab es wenige Universitätswechsel und auch relativ wenige Auslandsaufenthalte, wobei bei letzterem Frauen aktiver waren als Männer. Nur 17% der Befragten hatten das Studienfach bzw. den Studiengang gewechselt. Diese Zahl liegt unter den Durchschnittswerten für alle Studienfächer (s.o. Kapitel 2) und auch unter den in der HIS Studie berichteten Werten. Sie liegt ebenfalls deutlich niedriger als bei den Lehrern (s.o. Kapitel 3.2). Ein knappes Drittel der Befragten hatte während des Studiums einen Mentor. 36% der Befragten hatten sich ernsthaft mit dem Gedanken eines Studienabbruchs beschäftigt, wobei realitätsferne Inhalte und Zweifel, ob Mathematik überhaupt das Richtige ist, die wichtigsten Gründe waren.

Das Erleben des Studiums (Dozenten, Studium allgemein, Belastung) war insgesamt positiv, bei Männern noch positiver als bei Frauen. Allerdings fühlten sich die Befragten durch das Studium nicht besonders gut auf den Beruf vorbereitet.

Trotzdem waren sie auch im Nachhinein mit ihrer Studienfachwahl sehr zufrieden.

Die durchschnittliche Fachstudiendauer für den Diplomstudiengang Mathematik betrug im Jahr 1998 13,2 Semester, die durchschnittliche Abschlussnote lag bei 1.57 (Frauen 1.65, Männer 1.53) [Statistisches Bundesamt, Fachserie 11, Bildung und Kultur 1998–99]. Die hier Befragten entsprechen hinsichtlich Studiendauer und Studienleistung dem Jahrgangsdurchschnitt. Sie beendeten ihr Studium nach 13 Fach- und etwa 13 1/2 Hochschulsemestern, und schlossen das Studium mit einer Abschlussnote von etwa 1,6 ab. Es gab keinerlei Geschlechtsunterschiede. Tabelle 1 enthält auch Ergebnisse zum beruflichen Selbstvertrauen, das bei allen Befragten hoch war.

Vergleicht man diese Angaben mit denen der Lehramtsabsolventinnen und -absolventen (vgl. Kapitel 3.2), so fällt die große Diskrepanz zur Studienzeitbewertung auf. Lehrer und Lehrerinnen waren deutlich unzufriedener, fühlten sich stärker belastet und wurden – betrachtet man z.B. die Zahlen zu „Mentoren" – auch deutlich weniger gut betreut als die Diplomabsolventinnen und -absolventen. Ihr berufliches Selbstvertrauen war – insbesondere bei den Lehrerinnen – niedriger. Die Unterschiede in Studiendauer und Examensnoten sind dagegen irrelevant, da sie auf studiengangspezifische Besonderheiten zurückzuführen sind.

96% der Diplomabsolventinnen und -absolventen „jobbten" während ihres Studiums (38% während der ganzen Zeit, 58% zeitweilig). 60% der Frauen, aber nur 47% der Männer absolvierten während der Studienzeit mindestens ein Praktikum. Übereinstimmend bewerteten Frauen und Männer die Erwerbstätigkeit und die Praktika überwiegend positiv. Sie hätten sie fachlich weitergebracht, zur Praxisnähe beigetragen und seien hilfreich bei der Stellensuche gewesen. Männer schätzten ihre Informatikkenntnisse besser ein als Frauen. Dies zeigte sich auch bei der Angabe bekannter Programmiersprachen und Betriebssysteme.

Welche Vorstellungen zur Berufstätigkeit und zur Vereinbarung mit dem Privatleben hatten die Befragten am Ende ihres Studiums?

Um die Stellung der Berufstätigkeit im gesamten Lebenskontext beurteilen zu können, erhielten die Befragten Beschreibungen verschiedener „Berufstypen", die jeweils auf 5-stufigen Skalen nach Zustimmungsgrad zu bewerten waren. Diese haben wir bereits in Kapitel 3.2 beschrieben; sie beziehen sich auf „Karriereorientierung" (Typ A), „Integrationsorientierung" (Typ B), „Teilzeitorientierung" (Typ C), „Ausstiegsorientierung" (Typ D), „Drei-Phasen-Orientierung" (Typ E) und „Partnerorientierung" (Typ F). Abb. 4.2 zeigt die Ergebnisse.

Alle Befragten favorisierten Typ B, die „Integrationsorientierung", gefolgt von Typ C „Teilzeitorientierung"; beiden stimmten Frauen mehr zu als Männer. Männer stimmten auch dem Typ A „Karriereorientierung" noch relativ hoch zu, während bei Frauen der Typ E, die „Drei-Phasen-Orientierung" an dritter Stelle stand. Wenig Zustimmung erhielten die Typen D, „Ausstiegsorientierung", und F, „Partnerorientierung".

Im Vergleich zu den befragten Lehrerinnen und Lehrern war hier die „Karriereorientierung" deutlich höher und die Teilzeitorientierung deutlich niedriger.

69% der Frauen, und 78% der Männer wünschten sich eine Vollzeitbeschäftigung. Von den Befragten waren 74% bereit, wegen einer guten Stelle den Wohnort

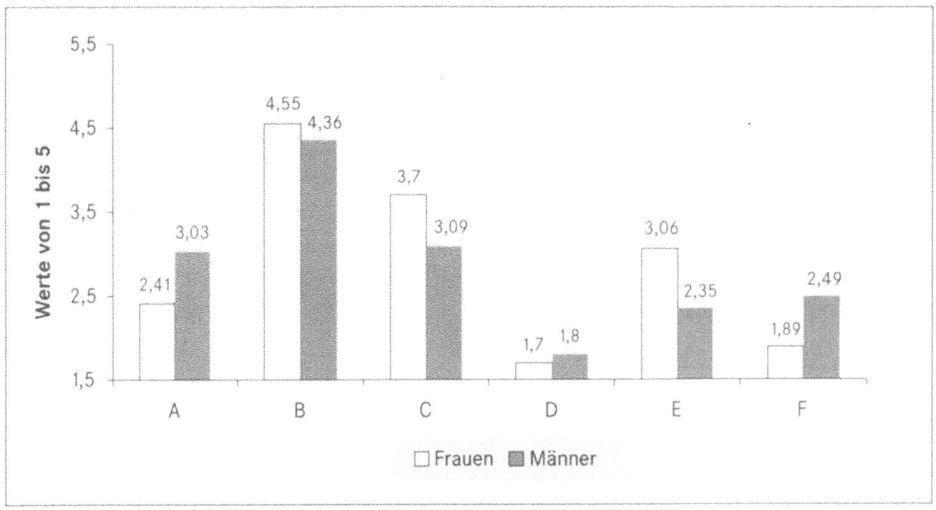

Abb. 4.2: Zustimmung zu verschiedenen „Berufstypen"
A: „Karriereorientierung"; B: „Integrationsorientierung"; C: „Teilzeitorientierung"; D: „Ausstiegsorientierung"; E: „Drei-Phasen-Orientierung"; F: „Partnerorientierung"

zu wechseln, mehr Männer (77%) als Frauen (70%). Auch hier gibt es große Unterschiede zu den befragten Lehrerinnen und Lehrern, die häufiger Teilzeit arbeiten wollten, allerdings genauso bereit waren, zugunsten der Stelle den Wohnsitz zu ändern.

Was ist aus den Befragten drei Jahre nach dem Examen geworden?

Ungefähr drei Jahre nach dem Examen füllten 133 Frauen und 340 Männer auch den zweiten Fragebogen aus. Vergleicht man diese Personen mit denen, die nur den ersten Fragebogen beantworteten, gibt es hinsichtlich der Geschlechts- oder Altersverteilung und verschiedener Leistungsparameter wie Semesterzahl oder Abschlussnote keine Unterschiede. Das bedeutet, dass die Befragten der zweiten Erhebung denen der ersten entsprechen. Abb. 4.3 zeigt, in welchen Bereichen die Befragten nun tätig waren.

27% der Befragten hatten eine Stelle an der Universität oder an einer Forschungseinrichtung bzw. ein Stipendium und promovierten. Diese Personen werden in Kapitel 5 genauer betrachtet und hier nicht weiter berücksichtigt. Der Großteil arbeitete in der freien Wirtschaft. Fünf Männer (1,5%) arbeiteten im öffentlichen Dienst (drei im Bereich Software und Systementwicklung, einer im Bereich Consulting / Management, und einer war als Ausbilder tätig), aufgrund der geringen Fallzahl werden diese Personen im Folgenden zu den in der Privatwirtschaft Arbeitenden dazugenommen. In der Gruppe der „Sonstigen" waren sechs Frauen und zwei Männer fachfremd beschäftigt (z.B. als Nachhilfelehrer, Journalisten oder Sachbearbeiter) und 3 Mütter derzeitig nicht berufstätig. Mit Ausnahme der Gruppe „Sonstige" (Durchschnitt 3.38) schätzten alle Befragten – Frauen und Männer gleichermaßen – ihre Chancen auf dem Arbeitsmarkt her-

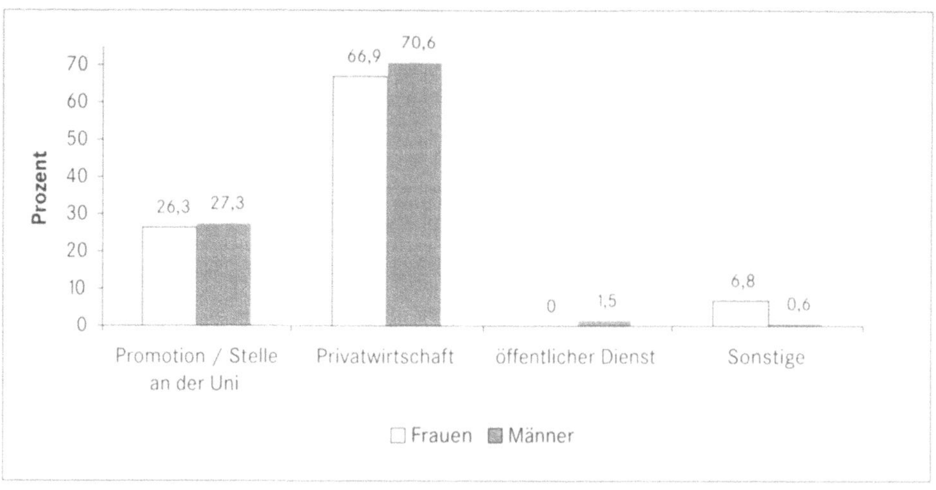

Abb. 4.3: Verteilung der Befragten auf Berufsfelder nach Geschlecht

Tabelle 4.2: Beschreibung der in der Privatwirtschaft arbeitenden Diplommathematikerinnen und -mathematiker

	Frauen	Männer
Beschäftigungsverhältnis		
- ganze Stelle	89%	94%
- halbe Stelle	-	1%
- selbständig	1%	4%
- Erziehungsurlaub	4%	-
- fachfremde Beschäftigung	6%	1%
Befristung des Beschäftigungsverhältnisses	1%	5%
*Tätigkeitsbereich**		
- Software / Systementwicklung	54%	59%
- Finanzen,Versicherung	27%	22%
- Consulting / Management	11%	15%
- Forschung / Entwicklung	2%	2%
- Ausbildung	1%	1%
- Sonstiges	5%	1%
Delegationsbefugnis	60%	65%
Offizielle/r Vorgesetzte/r	**4%+**	**14%**

* Die Tätigkeitsbereiche wurden anhand der Angaben zur Berufsbezeichnung und anhand von Angaben zu verschiedenen vorgegebenen Tätigkeitsbereichen gebildet

+ fett gedruckte Werte unterscheiden sich statistisch bedeutsam zwischen Frauen und Männern

vorragend ein, nämlich auf einer Skala von 1 bis 5 mit dem Durchschnittswert 4.49. Auch hielten alle Befragten ihren derzeitigen Arbeitsplatz für sehr sicher (Durchschnittswert 4.24) - wiederum mit Ausnahme der Personen in der Gruppe „Sonstige“ (Durchschnittswert 2.8). Diese Daten - nahezu 100%ige Beschäftigungsquote und hervorragende Einschätzungen der eigenen Chancen auf dem Arbeitsmarkt - zeigen bereits, dass diesen jungen Diplommathematikerinnen und -mathematikern der Einstieg in das Arbeitsleben sehr gut gelungen ist.

In Tabelle 4.2 werden - mit Ausnahme der an Universitäten und Forschungseinrichtungen Promovierenden und der drei nicht berufstätigen Mütter - die Arbeitsverhältnisse der verbleibenden 95 Frauen und 248 Männer genauer beschrieben. Der überwiegende Teil der Befragten arbeitete Vollzeit, und nur wenige Arbeitsverhältnisse beruhten auf befristeten Verträgen. Etwa zwei Drittel der Befragten konnte am Arbeitsplatz Arbeit delegieren, offizielle Vorgesetzte waren jedoch erst wenige Personen (noch weniger Frauen als Männer), was angesichts der Kürze der bisherigen Beschäftigungsdauer nicht verwundert. Der überwiegende Teil der Befragten war im Bereich Software/Systementwicklung tätig; etwa ein Viertel arbeitete im Bereich Finanzen oder Versicherungsmathematik; Consulting und Managementaufgaben wurden von etwas mehr als 10% der Befragten wahrgenommen. In den weiteren Tätigkeitsbereichen (Forschung und Entwicklung, Ausbildung und „Sonstiges“) arbeiteten nur wenige Personen, wobei hier zu berücksichtigen ist, dass bei der vorliegenden Auswertung die im engeren Sinn in der Forschung arbeitenden Personen ja ausgeschlossen sind (vgl. Kapitel 5).

Was verdienen die Befragten und unterscheiden sich die Tätigkeitsbereiche hinsichtlich des Einkommens?

Das Jahresbruttogehalt wurde für das zurückliegende Jahr erfragt, in Schritten von 20.000 DM (Erhebung im Jahr 2001, deshalb DM Angaben), beginnend mit „weniger als 20.000 DM“ und endend mit „über 160.000 DM“. Es gab deutliche Unterschiede nach Geschlecht und nach Tätigkeitsbereich. Etwa die Hälfte der Frauen hatte bis zu 80.000 DM, und nur 8% hatten über 100.000 DM verdient; bei den Männern dagegen hatten nur 30% weniger als 60.000 DM und 28% über 100.000 DM verdient. Abb. 4.4 zeigt das Jahreseinkommen nach Geschlecht und Tätigkeitsbereich. Hierbei bedeutet die Werteskala die Abstufungen des Einkommens in 20.000er Schritten, d.h. 1 entspricht einem Wert von bis zu 20.000 DM, 2 einem Wert von bis zu 40.000 DM etc. Die Gruppen „Ausbildung“ und „Sonstiges“ wurden aufgrund geringer Fallzahlen zusammengefasst.

Wie zu sehen ist, waren die Gehälter im Bereich Consulting/Management insgesamt am höchsten und im Bereich Ausbildung und Sonstiges am niedrigsten. Geschlechtsspezifisch betrachtet, verdienten Frauen und Männer gleich viel, wenn sie im Bereich Software/Systementwicklung arbeiteten, während in allen anderen Bereichen Frauen deutlich weniger verdienten als Männer.

Vergleicht man die Gehälter der Diplommathematikerinnen und -mathematiker mit denen der Staatsexamensabsolventinnen und -absolventen, die ebenfalls in der freien Wirtschaft arbeiten, so sind letztere deutlich niedriger (am häufigsten zwischen 80.000 und 100.000 DM, bei den Diplomabsolventinnen und -absolventen am häufigsten zwischen 100.000 und 120.000 DM).

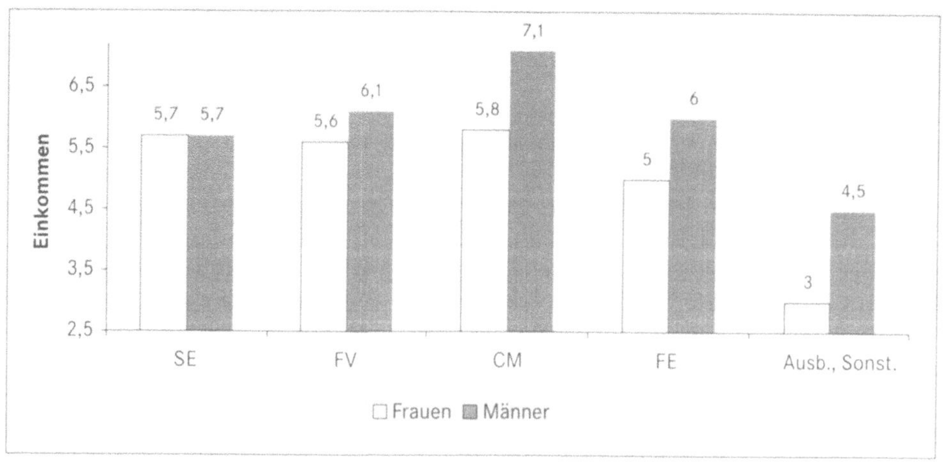

Abb. 4.4: Einkommen nach Geschlecht und Tätigkeitsbereich

E: Software, Systementwicklung; FV: Finanzen, Versicherungen; CM: Consulting, Management; FE: Forschung, Entwicklung; plus Ausbildung, Sonstiges

Wie erfolgreich schätzten die Befragten ihren bisherigen beruflichen Werdegang ein?

Die Befragten sollten angeben, wie erfolgreich ihr bisheriger Berufsverlauf im Vergleich zu ihren Studienkolleginnen und -kollegen gewesen sei (5-stufiges Rating). Wie Abb. 4.5 zeigt, gibt es Unterschiede zwischen den verschiedenen Tätigkeitsbereichen. Am erfolgreichsten beurteilten sich diejenigen, die im Bereich Consulting/Management arbeiteten, am wenigsten erfolgreich diejenigen, die zur Gruppe „Ausbildung, Sonstige Tätigkeiten" gehörten. Frauen schätzten sich (mit

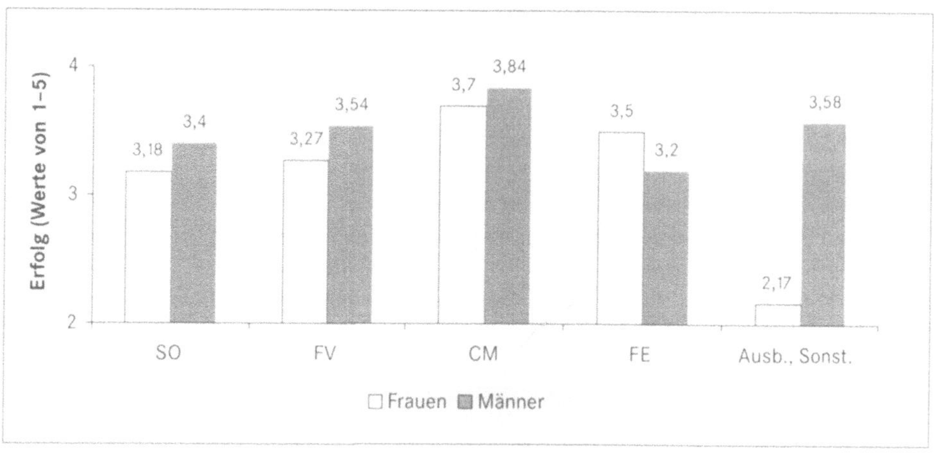

Abb. 4.5: Erfolgseinschätzung des bisherigen Berufsverlaufs

SE: Software, Systementwicklung; FV: Finanzen, Versicherungen; CM: Consulting, Management; FE: Forschung, Entwicklung; Ausbildung, Sonst:. Ausbildung, Sonstiges

Ausnahme des Bereichs Forschung und Entwicklung, der jedoch sehr geringe Fallzahlen aufwies) als weniger erfolgreich ein als Männer. Die subjektive Erfolgseinschätzung wies einen deutlichen Zusammenhang mit dem Einkommen auf.

Interessanterweise gibt es in der subjektiven Erfolgseinschätzung keine bedeutsamen Unterschiede zu den Staatsexamensabsolventinnen und -absolventen, die in der freien Wirtschaft arbeiten.

Wie wurde die Arbeit in den einzelnen Tätigkeitsbereichen erlebt?

Für diese Auswertungen werden die Tätigkeitsbereiche Ausbildung und Sonstiges aufgrund geringer Fallzahlen wieder zu „andere Tätigkeiten" zusammengefasst. Die Arbeitsplatzbeschreibung erfolgte hinsichtlich Belastung am Arbeitsplatz, Handlungsspielraum, Qualifizierungsmöglichkeiten, Einschätzung der Vorgesetzten und Einschätzung der Kollegen (Beispielfragen vgl. Kapitel 3.2). Tabelle 4.3 bringt die Ergebnisse.

Tabelle 4.3: Arbeitsplatzbeschreibung nach Tätigkeitsbereich

	Software Systement.	Finanzen Versicher.	Consult. Manag.	Forsch. Entw.	Andere
Tätigkeitsbeschreibung*					
- Belastung	**3.26+**	3.52	**3.77**	**3.67**	3.28
- Handlungsspielraum	3.77	3.77	3.92	3.62	3.83
- Qualifizierungsmöglichkeiten	3.51	3.74	3.83	3.76	**2.92**
- Vorgesetzte	3.53	3.75	3.89	4.00	3.66
- Kollegen	3.97	3.74	4.03	4.07	**3.17**

* Werte zwischen 1 (niedrige Zustimmung) und 5 (hohe Zustimmung)

\+ fett gedruckte Werte unterscheiden sich signifikant voneinander (zeilenweise)

Alle Befragten beschrieben ihren Handlungsspielraum, ihre Vorgesetzten und ihre Kollegen recht positiv, ihre Qualifizierungsmöglichkeiten ebenfalls positiv und ihre Belastung mittelhoch. Personen, die in den Bereichen Consulting/ Management und Forschung/Entwicklung tätig waren, erlebten die höchste Belastung am Arbeitsplatz. Personen der Gruppe „andere Tätigkeiten" bewerteten die Qualifizierungsmöglichkeiten und die Kollegen am schlechtesten. Es gab keine Geschlechtsunterschiede.

Alle Befragten waren mit ihrer Tätigkeit (Durchschnitt 3.83) und den Arbeitsbedingungen (Durchschnitt 3.66) sehr zufrieden. Mit den Entwicklungsmöglichkeiten waren die Befragten der Gruppe „andere Tätigkeiten" (Durchschnitt 2.73) weniger zufrieden als alle anderen Gruppen (Durchschnitt 3.35).

Frauen (Durchschnittswert 2.98) waren mit ihrer Bezahlung weniger zufrieden als Männer (Durchschnittswert 3.46). In Übereinstimmung mit dem tatsächlichen Einkommen (s.o. Abb. 4) waren insbesondere Frauen, die in den Bereichen Consulting/Management, Forschung/Entwicklung und anderen Bereichen arbeiteten, weniger zufrieden.

Die Frage zur generellen Zufriedenheit mit der Tätigkeit („Wenn sie an alles denken, was für ihre Arbeit wichtig ist, z.B. Tätigkeit, Arbeitsbedingungen, Kollegen/-innen etc., wie zufrieden sind sie dann *insgesamt* mit ihrer Arbeit?") wurde von allen Befragten sehr positiv beantwortet (Durchschnittswert 3.82).

Vergleicht man diese Arbeitsplatzbeschreibungen mit denen der Lehramtsabsolventinnen und -absolventen, dann gibt es für in der Privatwirtschaft Beschäftigte keine bedeutsamen Unterschiede. Allenfalls beschreiben die Staatsexamensabsolventinnen und -absolventen, die nicht als Lehrer arbeiten, ihren Arbeitsplatz noch positiver als die Diplommathematiker und -mathematikerinnen dies tun. Auf die vergleichsweise negative Beschreibung des Arbeitsplatzes „Schule" der tatsächlich als Lehrer arbeitenden Staatsexamensabsolventinnen und -absolventen wurde bereits verwiesen.

Unterscheiden sich Personen, die in den verschiedenen Tätigkeitsbereichen arbeiten, bereits am Ende des Studiums?

Hinsichtlich der bei der ersten Befragung erhobenen Informationen unterschieden sich die Angehörigen der verschiedenen Tätigkeitsbereiche nur in zweierlei Hinsicht: Personen, die der Gruppe „Andere Tätigkeitsbereiche" angehörten, hatten schlechtere Examensnoten als die übrigen Befragten; und die Zustimmung zum Berufstypus der „Karriereorientierung (s. Abb. 4.2) war bei Befragten, die im Bereich Consulting/Management arbeiteten, deutlich höher als bei allen anderen. Das bedeutet, dass Personen mit relativ schlechten Examensnoten auch mehr Schwierigkeiten beim Berufseinstieg hatten; und dass Personen, die bereits nach dem Examen stark karriereorientiert im engeren Sinn waren, drei Jahre später auch tatsächlich in einem – zumindest finanziell – attraktiveren Bereich arbeiteten.

Welchen Stellenwert hat der Beruf im Leben der Befragten ?

Alle Befragten hatten – unabhängig vom Tätigkeitsbereich und vom Geschlecht – eine sehr hohe Bindung an ihren Beruf (Durchschnittswert 4.05; Fragebeispiel: „Die Arbeit bedeutet mir viel mehr als bloß Geld"). Die Bereitschaft zur Übernahme von Führungsaufgaben lag im Durchschnitt bei 3.57, und es gab wiederum keine Unterschiede zwischen den Gruppen oder den Geschlechtern. Die „Verzichtsbereitschaft zugunsten des Berufs" (Beispiel: „um beruflich aufzusteigen, bin ich bereit, längere Arbeitszeiten und entsprechende Verkürzungen meiner Freizeit in Kauf zu nehmen") war unabhängig vom Tätigkeitsbereich bei Frauen (2.71) geringer ausgeprägt als bei Männern (3.19). Die Frage nach Benachteiligungserfahrungen im Berufsleben wurde ebenfalls von allen Befragten gleich beantwortet, es gab nur wenige Benachteiligungserfahrungen (Durchschnitt 2.33).

Diese Antworten unterscheiden sich teilweise deutlich von denen der Staatsexamensabsolventinnen und -absolventen. Bei Letzteren war die berufliche Bindung generell niedriger und auch die Verzichtsbereitschaft zugunsten des Berufs war niedriger. Die Bereitschaft zur Übernahme von Führungsaufgaben und die erlebten Benachteiligungen unterschieden sich dagegen nicht.

Wie hängen Studienerfahrungen und Studienleistungen mit dem erzielten Einkommen und mit der eigenen Erfolgseinschätzung zusammen?

Als nächstes interessierte die Frage, ob bestimmte Leistungsaspekte (Examensnote, Studiendauer) und Bewertungsaspekte (Studienbewertung, berufliches Selbstvertrauen, Bewertung der verschiedenen „Berufstypen"), so wie sie unmittelbar nach dem Examen erhoben worden waren, eine prognostische Bedeutung für das 2 1/2 Jahre später erzielte Einkommen besitzen. Hierbei kontrollierten wir das Geschlecht der Befragten und ihren Tätigkeitsbereich, da diese Faktoren ja bekanntermaßen (s. Abb. 4.4) das Einkommen beeinflussten. Wir fanden - über den Einfluss von Geschlecht und Tätigkeitsbereich hinaus - folgende Zusammenhänge:

- Personen, die direkt nach dem Examen eine besonders hohe Karriereorientierung (Berufstyp A, s. Abb. 4.2) hatten, verdienten drei Jahre später mehr als diejenigen, die eine niedrigere Karriereorientierung hatten;
- Personen mit bessere Examensnoten verdienten drei Jahre später mehr Geld;
- und Personen mit einem hoch ausgeprägten beruflichen Selbstvertrauen verdienten drei Jahre später mehr Geld.

Das bedeutet, dass die Leistung (Note) und die persönliche Einstellung (Karriereorientierung, berufliches Selbstvertrauen) gleichermaßen dazu beitragen, dass der Berufseinstieg in Bezug auf das Einkommen mehr oder weniger erfolgreich verläuft.

Eine ähnliche Analyse wurde für die subjektive Erfolgseinschätzung vorgenommen, wobei hier neben Geschlecht und Tätigkeitsbereich auch das Einkommen kontrolliert wurde. Hier gab es ebenfalls die Befunde, dass mit besserer Examensnote und mit höherem beruflichen Selbstvertrauen unmittelbar nach dem Examen der Berufserfolg später besser beurteilt wurde. Diese Ergebnisse sind identisch mit denen der Lehramtsabsolventinnen und -absolventen.

Beruf und Privatleben

Nun lebten drei Viertel der Befragten in festen Partnerschaften, mehr Frauen (82%) als Männer (70%). Die Partner der Frauen waren häufiger selbst berufstätig (in 86% der Fälle) als die Partnerinnen der Männer (in 68% der Fälle). 80% der Partner, aber nur 52% der Partnerinnen hatten selbst einen Hochschulabschluss.

Bei der Frage nach der Verteilung der Haushaltsaufgaben bei Paaren gab es deutliche Geschlechtsunterschiede (Abb. 4.6): Die traditionelle Hausarbeitsverteilung - die Frau erledigt mehr Hausarbeiten als der Mann - findet sich auch bei diesen berufstätigen Mathematikerinnen und Mathematikern.

14% der Frauen und 17% der Männer waren mittlerweile Eltern. Alle 41 Väter waren berufstätig, von den 14 Müttern war die Hälfte derzeit nicht berufstätig, davon drei ohne Arbeitsplatz und vier im Erziehungsurlaub. Bei den noch kinderlosen Befragten waren alle berufstätig.

Der Vergleich mit den Lehramtsabsolventinnen und -absolventen erbringt nun keine Unterschiede in der partnerschaftlichen Bindung mehr, d.h. die Diplomabsolventen haben „aufgeholt". Auch hinsichtlich des Prozentsatzes an Befragten mit eigenen Kindern gibt es keinen Unterschied. Gleiches gilt für die berufsbezogen

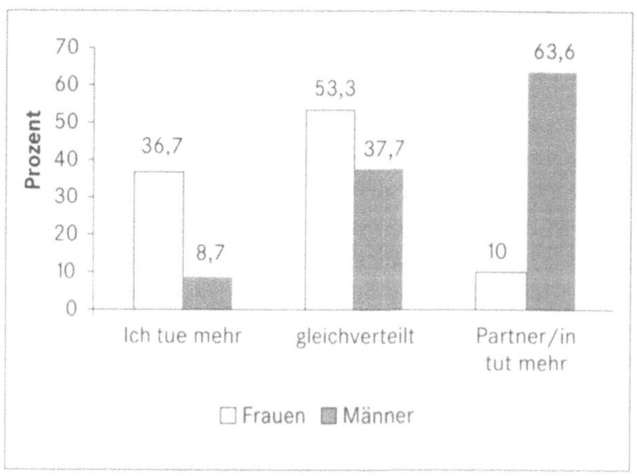

Abb. 4.6: Verteilung der Hausarbeit bei Personen, die in Partnerschaften leben

„hinderliche“ Wirkung von Mutterschaft. Die Verteilung der Arbeit im Haushalt ist jedoch bei den Lehrerinnen und Lehrern weniger „traditionell“; d.h. die Lehrer beteiligen sich stärker als die Diplommathematiker.

Abschließend wurde wiederum die Lebenszufriedenheit der Befragten analysiert. Sie war generell hoch (Durchschnitt 3.55 auf einer 5-stufigen Skala), und es gab keinerlei Unterschiede nach Tätigkeitsbereich, sondern nur nach privater Lebenssituation der Befragten (vgl. Abb. 4.7).

Singles waren am unzufriedensten, und am zufriedensten waren Personen, die in einer Partnerschaft lebten und ein kleines Kind (bis 1 Jahr alt) hatten. Bei größeren Kindern war die Lebenszufriedenheit wiederum kleiner. Es gab keine statistisch abgesicherten Geschlechtsunterschiede. Die drei (!) Mütter mit Kindern

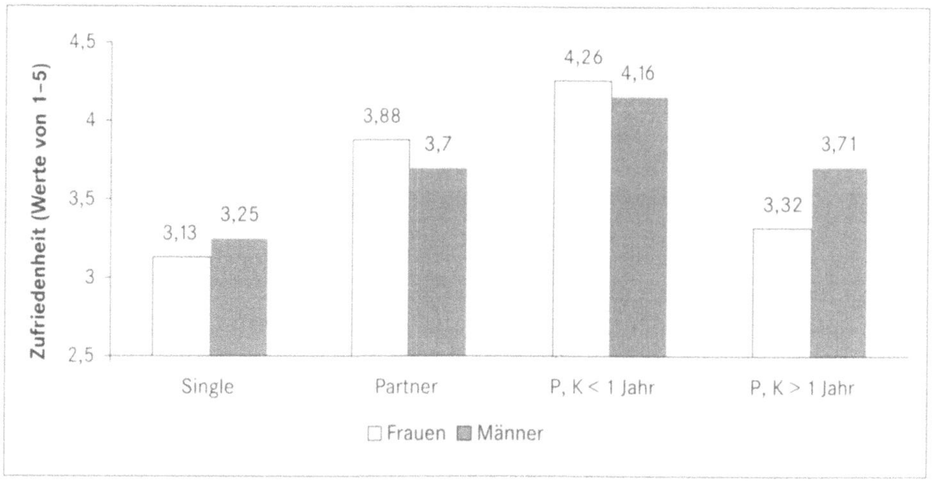

Abb. 4.7: Lebenszufriedenheit in Abhängigkeit von Geschlecht und privater Lebenssituation
P: Leben in Partnerschaft, K: Kind(er)

unter einem Jahr waren zum Befragungszeitpunkt alle in Erziehungsurlaub. Die Lebenszufriedenheit der Mütter mit Kindern über einem Jahr unterschied sich nicht danach, ob sie zum Befragungszeitpunkt berufstätig waren oder nicht. Diese Befunde entsprechen insgesamt denen der Lehrerinnen und Lehrer und zeigen, dass in diesem Alter (Anfang dreißig) Partnerschaft die wesentliche Determinante der Lebenszufriedenheit darstellt.

Wir untersuchten auch den Zusammenhang zwischen der Höhe des Einkommens und der Lebenszufriedenheit. Dieser war jedoch - bei Berücksichtigung, ob die Befragten in einer Partnerschaft lebten oder nicht - sehr gering (Korrelation von $r = .16$).

Zusammenfassung der Befunde

Die Befragten kamen in der Mehrzahl aus akademischen Elternhäusern; sie hatten bereits in der Schulzeit ein ausgeprägtes Interesse für Mathematik sowie überdurchschnittlich gute Abiturnoten. Ihre Studienwahlmotive richteten sich nach Begabung und Interessen. Die Angaben zum Studienerleben zeigen, dass die Absolventen zufrieden mit ihrer Studienfachwahl und dem Studium insgesamt waren. Es gab relativ wenige Fachwechsel, aber auch wenige Universitätswechsel und Auslandsstudien (vgl. ähnlich [Holtkamp et al. 2000]). Fast alle hatten während des Studiums „gejobbt". Auch Praktika wurden absolviert, wobei beide Tätigkeiten so eingeschätzt wurden, dass sie fachlich weitergebracht, zur Praxisnähe beigetragen und bei der Stellensuche geholfen hätten. Studiendauer und Examensnoten entsprachen dem Jahrgangsdurchschnitt. Alle Befragten hatten ein hohes berufliches Selbstvertrauen. Mehr als zwei Drittel lebten in einer festen Partnerschaft, nur wenige hatten - bei einem Durchschnittsalter von 27 1/2 Jahren - bereits Kinder. Bei den Vorstellungen zur Berufstätigkeit dominierte die Integrationsorientierung; aber auch die Karriereorientierung im engeren Sinn, d.h. der Wunsch, beruflich aufzusteigen, war - zumindest bei den Männern - durchaus vorhanden.

Drei Jahre nach dem Examen gingen nahezu alle Befragten einer Berufstätigkeit nach. Sieht man von denjenigen ab, die im engeren Sinn wissenschaftlich tätig wurden (27%), so hatten fast alle anderen Vollzeitbeschäftigungen in der Privatwirtschaft. Als Tätigkeitsfeld dominierte der Bereich Software/Systementwicklung mit über 50%, es folgten Tätigkeiten im Bereich der Finanz- und Versicherungsmathematik sowie Beschäftigungen im Bereich Consulting und Management. Im Vergleich zu den früheren Daten der HIS Umfragen (vgl. [Minks/Nigmann 1991], [Minks et al. 1993], [Minks 1996], [Holtkamp et al. 2000]) ist der Bereich Software/Systementwicklung als Beschäftigungssektor deutlich wichtiger geworden.

Die Befragten beurteilten ihre Chancen auf dem Arbeitsmarkt als sehr gut und glaubten auch, dass ihr Arbeitsplatz sehr sicher sei. Sie hatten im Jahr vor der Befragung ein durchschnittliches Bruttoeinkommen von etwa 110.000 DM. Das höchste Einkommen erhielten Beschäftigte im Bereich Consulting/ Management; diese schätzten sich selbst auch als am erfolgreichsten ein.

Die Unterschiede in der Wahrnehmung des Arbeitsplatzes und in der Zufriedenheit mit der eigenen Tätigkeit waren - sieht man von den wenigen Personen ab, die fachfremd und teilweise ausbildungsinadäquat arbeiteten - zwischen den einzelnen Tätigkeitsfeldern gering. Die Beschreibungen des Arbeitsplatzes waren durchweg positiv und die Zufriedenheit mit der eigenen beruflichen Tätigkeit war hoch. Hierzu passt, dass alle Befragten eine hohe berufliche Bindung und eine hohe Bereitschaft zur Übernahme von Führungsaufgaben hatten und in ihrem bisherigen Berufsleben wenig Benachteiligungen erlebt hatten.

Personen, die im Bereich Consulting/Management arbeiteten, hatten die besten Examensnoten und besaßen bereits bei der ersten Befragung direkt nach dem Examen eine höhere Karriereorientierung und ein höheres berufliches Selbstvertrauen als Befragte in den anderen Tätigkeitsfeldern.

Interessant ist schließlich, dass sowohl Studienleistungen als auch persönliche Einstellungen - sprich Karriereorientierung und berufliches Selbstvertrauen - bedeutsame Prädiktoren des späteren Einkommens und des eigenen Erfolgserlebens sind.

Hinsichtlich des Privatlebens zeigte sich, dass bei der zweiten Befragung - die Befragten waren nun durchschnittlich 30 1/2 Jahre alt - der Anteil von Personen, die in festen Partnerschaften lebte, weiter zugenommen hatte auf nun 74%. Auch der Anteil von Eltern war auf 15% angestiegen, was jedoch absolut gesehen relativ wenig ist. Die Lebenszufriedenheit der Befragten war hoch; das beruhte in erster Linie darauf, ob die Personen in einer Partnerschaft lebten oder nicht. Die Art der Tätigkeit oder auch die Höhe des Einkommens hatten keinen Einfluss. Da nahezu alle Befragten berufstätig waren, kann über den Einfluss der Berufstätigkeit allgemein auf die Lebenszufriedenheit nichts ausgesagt werden.

Vergleich mit Staatsexamensabsolventinnen und -absolventen

Die Angaben der Staatsexamensabsolventinnen und -absolventen unterscheiden sich teilweise deutlich von denjenigen, die einen Diplomabschluss in Mathematik aufweisen. Ohne hier die Detailvergleiche zu wiederholen, sind besonders hervorzuheben:

- die unterschiedliche Bewertung des Studiums, die bei ersteren wesentlich schlechter ausfiel als bei letzteren;
- die unterschiedlichen Studienwahlmotivationen und Vorstellungen zur Berufsausübung, die bei Lehrerinnen und Lehrern wesentlich stärker auf die Vereinbarung von Beruf und Privatleben gerichtet waren als auf Karriere und Aufstieg; und damit zusammenhängend die geringere Zentralität des Berufs („berufliche Bindung") bei Personen mit Staatsexamen;
- die vergleichsweise geringe Attraktivität des Arbeitsplatzes Schule - sowohl im Vergleich der Staatsexamensabsolventinnen und -absolventen untereinander, als auch im Vergleich mit den Diplommathematiker/innen;
- und schließlich die weniger „traditionellen" Rollenvorstellungen und das weniger traditionelle Rollenverhalten der Staatsexamensabsolventinnen und -absolventen, das sich u.a. darin äußert, dass in dieser Gruppe auch die Männer relativ häufig teilzeit arbeiten wollen und dass die Verteilung der Haushaltsaufgaben weniger ungleich ist als bei den Diplommathematiker/innen.

Geschlechtsvergleich

Der Vergleich zwischen Diplommathematikerinnen und Diplommathematikern erbrachte wiederum wesentlich mehr Gemeinsamkeiten als Unterschiede. Es gab keine Unterschiede beim Interesse für Mathematik während der Schulzeit, keine Unterschiede in den Abiturnoten, keine Unterschiede in den Studienwahlmotiven, kaum Unterschiede im Erleben des Studiums, und keine Unterschiede in der durchschnittlichen Studiendauer, in der Examensnote und im beruflichen Selbstvertrauen. Frauen kamen jedoch noch häufiger aus akademischen Elternhäusern als Männer (genauso [Minks 1996]), sie hatten häufiger ein Auslandsstudium und häufiger Praktika absolviert und sie schätzten ihre Informatikkenntnisse schlechter ein als Männer.

Auch der Berufseintritt gestaltete sich bei Frauen und Männern ähnlich, und die Bereiche, in denen sie arbeiteten, unterschieden sich ebenfalls kaum. Frauen und Männer beschrieben ihren Arbeitsplatz in gleicher Weise und waren - mit Ausnahme der Bezahlung - auch gleich zufrieden. Ihre Bindung an den Beruf war gleich hoch.

Der wichtigste Unterschied hinsichtlich des bisherigen Berufsverlaufs bezog sich auf das Gehalt und damit zusammenhängend die subjektive Erfolgseinschätzung. Mit Ausnahme des - quantitativ am wichtigsten - Bereichs Software/ Systementwicklung, in dem es keine Gehaltsunterschiede gab, verdienten Frauen trotz gleicher Qualifikationen in allen anderen Bereichen weniger als Männer und waren entsprechend auch weniger zufrieden. Bei Minks [1996] hatte sich ebenfalls gezeigt, dass Frauen weniger verdienten als Männer, damals waren Frauen aber nicht unzufriedener gewesen.

Der wichtigste Unterschied im Vergleich zwischen Frauen und Männern generell bezog sich jedoch wieder auf die Vereinbarung von Beruf und Privatleben. Frauen waren häufiger partnerschaftlich gebunden; ihre Partner waren häufiger selbst beruflich hoch engagiert; Frauen verrichteten mehr Hausarbeit; sie waren als Mütter häufiger nicht beschäftigt oder in Erziehungsurlaub und sie hatten auch eine stärkere „integrative" Orientierung hinsichtlich Privatleben und Beruf als Männer. Letzteres lässt sich sowohl aus den Antworten zur Bewertung verschiedener Berufstypen, wo Frauen der „Teilzeitorientierung" einen relativ hohen Stellenwert zusprachen, als auch aus den Antworten zur präferierten Arbeitszeit, zur Mobilitätsbereitschaft und aus den Antworten zur „Verzichtsbereitschaft zugunsten des Berufs" entnehmen.

Folgerungen

Diplommathematikerinnen und -mathematiker des Jahrgangs 1998 studierten gern und haben ihr Studium insgesamt in positiver Erinnerung. Sie hatten keinerlei Schwierigkeiten, sich beruflich zu integrieren und sie übten ihre Arbeit gern aus. Von wenigen Ausnahmen abgesehen, bewerteten sie ihre Tätigkeit sehr positiv und waren beruflich hoch engagiert. Sie verdienten gut, und sie blickten sehr optimistisch in ihre berufliche Zukunft. Die Lebenszufriedenheit der etwa Dreißigjährigen, die fast alle berufstätig waren, hing jedoch nicht mit dem Gehalt oder dem Tätigkeitsbereich zusammen, sondern vielmehr mit ihren sozialen, partnerschaftlichen Beziehungen.

Der für die Berufsentwicklung von Frauen und Männern postulierte „Schereneffekt" war bei den Diplommathematikerinnen und -mathematikern 2 1/2 Jahre nach dem Examen kaum erkennbar. Rein quantitativ waren Frauen beruflich genauso gut integriert wie Männer. Allerdings hatten erst 14% der nun dreißigjährigen Frauen Kinder. Bei diesen wenigen Frauen, die Kinder hatten, deutete sich der Schereneffekt dagegen an.

Ein anderer Schereneffekt war bereits nach 2 1/2 Jahren deutlich sichtbar: Obwohl die Diplommathematikerinnen die gleichen Studienleistungen und das gleiche Selbstvertrauen wie ihre männlichen Kollegen hatten, waren sie beim Gehalt benachteiligt. Dieses Phänomen des geringeren Einkommens - bei gleicher Qualifikation -, das auch für nichtmathematische Berufe gilt, zeigte sich bei bestimmten mathematischen Tätigkeiten in der Wirtschaft bereits nach dieser kurzen Zeit des Berufsverlaufs.

5 Absolventinnen und Absolventen, die promovieren wollen

In diesem Kapitel befassen wir uns noch einmal mit den Absolventinnen und Absolventen eines Mathematikstudiums, die 1998 und dann wieder 2001 befragt wurden (s.o. Kap. 3.2 und 4.2). Wir greifen diejenigen Personen heraus, die bei der ersten Befragung angaben, promovieren zu wollen (vgl. [Abele/Krüsken 2003]) und betrachten ihre berufliche Entwicklung drei Jahre später. Die Fragen, die wir uns hierbei stellen, sind die folgenden:

- Wer will promovieren bzw. was unterscheidet Personen, die promovieren wollen, von denjenigen, die nicht promovieren wollen?
- Warum wollen die Befragten promovieren bzw. nicht promovieren, was sind ihre Beweggründe?
- Wie wollen sie promovieren?
- Wird die nach dem Examen geäußerte Promotionsabsicht auch tatsächlich umgesetzt?
- Wie viele Frauen, wie viele Männer wollen promovieren? Wie hoch ist die Zahl derer, die eine wissenschaftliche Laufbahn anstreben?
- Wie wird die Promotion finanziert? Wie ist die fachliche Ausrichtung?
- Wie erleben die Befragten ihre Promotionszeit? Wie zufrieden sind sie mit Betreuung und Arbeitsbedingungen?
- Wie gestaltet sich deren Privatleben im Vergleich zu Personen, die nicht promovieren?

Wer will promovieren?

In Kapitel 2 wurde aufgezeigt, dass gegenwärtig etwa ein Viertel der Absolventinnen und Absolventen eines mathematischen Diplomstudiengangs promoviert und dass der Frauenanteil unter den Promotionen nur geringfügig unter dem Frauenanteil bei den Diplomprüfungen liegt. Mathematikerinnen und Mathematiker haben derzeit sehr gute Berufschancen außerhalb der Universität, sodass eine erfolgreiche Berufslaufbahn nicht notwendig an eine Promotion gebunden ist. Im Gegensatz zu anderen naturwissenschaftlichen Fächern, z.B. der Chemie oder der Biologie, ist die Promotion nicht auch dann quasi Voraussetzung, wenn eine Berufslaufbahn außerhalb der Universität angestrebt wird.

Bisher gibt es erst wenige Studien, die sich mit der Promotionsabsicht in der Mathematik beschäftigen. Enders [1994] und Enders und Bornmann [2001] z.B. befragten Promovenden und Promovierte der Fächer Biologie, Mathematik, Elektrotechnik, Germanistik, Sozialwissenschaften und Wirtschaftswissenschaften. Promovierte Mathematiker/innen hatten zu einem besonders hohen Prozentsatz selbst Akademiker als Eltern, hatten besonders gute Abitur- und Examensnoten und stellten als Promotionswunsch das Interesse am wissenschaftlichen Arbeiten und die fachliche Neigung besonders stark in den Vordergrund. Spieß und Schute [1999] fragten Mathematikstudentinnen und -studenten drei Semester vor dem Examen, ob sie promovieren wollten. Generell war die Promotionsabsicht niedrig, bei Studentinnen noch niedriger als bei Studenten. Befragte, die die Promotion in Betracht zogen, taten dies sowohl deshalb, weil sie eine Universitätslaufbahn attraktiv fanden, als auch deshalb, weil sie glaubten, ihre Arbeitsmarktchancen außerhalb der Universität mit dem Titel verbessern zu können. Die niedrigere Promotionsabsicht der Mathematikstudentinnen beruhte u.a. darauf, dass sie eine Berufstätigkeit an der Universität weniger attraktiv fanden als ihre männlichen Kommilitonen.

Bei unserer Studie konnten die Befragten auf einer 5-stufigen Skala angeben, ob sie promovieren wollen oder nicht („sicher nicht", „wahrscheinlich nicht", „vielleicht", „wahrscheinlich ja", „sicher"). In Abb. 5.1 sind die Antworten „sicher nicht" und „wahrscheinlich nicht" zu „nein" zusammengefasst, die Antworten „wahrscheinlich ja" und „sicher" zu „ja". Diese Abbildung zeigt die Antworten aufgeschlüsselt nach Geschlecht und Examensart.

Es ist zu sehen, dass deutlich mehr Personen mit Diplomabschluss als Personen mit Staatsexamen eine Promotionsabsicht äußerten (Diplom 30%, Staatsexamen 8%), sowie dass etwas weniger Frauen (16%) als Männer (23%) eine entsprechende Antwort gaben.

Vergleicht man die Personen, die beabsichtigten „wahrscheinlich ja" oder „sicher" zu promovieren, mit den anderen Befragten, dann gibt es einige Unterschiede.

- Personen, die promovieren wollten, hatten häufiger Eltern, die beide Akademiker sind (ein Elternteil Akademiker: 23%; beide Eltern Akademiker: 28%), als diejenigen, die nicht promovieren wollten (ein Elternteil Akademiker: 24%, beide Eltern Akademiker 19%).

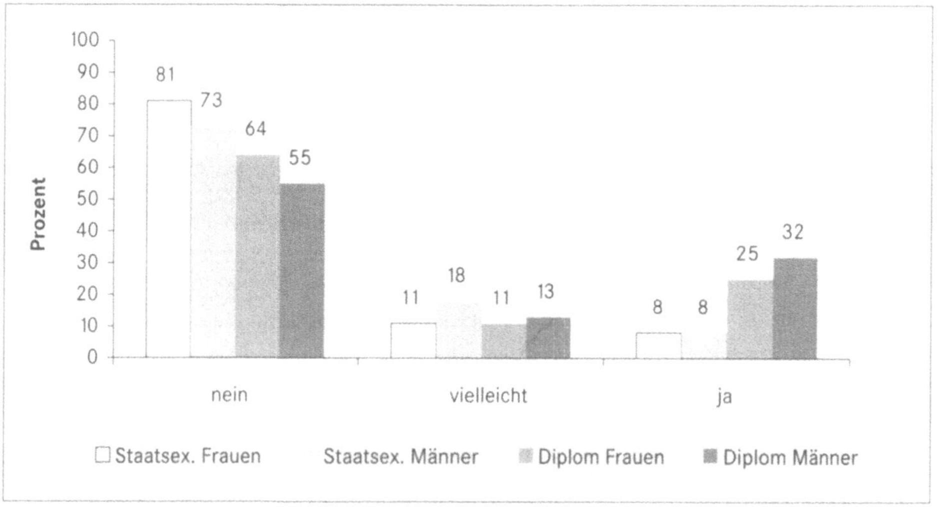

Abb. 5.1: Promotionsabsicht nach Geschlecht und Examensart

- Personen, die promovieren wollten, hatten noch bessere Abiturnoten (Durchschnitt 1.6) als diejenigen, die nicht promovieren wollten (Durchschnitt 2.0).
- Personen, die promovieren wollten, hatten häufiger eine Zeit lang im Ausland studiert (28%) als diejenigen, die nicht promovieren wollten (15%). Dies gilt insbesondere für Frauen (41% zu 17%; Männer: 23% zu 14%).
- Personen, die promovieren wollten, hatten seltener daran gedacht, ihr Studium abzubrechen als Personen, die nicht promovieren wollten (25% zu 45%).
- Entsprechend gibt es deutliche Unterschiede in der Art, wie das Studium erlebt wurde: Personen, die promovieren wollten, erlebten ihre Studienzeit insgesamt positiver (auf einer 5-stufigen Skala: 3,46 zu 3,08), erlebten die Dozentinnen und Dozenten als unterstützender und kompetenter (3,45 zu 3,18) und fühlten sich gleichzeitig weniger durch das Studium belastet (2,85 zu 3,20). Promotionswillige hatten während des Studiums auch nahezu doppelt so häufig einen Mentor, d.h. eine Person, die sie fachlich besonders förderte (43% zu 22%).
- Schließlich studierten Promotionswillige kürzer (Gesamtstudienzeit 12,6 zu 13,6 Semester; Fachstudienzeit 11,6 zu 12,6 Semester) und erzielten ein besseres Examensergebnis (Note 1,5 zu 2,1) als Personen, die nicht promovieren wollten.

Alle diese Unterschiede gelten für Frauen und Männer in gleicher Weise.

Warum wollten die Befragten promovieren bzw. nicht promovieren?

Sowohl Personen, die promovieren wollten als auch diejenigen, die das nicht beabsichtigten, bekamen jeweils eine Liste möglicher Gründe für ihre Absicht vorgegeben und sollten auf einer Skala von 1 (nicht zutreffend) bis 5 (sehr zutreffend) ankreuzen, inwieweit der jeweilige Grund wichtig war.

Bei Personen, die nicht promovieren wollten, waren die wichtigsten Gründe „für die eigenen beruflichen Pläne nicht relevant“ (Zustimmungsgrad 4.28), „verbessere dadurch nicht meine Berufschancen“ (Zustimmungsgrad 3.98) und „ich will endlich Geld verdienen“ (Zustimmungsgrad 3.64). „Ich habe wenig Interesse an wissenschaftlichem Arbeiten“ war als Ablehnungsgrund deutlich weniger wichtig (Zustimmungsgrad 2.97). Das Ablehnen einer Promotionsabsicht hat also in erster Linie mit anders gearteten Berufsvorstellungen und mit pragmatischen Überlegungen („notwendig“? „Geld“?) zu tun.

Ein komplementäres Muster zeigt sich bei den Promotionswilligen. Die wichtigsten Gründe für eine Promotion waren bei diesen Personen „ich habe großes Interesse am wissenschaftlichen Arbeiten“ (Zustimmungsgrad 4.24), „es entspricht meinen fachlichen Neigungen“ (Zustimmungsgrad 3.96) und „es entspricht meinen Fähigkeiten“ (Zustimmungsgrad 3.79). „Ich will damit meine Berufschancen verbessern“ (Zustimmungsgrad 3.05) war weniger wichtig. Personen, die promovieren wollen, führten also keine pragmatischen, sondern vielmehr inhaltliche Gründe an.

Nur die Hälfte der Personen, die promovieren wollten, strebte eine wissenschaftliche Laufbahn an (51%).

Wird die Promotionsabsicht auch realisiert?

Bei der zweiten Befragung, die im Durchschnitt etwa 2 1/2 Jahre nach dem Examen stattfand, konnten wir überprüfen, inwieweit die Promotionsabsicht auch realisiert wurde. Lediglich drei Teilnehmer/innen der zweiten Befragung gaben an, ihre Promotion abgebrochen zu haben, weitere 26 Personen hatten noch nicht angefangen. 17 Personen waren mit ihrer Promotion bereits fertig, 171 Personen waren noch dabei. Anders formuliert, 98% der Befragten blieben ihrem ursprünglichen Plan treu, und nur 2% änderten ihre Absicht, nahezu gleich viele Personen hin zur (8 Personen), wie auch weg von der Promotion (11 Personen). Dies gilt für Frauen und Männer und für Personen mit Diplom und Staatsexamen in gleicher Weise. Von den elf Personen, die ursprünglich promovieren wollten und dies dann nicht realisierten, hatten acht das Vorhaben gar nicht erst angegangen, drei hatten es abgebrochen. Als Gründe für den Abbruch nannte eine Person schlechte Betreuung, eine zweite fachliche Probleme und eine dritte eine attraktive Alternative außerhalb der Universität.

Wie viele Frauen und Männer promovieren? Wie viele von diesen Personen streben eine wissenschaftliche Laufbahn an?

Wir betrachten nun diejenigen 188 Personen, die zum zweiten Befragungszeitpunkt ihre Promotion bereits beendet hatten oder weiter daran arbeiteten, dies sind 51 Frauen und 137 Männer, die im Durchschnitt knapp 30 Jahre alt waren. Der Anteil promovierender Frauen (Diplom: 29%, Staatsexamen 8%) lag nur geringfügig unter dem der Männer (Diplom: 34%, Staatsexamen: 10%).

Gefragt, ob sie eine wissenschaftliche Laufbahn anstreben, antworteten nur 28% der Promovendinnen und Promovenden mit ja, 18% der Frauen und 31% der Männer. Dieser Unterschied ist statistisch bedeutsam, d.h. noch weniger Frauen als Männer strebten eine wissenschaftliche Laufbahn an, obwohl – siehe oben – die Promotionsabsicht bei Frauen und Männern ähnlich war. Die Entscheidung gegen eine wissenschaftliche Laufbahn hatte in erster Linie damit zu tun, dass die Befragten die derzeitigen Chancen ungünstig einschätzten (auf einer Skala von 1 bis 5 ein Zustimmungsgrad von 3,45) oder dass sie ihre eigenen Kompetenzen als anders gelagert bewerteten (Zustimmungsgrad 3,31). Bezieht man die Zahl derjenigen, die eine wissenschaftliche Laufbahn anstrebten, auf die Zahl aller Personen, die beim zweiten Mal antworteten, so sind dies 3% der Frauen und knapp 8% der Männer.

Wie finanzieren die Befragten ihre Promotion, womit beschäftigen sie sich?

Drei Viertel arbeiteten an einer Universität oder Forschungseinrichtung, ein Viertel in der freien Wirtschaft oder im öffentlichen Dienst, vornehmlich als Lehrer (vgl. Abb. 5.2).

Die Promotionsfächer der Befragten sind der folgenden Tabelle zu entnehmen. Personen mit Diplomabschluss promovierten hauptsächlich in der Mathematik bzw. in benachbarten Gebieten (Wirtschafts- und Finanzmathematik, Informa-

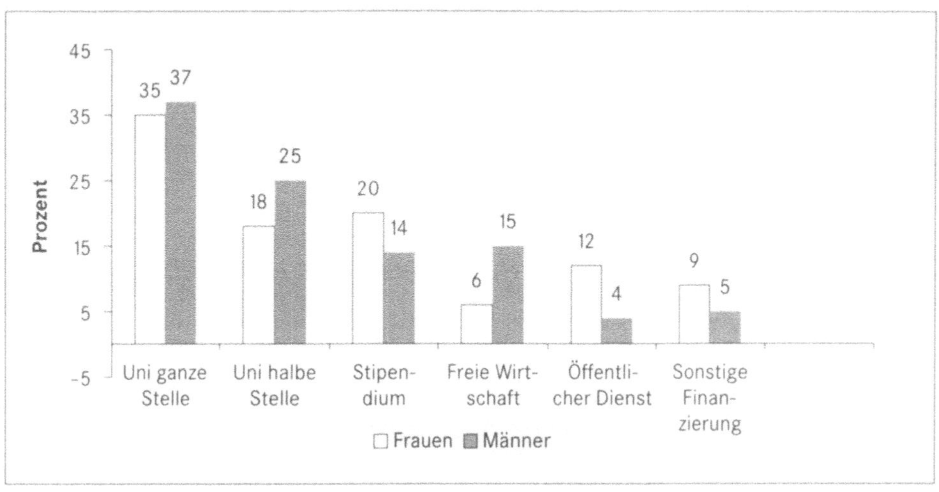

Abb. 5.2: Beschäftigungsverhältnis der Promovierenden nach Geschlecht

Tabelle 1: Promotionsfächer der Befragten

Promotionsfach	Personen mit Diplom		Personen mit Staatsexamen	
	Frauen	Männer	Frauen	Männer
Mathematik	79%	58%	31%*	24%*
Davon*:				
- Wahrscheinlichkeitstheorie	27%	17%	20%	-
- Algebra	17%	14%	20%	-
- Numerik	10%	21%	20%	10%
- Optimierung	7%	8%	-	-
- Differentialgleichungen	10%	6%	20%	-
- Topologie	7%	7%	-	-
- Didaktik	-	-	20%	50%
Wirtschafts- Finanzmathematik				
Informatik	8%	18%	8%	-
Physik/Ingenieurwiss./Medizin	8%	11%	8%	5%
Andere Fächer	5%	9%	8%	43%
	-	4%	46%	29%

- aufgrund von Rundungen ergänzen sich die Zahlen teilweise nicht auf Hundert
* nur die häufigeren Angaben werden erwähnt, deshalb keine Ergänzung auf 100%

tik, etc), diejenigen mit Abschluss erstes Staatsexamen hatten erwartungsgemäß eine größere Vielfalt von Promotionsfächern, da sie ja auch bereits im Staatsexamen nicht nur Mathematik, sondern auch ein anderes Fach studiert hatten (vgl. Kapitel 3.2). Die Unterschiede hinsichtlich der fachlichen Schwerpunkte bei den Dissertationen sind bei Diplomabsolventinnen versus Diplomabsolventen gering. Bei Absolventinnen und Absolventen eines Staatsexamensstudiengangs sind sie dagegen größer; hier promovierten etwa gleich viele Frauen in nicht-naturwissenschaftlichen Fächern wie in naturwissenschaftlichen; bei den Männern mit Staatsexamen promovierte lediglich ein knappes Drittel nicht in einem naturwissenschaftlichen Fach.

Wie erleben die Befragten ihr Promotionsstudium? Wie zufrieden sind sie mit ihren Arbeitsbedingungen und ihrer Betreuung?

Die Befragten konnten mit „Schulnoten" von 1 bis 5 die Qualität der fachlichen und der menschlichen Betreuung durch ihre Doktorväter oder -mütter einschätzen. Dabei stellten sie ihnen insgesamt ein recht gutes „Zeugnis" aus (fachliche Betreuung 2.3, menschliche Betreuung 2.2). Frauen und Männer unterschieden sich in ihren Bewertungen nicht.

Bei den bereits in den Kapiteln 3.2 (Lehrer) und 4.2 (Diplomabsolventinnen und -absolventen) erläuterten Fragen zur Zufriedenheit am Arbeitsplatz und zur Bewertung des Arbeitsplatzes allgemein gaben die Promovenden durchweg positivere Einschätzungen als die Personen, die nicht promovierten.

Promovierende Personen schätzten ihren Handlungsspielraum und die Qualifizierungsmöglichkeiten am Arbeitsplatz besser ein; sie bewerteten die Beziehung zu ihren Vorgesetzten positiver; sie waren generell noch zufriedener mit ihrer

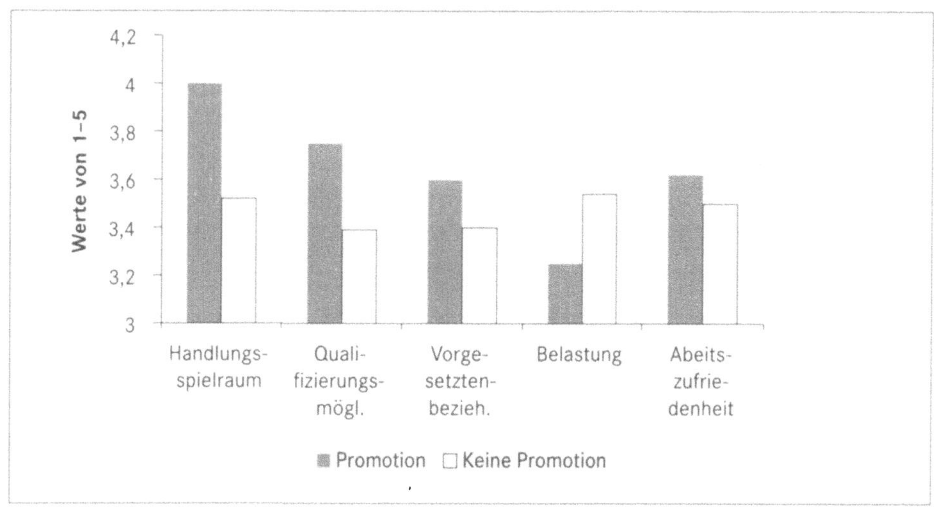

Abb. 5.3: Bewertung des Arbeitsplatzes bei Personen, die promovieren, im Vergleich zu Personen, die nicht promovieren

Arbeit und sie fühlten sich weniger belastet als Personen, die nicht promovierten. Bei allen diesen Urteilen unterschieden sich Promovendinnen nicht von ihren männlichen Kollegen.

Es gab lediglich zwei Unterschiede in den Bewertungen zwischen Promovendinnen und Promovenden. Zum einen war die Bereitschaft, zugunsten der Arbeit auf Freizeit und Privatleben zu verzichten, zwar bei allen Befragten relativ niedrig ausgeprägt, bei den Frauen jedoch noch niedriger (Skala von 1 bis 5: 2,81) als bei den Männern (Wert: 3,02). Zum anderen berichteten zwar alle von relativ wenig Benachteiligungserfahrungen am Arbeitsplatz, Frauen jedoch etwas mehr (Skala von 1 bis 5: 2,29) als Männer (Wert: 1,83).

Gibt es Unterschiede in der privaten Lebenssituation zwischen Personen, die promovieren im Vergleich zu denjenigen, die das nicht tun?

Abschließend betrachten wir einige Aspekte des Privatlebens der Promovendinnen und Promovenden im Vergleich zu Personen, die nicht promovieren. Es treten keine Unterschiede auf (Partnerschaft: Promovierende 71%, nicht Promovierende 74%; Kinder: jeweils 14%; Lebenszufriedenheit: 3.73 vs 3.68).

Zusammenfassung und Folgerungen

In diesem Kapitel wurde die Teilgruppe der Befragten von 1998 und 2001 betrachtet, die bei der ersten Befragung angab, promovieren zu wollen. Es wurde analysiert, wie sich diese Personen von denjenigen ohne Promotionsabsicht unterschieden, ob und wie sie ihr Promotionsvorhaben umsetzten, ob sie eine wissenschaftliche Laufbahn anstrebten, wie zufrieden sie mit ihrer Arbeit waren und wie sie ihr Privatleben gestalteten.

Folgende Antworten können gegeben werden:

- Etwa 30% aller Diplomierten und 8% aller Personen mit Staatsexamen wollten promovieren. Die Werte entsprechen recht gut den statistischen Angaben, wie sie in Kapitel 2 dargestellt wurden. Bemerkenswerterweise setzten nahezu alle Personen mit Promotionsabsicht diese auch um, wie die Angaben bei der zweiten Befragung belegen.
- Der Promotionswunsch war stark durch das Interesse an wissenschaftlichem Arbeiten geprägt; und umgekehrt war die Ablehnung der Promotion hauptsächlich damit begründet, dass es andere Berufsvorstellungen gab.
- Personen, die promovieren, besitzen jedoch nicht automatisch auch den Wunsch nach einer wissenschaftlichen Laufbahn. Bei der ersten Befragung strebte die Hälfte derjenigen, die promovieren wollten, eine wissenschaftliche Laufbahn an, bei der zweiten Befragung sank dieser Anteil weiter auf weniger als ein Drittel (28%). Die Universitätslaufbahn erschien zu unsicher, und/oder die Befragten schätzten ihre Kompetenzen anders ein.
- Insgesamt bewerteten die Promovenden ihren Arbeitsplatz sehr positiv, sie erlebten einen hohen Handlungsspielraum, große Qualifizierungsmöglichkeiten und relativ wenig Belastung.

- Vergleicht man Personen mit versus ohne Promotionsabsicht, dann kamen erstere aus einer noch höheren Bildungsschicht als letztere; hatten noch bessere Noten (Abitur und Studium) und hatten kürzer studiert als letztere (vgl. ähnlich [Enders/Bornmann 2001]). Promotionswillige hatten ihr Studium insgesamt sehr viel positiver erlebt und sie waren während dieser Zeit mehr gefördert worden (Mentoren). Sie hatten häufiger eine Zeitlang im Ausland studiert und seltener daran gedacht, das Studium abzubrechen.
- Hinsichtlich privater Lebensverhältnisse (Partnerschaft, Elternschaft, Lebenszufriedenheit) unterschieden sich Personen, die promovieren nicht von denen, die nicht promovieren.
- Der Frauenanteil unter den Personen mit Promotionsabsicht lag bei der ersten Befragung etwas, bei der zweiten Befragung nur geringfügig unter dem der Männer, d.h. wir finden hier etwas, was sich bereits bei den Statistiken der vergangenen Jahre andeutete (vgl. Kapitel 2): Frauen promovieren - prozentual betrachtet - in Mathematik fast genauso häufig wie Männer. Einen deutlichen Geschlechtsunterschied gibt es jedoch bei den Personen, die eine wissenschaftliche Laufbahn anstreben. Noch weniger Frauen als Männer verfolgten diesen Plan. Dies stimmt mit Befunden von Spieß und Schute [1999] überein, wonach Mathematikstudentinnen eine Universitätslaufbahn weniger attraktiv einschätzten als ihre männlichen Kommilitonen. Schließlich berichteten die befragten Promovendinnen über etwas mehr Benachteiligungserfahrungen als ihre männlichen Kollegen.

Zusammenfassend handelt es sich bei Mathematikerinnen und Mathematikern, die promovieren, um stark am Thema interessierte und hoch leistungsfähige Personen, die das Studium positiv erlebt hatten und durch Dozenten gefördert worden waren. Sie setzen ihr Promotionsvorhaben mit bemerkenswerter Konsequenz um. Frauen und Männer unterscheiden sich hierin nicht. Die wissenschaftliche Laufbahn ist jedoch nur für einen kleinen Teil der Befragten attraktiv, für Frauen noch weniger als für Männer.

6 Berufswege promovierter Mathematikerinnen und Mathematiker

6.1 Wege in der ersten Hälfte des 20. Jahrhunderts

Welche Berufswege eröffneten sich für Mathematiker/innen mit Doktortitel über den traditionellen Weg der Lehrtätigkeit hinaus? Wie viele konnten eine Hochschulkarriere (Habilitation, Professur) erreichen? Unterschieden sich die Wege promovierter Frauen und Männer in den ersten Jahrzehnten des 20. Jahrhunderts mehr als heute (vgl. Kapitel 5 und 6.2)? Wir vermuteten auch hier - wie bei den Lehramts-Personen, vgl. Kapitel 3.1 -, dass kaum Differenzen in den kognitiven Leistungen und in der Motivation bestanden, Frauen jedoch weniger leicht höhere Positionen in der Wissenschaft oder anderen neuen Berufsfeldern der Wirtschaft erreichen konnten.

Wir wollen zunächst erläutern, auf welcher Gruppe von Personen unsere Analyse fußt und wie wir zu den Ergebnissen gelangten. Dann beschreiben wir, wie sich die Situation zum Zeitpunkt der Promotion sowie nach der Promotion darstellte. Die Wege nach der Promotion können wir, da es sich ja um historische, meist bereits verstorbene Personen handelt, über einen längeren Zeitraum, oft über 1945 hinaus, verfolgen. Gravierende politische Einschnitte (Kriege, NS-Zeit) bestimmten die Berufsverläufe der Personen wesentlich mit. Wir wollen grundlegende Tendenzen charakterisieren und verdeutlichen, unter welchen Bedingungen neue Berufsfelder entstanden. Mit exemplarischen Porträts sollen wiederum die Grenzen und Möglichkeiten von Frauen - im Vergleich zu Männern - tiefer ausgelotet werden.

Zu Beginn unserer Untersuchung war unbekannt, wie viele Personen in Mathematik promovierten. Wir vermuteten, dass Frauen weitaus weniger als Männer an einer Promotion interessiert waren, weil es für sie schwieriger war, eine Karriere in der Wissenschaft zu erreichen. Unsere Analyse der repräsentativen Stichprobe von 3040 Personen (15,2% Frauen), die von 1902 bis 1940 ein Staatsexamen im Hauptfach Mathematik absolvierten (vgl. Kapitel 3.1), zeigte jedoch überraschend, dass 26% der Männer und auch 22% der Frauen einen Doktortitel besaßen. Jeweils ein Drittel dieser Frauen und Männer hatte den Titel mit einer mathematischen Dissertation erworben, weitere hatten in anderen Fächern ihres Staatsexamen promoviert (bevorzugt in Physik). Ca. 7% der Frauen mit Staatsexamen in Mathematik und ca. 8% der Männer hatten in Mathematik promoviert.

Nun wollten wir genau wissen, wie viele Personen insgesamt in Mathematik promovierten und in welche Berufsrichtungen sie gingen. Zu diesem Zweck erfassten wir alle Dissertationen, die seit dem Wintersemester 1907/08 bis zum Wintersemester 1944/45 in Deutschland erfolgreich verteidigt wurden. Der Beginn 1907/08 ergab sich daraus, dass wir hinreichend viele Frauen in der Analyse haben wollten und bis zu diesem Zeitpunkt nur eine Deutsche an einer deutschen

Hochschuleinrichtung in Mathematik promoviert hatte[1]. Es sei nebenher erwähnt, dass es eine weitere Deutsche gab, die in der Schweiz promovierte[2] und dass bis 1907 sieben Ausländerinnen in Deutschland promovierten. Die Ausländerinnen, die deutschen Frauen den Weg ebneten, werden in Kapitel 7.1 betrachtet. Das Ende des Untersuchungszeitraumes 1944/45 beruht auf dem historischen Einschnitt.

Um die promovierten Personen zu finden, analysierten wir die *Jahresverzeichnisse der deutschen Hochschulschriften*, wo mathematische Dissertationen bunt gemischt neben Dissertationen anderer Gebiete, - geordnet nach Hochschulen und Fakultäten -, aufgelistet sind. Ergänzend benutzten wir Promotionsverzeichnisse der Technischen Hochschulen [Niemann 1924], [Niemann/Neufeld 1931], Archivbestände von Universitäten, das Mitgliedergesamtverzeichnis der Deutschen Mathematiker-Vereinigung (DMV) [Toepell 1991] und die in der Zeitschrift *Deutsche Mathematik* von 1936 bis 1939 geführten Verzeichnisse. Die Namen der Personen mit ihren Dissertationen und Promotionsorten sind seit 2001 im Netz verfügbar.[3] Mancher fand dort seinen Großvater oder auch die Großmutter und half, Lebenswege zu ergänzen. Die Wege nach der Promotion zu verfolgen, war für diejenigen leicht, die Mitglied der DMV waren, die durch wissenschaftliche Publikationen bekannt wurden und damit in der Regel im [Poggendorff] nachgewiesen sind. Personen, die im höheren Schuldienst arbeiteten, sind meist in Lehrerkalendern verzeichnet [Kunze], [Phil.-Jb.], [Morgenstern]. Personen, die nach 1945 im östlichen Teil Deutschlands in den Schuldienst gingen, konnten jedoch nicht gefunden werden, da hier keine Lehrerkalender geführt wurden. Personen, deren Weg in die Wirtschaft führte oder die im Krieg fielen, sind aufgrund der Quellenlage nicht alle erfasst. Zum Teil halfen das Studium von Nachlässen und Korrespondenzen, Hinweise in Zeitschriftenartikeln u.a.

Die Mathematik-Promotionen des Zeitraumes WS 1907/08 bis WS 1944/45

Von 1907/08 bis 1944/45 promovierten in Mathematik mehr als 1400 Personen an 35 deutschen Universitäten und Hochschulen, davon 8,5% Frauen[4]. Unter diesen waren 111 Personen, die aus dem Ausland kamen (108 Männer, 3 Frauen). Die Aussagen in diesem Kapitel beziehen sich auf 118 Frauen und 1202 Männer, die in Deutschland geboren wurden und an deutschen Hochschuleinrichtungen eine mathematische Dissertation verteidigten (Abb. 6.1). Der Kurvenverlauf dieser Promotionsabschlüsse dokumentiert dieselben politisch bedingten Einbrüche wie bei den Abschlüssen im Lehramts-Staatsexamen (vgl. Kapitel 3.1).

1 Marie Gernet (1865–1924) promovierte 1895 unter Leo Königsberger (1837–1921) an der Universität Heidelberg und wurde Lehrerin am Mädchengymnasium in Karlsruhe (vgl. Kapitel 3.1).

2 Annie Reineck, später verheiratet Leuch (1880–1978), promovierte 1907 unter Johannes Heinrich Graf von Wildberg (1852–1918) an der Universität Bern, wurde Lehrerin und bedeutende Frauenrechtlerin in der Schweiz.

3 http://www.mathematik.uni-bielefeld.de/DMV/archiv/dissertationen.html

4 Wir ermittelten 1431 Personen, die in Mathematik promovierten, davon 121 Frauen (8,46%), Stand November 2003.

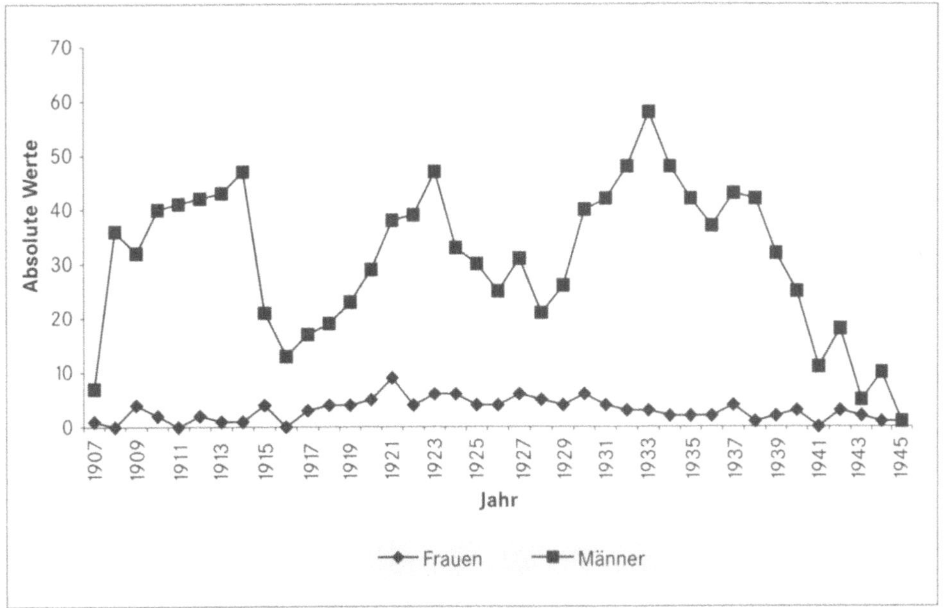

Abb. 6.1: Verteilung der mathematischen Promotionen von Frauen und Männern auf die Jahre von 1907 bis 1945

Der Frauenanteil war mit 8,5% über den gesamten Zeitraum gering, deutlich geringer als gegenwärtig (vgl. Kapitel 2). Er lag in den Kriegzeiten höher, weil die Zahl der Dissertationen von Männern niedrig war. Wir können jedoch - trotz der insgesamt kleinen Zahlen - feststellen, dass die Jahre der Weimarer Republik offensichtlich günstige Bedingungen für die Zunahme der Frauenpromotionen brachten. Von den 118 mathematischen Dissertationen, die Frauen im gesamten Zeitraum verteidigten, fielen 62 (51,2%) auf die Jahre zwischen 1921 bis 1932; der Anteil der Dissertationen von Männern betrug in dieser Zeit 36,7%.

Da wir vermuteten, dass es für den späteren Berufsweg der Personen wichtig sein konnte, wo das Promotionsverfahren stattfand, analysierten wir auch die Verteilung der Abschlüsse auf die Promotionsorte. Die Abschlüsse verteilten sich nicht gleichmäßig auf die 35 Einrichtungen, 24 Universitäten und 11 Technische Hochschulen (vgl. [Tobies/Görgen 2001]). Wir betrachten im Folgenden elf Orte näher, an denen die meisten Abschlüsse erfolgten; an diesen elf Orten promovierten 75% der Frauen und 60% der Männer.

Für die Orte, wo es sowohl eine Universität als auch eine Technische Hochschule gab (Berlin, Breslau, München), spiegelt Abb. 6.2 die Mathematik-Promotionen beider Institutionen wider. Hinsichtlich der Gesamtzahl erfolgreicher Verfahren deutscher Personen nahm Göttingen (114 Männer, 8 Frauen) - wie auch hinsichtlich des Ausländeranteils - die erste Position ein. Darin drückt sich aus, dass dieser Universitätsstandort seit den 1890er Jahren zu dem internationalen Zentrum der Mathematik ausgebaut worden war.

In Bonn, wo unter 55 Mathematik-Doktoren drei Ausländer und 15 Frauen waren, was einem Frauenanteil von 27% entspricht, herrschte früh ein beson-

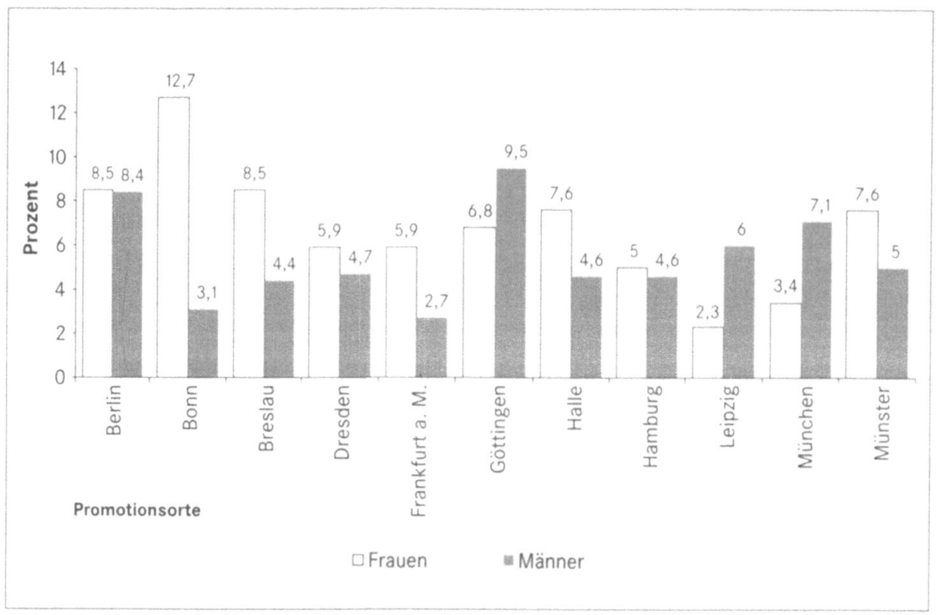

Abb. 6.2: Anteil der mathematischen Promotionen an ausgewählten Orten, WS 1907/08 bis WS 1944/45

ders frauenfreundliches Klima,[5] das der Mathematiker Gerhard Kowalewski in seiner Autobiografie beschrieb [Kowalewski 1950]. Der Frauenanteil lag auch in Frankfurt a.M.[6], Breslau (heute: Wroclaw, Polen), Halle, Münster, Dresden und Hamburg[7] über dem Durchschnitt. In Göttingen - wo in den 1890er Jahren das mathematische Frauenstudium in Preußen begonnen hatte - sowie in weiteren Orten mit vielen Mathematik-Studierenden, Leipzig und München, lag dieser Anteil dagegen für die Zeit 1907-45 unter dem Durchschnitt. An den Orten mit einem höheren Frauenanteil lehrten über eine längere Zeit Professoren in Mathematik sowie in den bevorzugt gewählten Nebenfächern Physik und Philosophie, die dem Frauenstudium sehr aufgeschlossen gegenüber standen. Göttingen galt als besonders anspruchsvoll. Es war zwar üblich, wenigstens ein Semester in das internationale Zentrum zu gehen, in der Regel schlossen jedoch nur diejenigen das Studium hier ab, die sich besonders viel zutrauten.

5 Eine für den Zeitraum 1961-75 vorliegende Zusammenstellung der mathematischen Promotionen der BRD weist aus, dass Bonn in diesen Jahren mit 92 verteidigten Dissertationen an erster Stelle stand; allerdings war darunter nur eine Frau [Butzer/Stark 1975].

6 Die Universität Frankfurt a.M. wurde erst 1914 gegründet.

7 Die Universität Hamburg besteht seit 1919.

Frauen und Männer zum Zeitpunkt der Doktorprüfung

Welche Unterschiede und Gemeinsamkeiten wiesen die Wege der Mathematik-Doktorand/innen zum Zeitpunkt der mündlichen Doktorprüfung (*Rigorosum*) auf?

Die in Mathematik promovierten Personen der Jahre 1907–45 ähnelten in *sozialer Herkunft, Schulbildung* und *Studienverlauf* den Personen mit Lehramts-Staatsexamen in Mathematik (vgl. Kapitel 3.1). Dies beruhte darauf, dass die meisten zusätzlich ein wissenschaftliches Staatsexamen ablegten, teilweise vor der mündlichen Doktorprüfung, teilweise danach. Es kann damals für Schulamtskandidaten formal etwas leichter gewesen sein zu promovieren, weil die schriftliche Hausarbeit des Staatsexamens als Dissertationsschrift gelten bzw. zu dieser ausgebaut werden konnte. Umgekehrt konnte die Dissertation als eine Hausarbeit beim Lehramts-Staatsexamen anerkannt werden. Die Termine von Staatsexamensprüfung und Rigorosum waren deshalb oft zeitnah. Die *Statistischen Jahrbücher für den Freistaat Preußen* enthalten Übersichten über die geprüften „Schulamtskandidaten“ mit der Angabe „Dissertationen sind an Stelle von Prüfungsarbeiten angenommen worden“ [Statistisches Jahrbuch 1933, S. 153]. Diese Regelung wurde erst mit der Diplomprüfungsordnung von 1942 aufgehoben (vgl. dazu Kapitel 4.1).

Um die *Leistungen* von Frauen und Männern zu vergleichen, analysierten wir, in welchen mathematischen Gebieten die Dissertationen geschrieben, wie die Dissertationen publiziert und welche Ergebnisse in der mündlichen Doktorprüfung erzielt wurden.

Frauen und Männer schrieben ihre Dissertationen in den *Forschungsschwerpunkten*: Geometrie, Analysis, Anwendungsgebiete der Mathematik, Algebra, Zahlentheorie, Topologie, Metamathematik (Didaktik, Geschichte, Philosophie der Mathematik)[8], Grundlagen (Mengenlehre, Logik, Axiomatik); es bestanden nur wenige Geschlechtsunterschiede (vgl. Abb. 6.2). Die Forschungsschwerpunkte verschoben sich im Verlaufe der Zeit. Das an erster Stelle stehende Gebiet Geometrie wurde vor allem bis 1915 bevorzugt gewählt, während in den nachfolgenden Jahren Geometrie und Analysis etwa gleich häufig bearbeitet wurden. Das Gewicht des dritten Schwerpunktgebietes, Anwendungen der Mathematik (Anwendungen in verschiedenen Gebieten der Naturwissenschaft und Technik; Finanz-, Versicherungsmathematik, Statistik; grafische und numerische Methoden), erhöhte sich im Verlaufe der Jahre; ab 1934 lag die Zahl entsprechender Dissertationen quantitativ gleichauf mit Arbeiten in Geometrie und Analysis.

Vergleichen wir die von Frauen und Männern gewählten Dissertationsgebiete, so zeigt sich der größte Unterschied bei den Anwendungen der Mathematik. Allerdings ist dieser Unterschied weitaus geringer als bei den Personen mit Staatsexamen in Mathematik (3% Frauen, 21% Männer, vgl. Kapitel 3.1), und es gibt einige Frauen, die gerade in diesen Gebieten besondere Karrieren erreichen konnten (s.u.).

8 Es sei angemerkt, dass es durchaus mehr Dissertationen zum Gebiet Metamathematik (Didaktik, Geschichte, Philosophie der Mathematik) gab, als in Abb. 6.2 zum Ausdruck kommt. Eine entsprechende Dissertation wurde nur aufgenommen, wenn die Person Mathematik als Hauptfach in der mündlichen Doktorprüfung gewählt hatte.

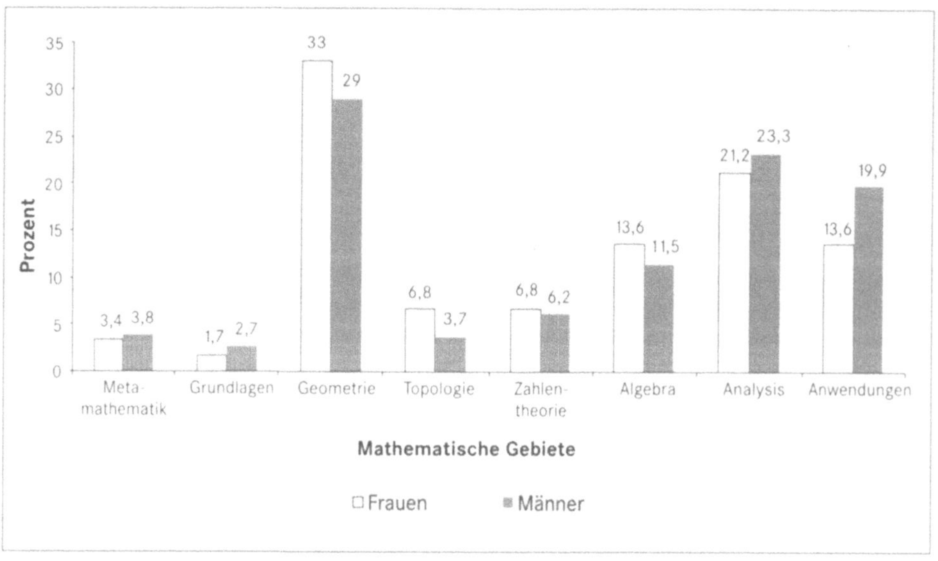

Abb. 6.3: Prozentuale Verteilung der Dissertationen auf die mathematischen Gebiete, Frauen und Männer im Vergleich, WS 1907/08 bis WS 1944/45

Die *Qualität der Dissertationen* lässt sich anhand der Gutachten sehr schwer vergleichen, da zu bestimmten Zeiten an verschiedenen Orten nur Worturteile formuliert wurden; z.B. können wir in Gutachten für eine Dissertation lesen „mit Fleiß und Verständnis verfasste Arbeit", „fleißig und ergebnisreich" oder auch „tüchtig und inhaltsreich". Ein gewisses Qualitätsurteil ist daraus ableitbar, ob die Dissertation in einer Zeitschrift publiziert wurde, zumal lange Zeit die Redaktionspolitik darin bestand, keine Dissertationen aufzunehmen. Ca. 30% der mathematischen Dissertationen, die von WS 1907/08 bis WS 1944/45 in Deutschland verteidigt wurden, erschienen in einer Zeitschrift. Der Anteil der Arbeiten von Frauen lag mit 8,8% (38 Arbeiten) leicht über dem Frauenanteil an den Dissertationen.

Die *mündliche Doktorprüfung*, die jeweils stattfindet, nachdem die Dissertation eingereicht und positiv begutachtet worden ist; wurde im Untersuchungszeitraum in der Regel in drei verschiedenen Fächern absolviert: im Hauptfach Mathematik (1 Stunde) sowie in zwei Nebenfächern (je 1/2 Stunde). Die Nebenfächer konnten individuell bestimmt werden, wobei es an einzelnen Universitäten sowie für bestimmte Zeiträume bevorzugte Gebiete gab. Insgesamt gesehen, dominierten Physik und Philosophie als Nebenfächer, wobei keine Unterschiede zwischen den Geschlechtern bestanden. Wir analysierten die Promotionsakten von fünf preußischen Universitätsorten: Berlin, Bonn, Göttingen, Halle und Münster. Damit gehen 310 Männer (26%) und 48 Frauen (41%) in die Analyse ein.[9]

9 Einige Akten konnten nicht ermittelt werden, so dass die Zahlen leicht differieren mit den tatsächlichen Promotionszahlen an den einzelnen Orten.

Tabelle 6.1: Noten im Rigorosum von Personen, die in an den Universitäten Berlin, Bonn, Göttingen, Halle, Münster von 1907-1945 in Mathematik promovierten, absolute Zahlen

Noten	s.c.l.[10]		m.c.l.		c.l.		rite	
	Männer	Frauen	Männer	Frauen	Männer	Frauen	Männer	Frauen
Berlin	8	-	29	2	22	2	8	4
Bonn	3	3	9	4	16	7	4	1
Göttingen	17	-	41	3	36	3	16	1
Halle	7	1	9	3	16	4	12	1
Münster	8	-	30	6	15	3	4	-

Bei dieser Notenverteilung sind drei Aspekte hervorzuheben: Erstens unterschied sich die Bewertungspraxis an den Universitäten (so betrug z.B. der Anteil der Noten s.c.l. und m.c.l., die Männer erhielten, in Münster 67%, in Halle nur 38%). Zweitens erhielten Frauen - außer in Berlin - im Durchschnitt ähnliche Noten wie Männer. Insgesamt ergibt sich (wenn wir s.c.l. mit 0,75 wichten) für die Männer eine Durchschnittsnote von 1,59, für die Frauen 1,66. Drittens wurden damals offensichtlich viel mehr Personen als heute mit der schlechtesten Note *rite* promoviert.

Unsere Ergebnisse zeigen, dass sich Frauen und Männer - durchschnittlich gesehen - in ihren Promotionsleistungen nicht unterschieden. Sie besaßen damit theoretisch die gleiche Ausgangsbasis für einen erfolgreichen Berufsweg.

Wo arbeiteten die in Mathematik promovierten Personen?

Im folgenden werden die Berufsfelder beschrieben, die in den ersten Jahrzehnten des 20. Jahrhunderts für die in Mathematik promovierten Personen zur Verfügung standen. Dabei wird das Entstehen der neuen Einsatzgebiete in Wirtschaft und Industrie - Berufsfelder, die heute für Diplommathematiker/innen dominant sind - ausführlicher erläutert.

1. Sie konnten eine *Lehrtätigkeit* an einer höheren Schule aufnehmen, die traditionelle und am meisten gewählte Berufsrichtung, wenn man damals Mathematik studierte (vgl. Kapitel 3.1). Hierher gehört auch die Lehrtätigkeit an mittleren technischen Fachschulen, Maschinenbau-, Seefahrts- und anderen Fach- und Handelsschulen.

2. Sie konnten eine *Hochschullaufbahn* einschlagen, über Habilitation, nichtbeamtete außerordentliche (n.b. a.o.) Professur (= ein Titel ohne Gehalt), beamtete außerordentliche (a.o.) Professur und ordentliche (o.) Professur. Dazu ist anzumerken, dass Frauen erstmals offiziell mit Erlass vom 21.2.1920 zur Habilitation zugelassen wurden, einige mit Ausnahmegenehmigung bereits 1919 (darunter

10 s.c.l. = summa cum laude (ausgezeichnet), m.c.l = magna cum laude (sehr gut), c.l. = cum laude (gut), rite (bestanden).

die erste Mathematikerin Emmy Noether); dass in Deutschland bis 1945 – über alle Fachgebiete gesehen – überhaupt nur zwei ordentliche Professorinnen berufen wurden (darunter Mathilde Vaerting, Mathematiklehrerin und Pädagogik-Professorin in Jena, vgl. ihr Porträt in Kapitel 3.1); dass es in Preußen, dem größten deutschen Land, für Frauen nur den Titel n.b. a.o. Professorin gab; einige Mathematikerinnen konnten aber nach 1945 sowie im Ausland Professorinnen werden.

3. Sie konnten als Mathematiker/in in einer *Versicherungsgesellschaft* oder einem *statistischen Amt* tätig werden. Doktoren mit einer Dissertation in Versicherungsmathematik oder Statistik besaßen oft ein Diplom in Versicherungstechnik. Ein Studiengang Versicherungstechnik (einschließlich Versicherungsmathematik) war erstmals 1895 an der Universität Göttingen eingerichtet worden [Tobies 1990], nachfolgend 1896 an der Technischen Hochschule Dresden [Voss 2001]. Der Hochschulberuf Diplom-Versicherungstechniker entstand, weil damals die höheren Schulen mit Lehrern überfüllt waren, die Anzahl der Mathematik-Studierenden stark zurückgegangen war und die aus dem Boden schießenden Versicherungsgesellschaften einen Bedarf an spezifisch ausgebildeten Mathematikern signalisiert hatten. Das Ausbildungsangebot in dieser Richtung entwickelte sich so, dass 1937 an mehr als einem Dutzend Hochschuleinrichtungen ein Versicherungsdiplom erworben werden konnte. Die Anforderungen wurden jedoch als sehr unterschiedlich beurteilt, so dass eine dazu 1937 geführte öffentliche Diskussion auf eine beschränkte Anzahl besser ausgestatteter Institutionen zielte. Im Vergleich mit angelsächsischen und skandinavischen Ländern galt Deutschland bei der praktischen Anwendung mathematisch-statistischer Methoden in Technik und Wirtschaft als unterentwickelt. Eine 1937 durchgeführte Analyse ergab, dass mathematisch-statistische Methoden in folgenden Bereichen angewendet wurden (vgl. [Böhm 1937, S. 239]):
   - In der Wirtschaftsbeobachtung und -forschung wurden entsprechende Methoden bei Zeitreihen- und Marktanalysen, bei statistischen Erhebungen und Indexkonstruktionen benutzt. In Berlin bestand ein Institut für Konjunkturforschung mit Publikationsorgan.
   - In der Betriebswirtschaft wurden statistische Methoden bei Kostenberechnungen und Betriebsvergleichen verwendet; die Veröffentlichungen des „Reichskuratoriums für Wirtschaftlichkeit" in Berlin zeugten davon.
   - Physikalische, chemische, biologische Laboratorien, Versuchsanstalten und Materialprüfungsämter waren bei der Auswertung und Prüfung von Versuchsergebnissen, bei der Festsetzung von Standardwerten und Normen darauf angewiesen.
   - In der industriellen Fabrikation von Rohstoffen und Massenartikeln wurde mit statistischen Methoden gearbeitet; z.B. bei der Produktion von Glühlampen. Richard Becker (1887–1955), Professor an der TH Berlin, verfasste gemeinsam mit den OSRAM-Mitarbeitern H. Plaut und Iris Runge (1888–1966) ein Buch *Anwendungen der mathematischen Statistik auf Probleme der Massenfabrikation*. Im Vorwort zu ihrem Buch betonten die Verfasser:

     „Das vorliegende Buch soll [...] ein Musterbeispiel für die Durchdringung einer typischen Massenfabrikation – gewählt ist die Glühlampenherstellung – mit den Methoden der Kollektivmaßlehre sein. Die Verfasser hielten es für richtig, ein solches völlig durchgearbeitetes Beispiel der Öffentlichkeit zu übergeben, da sie bemerkt haben, daß es nicht nur praktische Schwierigkeiten sind, die bisher häufig dem weiteren Eindringen der Statistik in die Technik Hindernisse bereitet haben, sondern vor allem der Mangel an Vertrauen in die Zuverlässigkeit der statistischen Methoden.“ [Becker/Plaut/Runge 1927, S. III]

- Als weitere Anwendungsgebiete galten Material- und Geräteprüfungen in der Wehrmacht, Zusammenfassungen von Züchtungs- und Düngungsergebnissen in der Landwirtschaft, die Verkehrs- und Eisenbahnstatistik, sowie Aufgaben in der Psychotechnik, Medizinalstatistik und Vererbungslehre. [Böhm 1937]

Der Gesamtbedarf an Mathematikern in der Versicherungswirtschaft/Statistik wurde 1937 auf 400 geschätzt [Schweer 1937]. Die Studienordnungen wurden neu erarbeitet. Das 1942 erstmals für Universitäten eingeführte Mathematik-Diplom umfasste u.a. eine wirtschaftswissenschaftliche Richtung, einschließlich Versicherungsmathematik (vgl. auch Kapitel 4.1). Bestehende Prüfungsordnungen speziell für Versicherungsmathematik wurden damit aufgehoben und das Mathematik-Diplom in wirtschaftswissenschaftlicher Richtung auf die Universitäten Berlin, Göttingen, Leipzig und München sowie die Technischen Hochschulen in Berlin und Dresden beschränkt [Studienordnung 1942, S. 98].

4. Sie konnten als Mathematiker/innen in der *Industrie* einen Platz finden. Der seit 1921 unter Leitung von Georg Hamel (1877–1954) bestehende Reichsverband deutscher mathematischen Gesellschaften und Vereine veranstaltete 1937 eine Umfrage: „In welche Berufe gehen Mathematiker außer dem Schuldienst noch über?“ [Kamke 1937]. Die Umfrage zeigte, dass sie in der optischen Industrie, als Meteorologen, Ballistiker, als Artilleristen, als Konstrukteure in der Industrie (Schiffsbau, Eisenbau, Flugzeugbau), als Mathematiker bzw. sog. Rechner/innen in verschiedenen Unternehmen arbeiteten. In den Jahren von 1933 bis 1945 ragte der Zweig der *Flugzeugindustrie* hinsichtlich der Einsatzmöglichkeiten heraus. Vor allem mit Blick auf die Kriegsvorbereitung war die Produktion in der Flugzeugindustrie forciert worden; 1933 verzehnfachte sie sich im Vergleich zu 1932, und von 1933 bis 1939 wuchs sie noch einmal um einen Faktor von 20. Die Zahl der Beschäftigten in der Flugzeugindustrie stieg von 5900 im April 1934 bis auf 293000 im Oktober 1938; die Zahl der hier untergekommenen Mathematiker wuchs dementsprechend.

Hans-Joachim Luckert (geb. 1905), der 1933 mit der Dissertation „Über die Integration der Differentialgleichung einer Gleitschicht in zäher Flüssigkeit“ bei Richard von Mises (1883–1953)[11] an der Universität Berlin promoviert hatte, lieferte 1937 einen Bericht für den Mathematischen Reichsverband [Luckert 1937]. Luckert beschrieb den Industriezweig, „dem ich selbst angehöre, der mir aber

11 R. v. Mises, lenkte zahlreiche Personen, auch Frauen, in anwendungsorientierte Mathematik. Die Österreicherin Hilda Pollazcek, geb. Geiringer (1893–1973), habilitierte sich unter ihm 1928 in Berlin, vgl. ihr Porträt in Kapitel 7.1. Im Vorwort zu seinem Buch *Fluglehre* [1926, S. IV] bedankte sich v. Mises für die Mitarbeit bei „Frl. Hilde Karselt“ (1904–1972), die bei ihm mit der Dissertation „Ebene Flugbahnen starrer Körper“ (Rigorosum: 6.2.1930) promovierte. Als ihr Verfahren – nach Publikation der Arbeit – abgeschlossen war (1932), war sie verheiratet und hatte bereits zwei Kinder geboren (1930, 1931), zwei weitere Kinder folgten (1934, 1937). – R. Tobies dankt ihrem Sohn, Herrn Dipl.-Physiker Dr. Wolfgang Heinicke (geb. 1937), für die Angaben.

auch als Musterbeispiel recht geeignet erscheint, nämlich die Flugzeugindustrie" als gutes Einsatzgebiet für Mathematiker:

> „Hier treten die mannigfaltigsten Fragen aus allen Gebieten der Mathematik auf: man braucht Funktionentheorie, Potentialtheorie, Integralgleichungen, Differenzengleichungen u.a., so daß also der Mathematiker hier durchaus auf seine Kosten kommen kann, und wie ich glaube, immer mit großer Befriedigung arbeiten wird." [Luckert 1937, S. 244]

Er unterschied drei Gruppen von Mathematikern in der Industrie: 1. Mathematiker, deren Arbeitsaufgaben nicht notwendig eine mathematische Ausbildung erfordert hätte; 2. Mathematiker, die Aufgaben bearbeiten, die genügend mathematische Vorkenntnisse erfordern und 3. eine Gruppe von Mathematikern, deren Art von Beschäftigung er als „Industriemathematiker" bezeichnete,

> „die sich in das betreffende Grenzgebiet einarbeiten und somit nicht nur rein mathematische Fragen, sondern allgemeine Aufgaben des ganzen Gebietes bearbeiten. Es gibt ja einige solcher Grenzgebiete, die nach meiner Auffassung sowohl für Ingenieure als auch für Mathematiker geschaffen sind, z.B. Aerodynamik, Statik, Elektrotechnik." [Luckert 1937, S. 245][12]

Nach den zitierten Antworten von Großfirmen wurden Mathematiker als erwünscht bezeichnet, die Zahl der benötigten Kräfte jedoch 1937 als vergleichsweise gering angegeben.

5. Sie konnten in *außeruniversitären Forschungsinstitutionen* arbeiten. Dazu gehörten die Institute der 1911 gegründeten Kaiser-Wilhelm-Gesellschaft (der heutigen Max-Planck-Gesellschaft); private Forschungsinstitutionen wie das William-G.-Kerckhoff-Institut in Bad Nauheim, das 1931 von dem Badearzt Franz M. Groedel (1881–1951) mit finanzieller Unterstützung der Witwe seines früheren deutsch-amerikanischen Patienten William G. Kerckhoff gegründete wurde[13]; Forschungsinstitute der Industrie wie z.B. das Krupp-Eisenforschungsinstitut sowie sogenannte Reichsforschungsanstalten. Letztere wurden nach 1933 vor allem für die Luftfahrtforschung ausgebaut.[14] Diese Einrichtungen wurden 1939 zu sogenannten Bedarfsstellen 1. Ordnung erklärt, womit erreicht werden konnte, dass zahlreiche hier beschäftigte Wissenschaftler eine sog. UK-Stellung erhielten[15]. In der Luftfahrtforschung und in der Flugzeugindustrie

12 Als Schlussfolgerung für die Ausbildung von Industriemathematikern leitete er ab, die Kenntnis des praktischen Rechnens zu vertiefen. „ [...] in der Industrie nützt die schönste Formel und das komplizierteste Integral nichts, wenn man es nicht auswerten oder nichts damit anfangen kann [...]" [Luckert 1937, S. 247].

13 Seit 1951 Max-Planck-Institut für physiologische und klinische Forschung, vgl. http://www.kerckhoff.mpg.de/

14 Die Forcierung der Luftfahrtforschung ab 1933 mit Blick auf die Luftwaffe und ihre Ausrüstung für einen Krieg wurde inzwischen mehrfach beschrieben (vgl. [Tollmien 1987], [Trischler 1992]).

15 Sie mussten nicht an der Front dienen. Vgl. das Beispiel von Helmut Wielandt (1910–2001); er promovierte in Algebra, Rigorosum 19.7.1934: s.c.l. [UAB]) unter Issai Schur (1875–1941), habilitierte sich 1939 in Tübingen. 1942/45 arbeitete er an der Aerodynamischen Versuchsanstalt in Göttingen [Mehrmann/Schneider 2002]. Nach seinen eigenen Mitteilungen verfasste er in dieser Zeit 14 Berichte über Eigenwertprobleme und singuläre Integralgleichungen [Poggendorff, Bd. VIIa, T. 4, S. 991].

konnten auch Mathematiker eine Position erhalten, die durch die NS-Politik aus staatlichen Positionen herausgedrängt wurden. Hier fanden auch Frauen Zugang (vgl. [Epple/Remmert 2000], [Tobies 2002]). Für eine Tätigkeit an diesen Institutionen ist charakteristisch, dass sie in der Regel nur einen Zeitabschnitt des Karriereweges von Personen betraf, die später mehrheitlich eine Hochschulkarriere erreichten.

6. Weitere in Mathematik promovierte Personen gingen auch in *nichtmathematische Berufe*: sie erlangten z.T. sehr bedeutende Positionen als Schriftstellerin, Verlegerin, Philosophin, Politikerin oder zogen sich zur Arbeit in der Landwirtschaft zurück. Verheiratete Frauen wurden in der Regel auf den Hausfrauenberuf beschränkt.

Wie verteilten sich die in Mathematik promovierten Frauen und Männer auf die Berufsgruppen?

Der Anteil der Frauen und Männer in den einzelnen Berufsgruppen wird in Abb. 6.4 dargestellt. Dabei ist nur die höchste berufliche Position berücksichtigt. Zeitweilige Tätigkeiten in Forschungsinstitutionen spiegeln sich nicht wider. Auch verwiesen wir noch einmal darauf, dass ein Teil der Wege aufgrund der Quellenlage bisher offen ist; Berufsrichtungen außerhalb der Mathematik sind nicht mit dargestellt.

Bei der *Hochschullaufbahn* zeichnete sich die größte Differenz zwischen den Geschlechtern ab. Hier ist zu berücksichtigen, dass Frauen – wie beschrieben – der Zugang zu diesem Berufsweg zunächst per Gesetz verwehrt war. Von den in

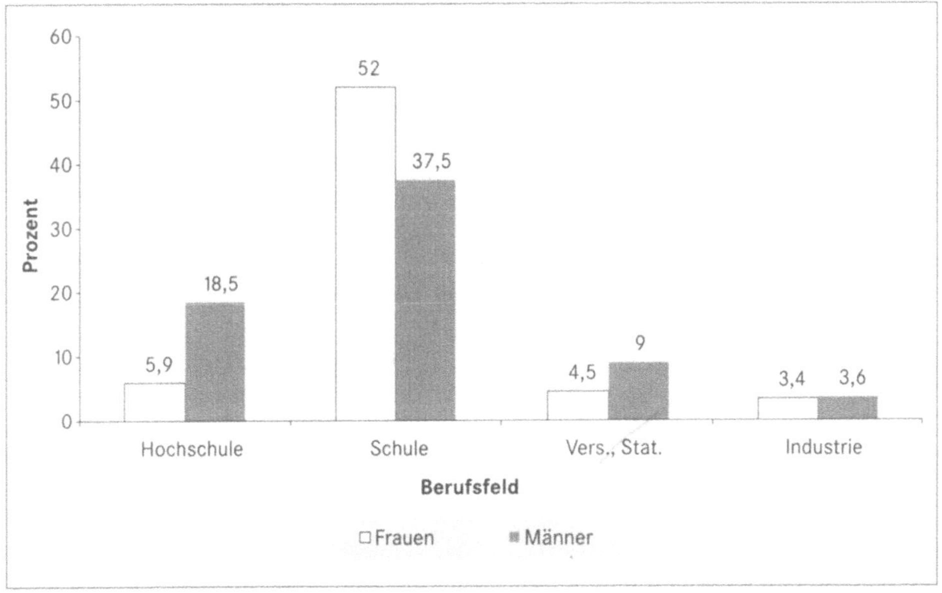

Abb. 6.4: Prozentuale Verteilung der Personen, die von 1907 bis 1945 in Mathematikpromovierten, auf die Berufsfelder

unserem Untersuchungszeitraum promovierten Frauen, konnte eine vor 1945 in Deutschland den Professorentitel erhalten, eine wurde in den USA Professorin, drei (die bereits vor 1945 habilitiert wurden) schafften es in Deutschland nach 1945 bis zur o. Professur und weitere zwei wurden – ohne Habilitation – Professorinnen an einer Pädagogischen Hochschule. Damit erreichten sieben Frauen (von 118) und 222 Männer (von 1202) eine Professur. Die späteren Professorinnen hatten an der TH Breslau (1), den Universitäten Breslau (1), Frankfurt a.M. (2), Göttingen (2) und der TH Hannover (1) promoviert. Die Professoren kamen vor allem aus Göttingen (45 = 20,3%) und Berlin (33 = 15%, TH 3) sowie – gefolgt mit weiterem Abstand – aus München (U 12, TH 7) und Leipzig (15). In den Forschungszentren Göttingen und Berlin überragte der Anteil der Personen, die Professoren wurden, den Anteil derjenigen, die Lehrer wurden. Damit ist vornehmlich dokumentiert, dass die Chance, eine Hochschulkarriere zu erreichen, stark an eine einflussreiche mathematische Schule gebunden war.

Für promovierte Frauen und Männer – wie für Mathematik-Absolventen dieser Jahre überhaupt – war das *Berufsfeld höhere Schule* der dominante Weg. Die Mathematik-Doktorinnen nahmen zu 52% (61 von 118) eine Lehrtätigkeit auf. Bei den Mathematik-Doktoren konnten wir 37,5% (451 von 1202) im höheren Schuldienst nachweisen. Der Berufsverlauf ähnelte den Wegen, die Personen mit Staatsexamen in Mathematik nahmen (vgl. Kapitel 3.1). Die späteren Lehrkräfte hatten den Doktortitel überwiegend an kleineren Universitäten mit relativ großem Einzugsbereich erworben: in Würzburg (90% der Doktoren gingen in den höheren Schuldienst), Münster (67%), Halle (59%), Kiel (58%), Bonn (57%) und weitere mindestens 50% von Königsberg (heute: Russland), Rostock und Greifswald. Der Zugang zum Lehrerberuf änderte sich – wie in Kapitel 3.1 ausgeführt – in Abhängigkeit von den historischen Bedingungen. Von den promovierten Männern der Jahre 1907–1920 fanden wir 46% im höheren Schuldienst, von denen der Jahre 1921–32 39% und die Doktoren des Zeitraums 1934–45 konnten wir nur noch zu 15% im Schuldienst finden.

Seit 1920 wuchs die Zahl der in *Versicherungsmathematik* und *mathematischer Statistik* geschriebenen Dissertationen. Diese Personen legten in der Regel auch eine Diplomprüfung in Versicherungstechnik ab und nahmen später eine Tätigkeit in entsprechenden Berufsfeldern auf. Manche absolvierten sowohl das Lehramts-Staatsexamen als auch die Versicherungsprüfung und die Doktorprüfung, um sich alle Chancen offen zu lassen[16].

In Göttingen, wo dieses Gebiet zuerst etabliert worden war, promovierten mehr als zwanzig Männer und eine Frau in Versicherungsmathematik/Statistik unter Felix Bernstein (vgl. [Tobies 1992]). Um 1930, zu einer Zeit, als es mit den Schulkarrieren schwierig wurde, waren Versicherungsgesellschaften noch aufnahmefähig. Z.B. erhielt Hans Thunsdorff (1907–2000) sofort nach der Promotion, am 15. August 1932, eine Stelle in der Mathematischen Abteilung beim Verband öffentlicher Lebensversicherungen in Berlin und brachte es nach 1945 zu wichti-

16 Vgl. dazu unten das Porträt Ingeborg Ginzels oder Hans Thunsdorff, der in Göttingen die Prüfung für Versicherungswissenschaft am 5.2.1931, das Lehramtsstaatsexamen (r.Ma, Ph; a.Ma) am 16.2.1932 und das Rigorosum (F. Bernstein) am 27.7.1932 absolvierte.

gen leitenden Positionen.[17] Wie Abb. 6.4 zeigt, fanden auch Frauen Anstellungen. Die Promotionsakte Ruth Heidemanns (1907–?) dokumentiert, dass sie 1931 eine „Anfangsstellung bei der Deutschen Lebensversicherung in Berlin" erhalten hatte, jedoch relativ wenig verdiente[18]. An der Universität Frankfurt a.M.[19] förderte Martin Brendel (1862–1939) dieses Gebiet. Seine Doktorandin Anna Gils (1902–1989) war - bereits vor Abschluss des Promotionsverfahrens - ab 1. Mai 1927 als Versicherungs-Mathematikerin in der Aufwertungsabteilung der Rentenanstalt und Lebensversicherungsbank Darmstadt angestellt[20]. An der Universität Berlin wurde die Lehre in Versicherungsmathematik seit den 1930er Jahren erweitert und Mathematiker in diesem Gebiet zur Promotion geführt. Darunter war Charlotte von Baranow geb. Kirchhoff (1902–?); sie arbeitete ab 1940 bei der Agrippa-Lebensversicherung und später im Bayerischen Statistischen Landesamt. Sie hatte nach einer längeren Auszeit und als verheiratete Frau (1928) ihr Studium fortgesetzt und erst mit 40 Jahren promoviert[21]. Sie war weiter wissenschaftlich tätig und publizierte u.a. *Methoden der Statistik* (2 Bde., Stuttgart 1950). Auch Promovierte aus München, wo 1920 an der Universität ein Extraordinariat für Versicherungsmathematik eingerichtet worden war, kamen in der Versicherungswirtschaft unter, darunter Josefa von Schwarz (1909–?), die nicht nur einen Doktortitel in Mathematik[22], sondern auch einen juristischen Universitätsabschluss (1932) besaß; ihre Tätigkeit als Sachbearbeiterin bei der Allianz-Versicherungs-AG in Berlin geht aus ihrer Mitgliedschaft in der DMV hervor [Toepell 1991, S. 352].

Die *Industrie* brauchte damals noch weitaus weniger Mathematiker als heute - wo vor allem der Computer die Einsatzgebiete von Mathematikern stark erweitert hat (vgl. Kapitel 2, 4.1, 4.2 und 6.2). Damals wurden noch mechanische Rechenmaschinen benutzt, an denen vorwiegend Frauen als Rechnerinnen arbeiteten. Gebrauchsfähige elektronische Computer wurden erst im Verlaufe des Zweiten Weltkrieges entwickelt.

Die meisten Personen, die vor 1945 in die Industrie gingen, sahen in dieser Art von Tätigkeit eine gewisse Notlösung. Das ist durch eine Reihe von Briefen belegt. Ein ehemaliger Schüler von Ernst-August Weiß (1900–1942), seit 1932 n.b. a.o. Mathematik-Professor in Bonn, berichtete 1937:

17 Vgl. hhtp://www.thunsdorff.de/hans_thunsdorff.htm; für die Informationen dankt R. Tobies dem Sohn Hans Thunsdorffs, Herrn Peter Thunsdorff (geb. 1937).

18 UAG, Promotionsakte Heidemann, sie promovierte (Rigorosum: 29.4.1931) bei Bernstein mit dem Thema „Presbyopie und Lebensdauer", publiziert in: Zeitschrift für die gesamte Versicherungswissenschaft, Okt. 1932. Sie heiratete am 28.11.1938 (Berlin Tiergarten) den Dipl.-Ingenieur Willy Paul Morgner.

19 In Frankfurt a.M. brach die Tradition 1933 durch die Vertreibung von Wissenschaftlern ab; in Göttingen betreute der Bernstein-Schüler Hans-Georg Münzner (1906-1997) weitere Doktoranden in diesem Gebiet.

20 Sie promovierte (Rig. 4.6.1928: a.Ma; r.Ma, Ph) mit dem Thema „Beiträge zu einer strengen Fehlertheorie", *Blätter für Versicherungs-Mathematik* 1929; heiratete am 14.9.1939 Dr. Georg Heinrich Rudolph.

21 Sie promovierte mit der Dissertation „Töchter-Aussteuer-Versicherung" (15.12.1942).

22 Sie promovierte bei Constantin Carathéodory (Rigorosum: 26.7.1933, m.c.l.) mit dem Thema „Das Delaunaysche Problem der Variationsrechnung in kanonischen Koordinaten". *Math. Annalen* 110 (1935).

„[...]Es war meine Absicht, nach dem Examen mich als Referendar zum Lehrer ausbilden zu lassen. Ich sah aber auf Grund der völligen Aussichtslosigkeit, in absehbarer Zeit als solcher voll beschäftigt zu werden, davon ab und versuchte, meine Studien praktisch zu verwerten. Ich arbeitete zuerst 5 Monate als Physiker in einem Laboratorium, fand jedoch als Mathematiker keine Befriedigung, betätigte mich kurz auch pädagogisch, bis mir eine Stelle als Mathematiker bei einem Unternehmen angeboten wurde. Meine Arbeit betrifft Fragen aus der angewandten Mathematik." [Weiß 1937, S. 384]

Frauen waren vielfach als Rechnerinnen mit langwieriger Kleinarbeit beschäftigt. Weiß erhielt dazu folgenden Brief:

„[...]Sie können sich denken, daß ich lieber im Schuldienst geblieben wäre. Aber ich muß für meine Mutter und mich das zum Leben Erforderliche verdienen, und dazu während der Wartezeit bis zur Anstellung anderweite Beschäftigung suchen. Solche habe ich im Büro einer Firma gefunden. Bewerbungen um andere Stellen hatten keinen Erfolg.

Ich ersticke in einer endlosen rechnerischen Kleinarbeit. Die Rechenmaschinen haben seit Monaten noch nicht einen Tag lang stillgestanden. Primitive Koordinatentransformationen, Komponentenzerlegung und- zusammensetzung, graphische Darstellungen auf Millimeterpapierbögen von riesigem Ausmaß, einfache arithmetische Mittelbildungen und gefühlsmäßige graphische Ausgleichsverfahren bilden den bescheidenen wissenschaftlichen Hintergrund eines Rechenschemas, nach welchem ein ausgedehntes Versuchsmaterial seit Monaten ausgewertet wird.

Ob ich Aussichten habe, hier weiterzukommen, weiß ich nicht; den Lehrberuf könnte mir auch eine noch so gute Stellung in der Industrie doch nicht ersetzen." [Weiß 1937, S. 384]

Marie-Luise Schluckebier (1903–?), die noch 1935 bei Otto Toeplitz (1881–1940) in Bonn die mündliche Doktorpüfung ablegen konnte[23], aber zum Staatsexamen nach Göttingen gegangen und dort im Fach Physik gescheitert war, bewarb sich – ebenfalls notgedrungen – um Positionen in der Industrie. Sie versuchte es zunächst bei Luftfahrtinstitutionen, wie sie Toeplitz am 4.3.1938 informierte:

„[...]Dann kam vom Luftministerium ein Brief auf eine Anfrage von mir mit den Anschriften der Forschungsinstitute, Göttingen an erster, Braunschweig an zweiter Stelle, wohin ich sofort kurz schrieb. Es kam umgehend Antwort um nähere Bewerbung und es lag ein Zettel über meine Grosseltern ein. Ob das eine Antwort auf die Promotion bei Ihnen war, weiss ich nicht[...]" [UABonn, Nachlass Toeplitz-14]

Sie erhielt ihre Unterlagen vom Reichs-Luftfahrtforschungsinstitut in Braunschweig zunächst ohne Begründung zurück, so dass sie sich noch in der Industrie bei Telefunken bewarb, wie sie im März 1938 aus Berlin schrieb:

23 Schluckebier, M.-L.: *Äquimodulare Matrizen.* Verlag Dieterich: Göttingen 1935 (Rigorosum: 13.2.1935, bestanden; Note für die Dissertation: sehr gut).

> „[...]Ich habe dann auf eine Zeitungsannonce hier, in der Telefunken Physikerinnen für Prüffelder suchte, geschrieben, insbesondere, dass ich kein Zeugnis für Physik hätte. Gestern war ich zur Vorstellung bestellt, wurde kurz auf Verständnis und gar nicht auf Kenntnisse geprüft und mir frdl. nahegelegt, mich bei Siemens um eine Stelle mit entwicklungstechnischen Aufg. zu bewerben. (Siem. u. Telef. arbeiten jetzt zusammen). Die Stelle im Prüffeld stände mir jederzeit noch offen. (Sie stellen da Studienassessorinnen an). Nun bin ich zur Abwechslung mal wieder gut beurteilt worden, hoffentlich bleibt das so bei Siemens, der hat mir vorgeschlagen, mich für das Elektronenmikroskop zu melden." [UABonn, Nachlass Toeplitz-14]

Aus den Unterlagen der Braunschweiger Luftfahrtforschungsanstalt geht hervor, dass sie dort doch noch 1938 angestellt wurde; sie arbeitete zunächst im Institut für Waffenforschung, später im Institut für Aerodynamik. Nach 1945 war sie als Übersetzerin bei britischen und amerikanischen Dienststellen in Braunschweig, als Lehrkraft und schließlich ab 1960 in der Fabrik für Hochspannungsschaltgeräte, AEG, Kassel tätig [DFL 1961, S. 13].

Auch für die Mathematik-Doktorin Gertrud Wiegandt (1898–1983) von der Technischen Hochschule Dresden und die an der Universität Frankfurt a.M. habilitierte Mathematikerin Ruth Moufang (1905–1977) waren zeitwillige Tätigkeiten in der Industrie eher unfreiwillig. Wiegandt nahm am 9. Januar 1940 eine Tätigkeit als Industriephysikerin bei der Firma Koch & Stenzel in Dresden auf, nachdem ihre langjährige Assistentenstelle an der TH Dresden nicht verlängert worden und sie als Volksschullehrerin (1939) nicht zurecht gekommen war [Voss 1997]. Moufang arbeitete von 1937 bis 1946 im Eisenforschungsinstitut der Firma Krupp in Essen - seit 1942 als Abteilungsleiterin -, weil ihr nach erfolgreicher Verteidigung der Habilitationsschrift (1936) die venia legendi verweigert worden war. Sie hatte am 9.3.1937 ein Schreiben vom zuständigen Ministerium erhalten, in dem stand:

> „[...]Da dem Dozenten im Dritten Reich außer seinen wissenschaftlichen Leistungen wesentlich erzieherische und Führereigenschaften voraussetzende Aufgaben zufallen und die Studentenschaft fast ausschließlich aus Männern besteht, fehlt dem weiblichen Dozenten künftig die Voraussetzung für eine ersprießliche Tätigkeit[...]" (zitiert nach [Pieper-Seier 1997, S. 188]).

Im Folgenden sollen die Wege der Frauen mit Forschungskarrieren näher gezeichnet werden.

Promovierte Mathematikerinnen mit Karrieren in der Forschung

Die Mathematik-Doktorinnen, die nach der Promotion eine Hochschulkarriere erreichen konnten oder an anderer Stelle weiter in der Forschung bzw. bei einem Referatejournal für Mathematik tätig waren, sollen zunächst in einer tabellarischen Übersicht vorgestellt werden. Nachfolgend werden einige Wege ausführlicher beschrieben, wobei stets auch der Vergleich mit Wegen von Männern gezogen wird.

Übersicht 6.1: Promovierte Mathematikerinnen in der Forschung

Mathematikerin	Institution	Forschungsgebiet
Emmy Noether (1882–1935)*[24] *Rigorosum:* 13.12.1907 U Erlangen (Paul Gordan) *Habilitation:* 1919 U Göttingen *n.b. a.o. Professur:* 1922 U Göttingen *befristete Gastprofessuren:* 1927/28 Frankfurt a.M, 1928/29 Moskau, 1933/35 Bryn Mawr, USA (Emigration) *Doktoranden:* 2 Frauen, 16 Männer (von 1911–1935)	Universität	Algebra
Margarete Hermann, verh. Henry (1901–1984)* *Rigorosum:* 25.2.1925 U Göttingen (Emmy Noether) *Lehramts-Staatsexamen:* 10.12.1925 Ma, Ph; philos. Propädeutik *Privatassistentin* des Philosophen Leonard Nelson (1882–1927): Jan. 1926–1927 *publizistische, politische Tätigkeit, Emigration* *Scheinehe* in Großbritannien (1938–1966) Mitglied des kulturpolit. Ausschusses der SPD ab 1947 Leitung der Pädagog. Hauptstelle der Gewerkschaft Erziehung und Wissenschaft ab 1949 Komm. Leitung der Pädagogischen Hochschule Bremen 1949/50, dort: *ordentliche (o.) Professorin der Mathematik:* 1.7.1950–31.3.1966	Universität Privatgelehrte Pädagogische Hochschule	Algebra, Philosophie
Lotz, Irmgard verh. Flügge Lotz (1903–1974)*[25] *Diplom-Hauptprüfung* in Mathematik 1927 *Rigorosum:* 25.6.1929 TH Hannover (Horst v. Sanden) Aerodynamische Versuchsanstalt, Kaiser-Wilhelm-Institut für Strömungsforschung Göttingen: 1929 *wiss. Assistentin*, 1934 *Gruppenleiterin* Deutsche Versuchsanstalt für Luftfahrt (DVL) in Berlin-Adlershof: Beraterin („*Konsultant*") für Aerodynamik und Dynamik des Fluges Französisches Nationalbüro für aerodynamische Forschung in Paris: 1946 *Gruppenleiterin* Stanford University, USA: 1948 Lehrbeauftragte, 1960-68 *o. Professur* *Heirat* 1938, *keine Kinder* *zahlreiche Doktoranden in den USA*	Forschungsinstitute, Universität	Angewandte Mathematik, Aerodynamik, Kontrolltheorie

24 Die mit * versehenen Mathematikerinnen werden in diesem Buch ausführlicher vorgestellt.
25 Vgl. die Biografie in Kapitel 4.1

Erika Pannwitz (1904–1975)[26] *Rigorosum:* 18.6.1931 U Berlin (Heinz Hopf) Akademie der Wissenschaften (AdW) Berlin: *wiss. Mitarbeiterin* beim *Jahrbuch über die Fortschritte der Mathematik:* 1930–40 Chiffrierabteilung des Auswärtigen Amtes: 1940–45 Universität Marburg: *wiss. Assistentin* 1945–47 AdW Berlin: Mitarbeiterin beim *Zentralblatt für Mathematik* 1947, ab 1953 *Leiterin*	Akademie der Wissen-schaften	Topologie
Ingeborg Ginzel (1904–1966)* *Diplom für Versicherungstechnik:* 19.12.1927 *Lehramts-Staatsexamen:* r.Ma, a.Ma, Ph 13.6.1929 *Rigorosum:* 1931 TH Dresden (Paul Böhmer) Aerodynamische Versuchsanstalt, Kaiser-Wilhelm-Institut für Strömungsforschung Göttingen ca. 1936–1949: *wiss. Assistentin* Admirality Research Laboratory Teddington (GB) 1949: *wiss. Mitarbeiterin* Martin Company, Baltimore (USA) 1953 *Senior engineer* in der Forschungsabteilung	Forschungs-institute	Angewandte Mathematik, Aerodynamik
Ruth Moufang (1905–1977)[27] *Lehramts-Staatsexamen:* Nov. 1929 *Rigorosum:* 17.11.1930 U Frankfurt a.M. (Max Dehn) *Habilitation:* 1936 U Frankfurt a.M. (venia legendi verweigert) Auftragsforschungs für die Deutsche Versuchsanstalt für Luftfahrt Berlin: 1936/37 Krupp-Eisenforschungsinstitut: Nov. 1937 *wiss. Assistentin*, 1942–46 *Abteilungsleiterin* venia legendi 26.9.1946 U Frankfurt a.M., dort auch: *Extraordinariat* (kommissarisch) 10.10.1947 außerplanmäßige Professur 19.12.1947 *freie Diätendozentur* 1.10.1948 (= erste ord. Anstellung) *Extraordinariat* 22.6.1951 *persönliches Ordinariat* 7.2.1957 *Mitdirektorin* des Math. Seminars 20.5.1957 *planmäßige* o. Professorin 29.3.1962–1970 *Doktoranden:* 2 Frauen, 14 Männer (von 1954–1971)	Universität Industriefor-schungsinstitut	Grundlagen der Geometrie

26 Vgl. [Siegmund-Schultze 1993], [Vogt 1999].
27 Vgl. [Pieper-Seier 1997].

Maria-Pia Geppert (1907–1997)* *Rigorosum* (Ma; Botanik, Zoologie): 29.4.1931 U Breslau (Guido Hoheisel) *Lehramts-Staatsexamen:* Ma, Ph, Bo/Zo 1.2.1932 *Rigorosum (Statistik):* 1936 U Rom (Guido Castelnouvo) William-G. Kerckhoff-Herzforschungsinstitut Bad Nauheim, 1.4.1939 *wiss. Assistentin* in der Statistischen Abteilung, 1.11.1940 *Abteilungsleiterin* *Habilitation:* 9.5.1942 U Gießen *venia legendi:* 25.5.1943 (Biostatistik) U Frankfurt a.M., med. Fakultät *außerplanmäßige Professur:* 1951 U Frankfurt a.M. 1953 zusätzlich Lehrauftrag math. Statistik an der naturwiss. Fakultät *Direktorin* des neu gegründeten Instituts für Medizinische Biometrie U Tübingen 1964, dort: *o. Professur:* 1966–1976 *zahlreiche Doktoranden*	Forschungs-institut Universität	Biostatistik
Hel(ene) Braun (1914–1986)[28] *Rigorosum:* Juni 1937 U Frankfurt a.M. (Carl L. Siegel) *Habilitation:* 1940 U Göttingen *venia legendi:* 1941 U Göttingen *außerplanmäßige Professur:* 1947 U Göttingen, 1952 Hamburg, dort: *a.o. Professur:* 1965 *o. Professur:* 1968 *Doktoranden:* 2 Frauen, 16 Männer (von 1960–84)	Universität	Zahlentheorie
Ruth Proksch (1914–1998)[29] *Lehramts-Staatsexamen* (Ma, Ph, Ch) 1939 Fieseler-Flugzeugwerke Kassel, Forschungsabteilung 1939-41: *wiss. Mitarbeiterin* *Rigorosum:* 1943 TH Breslau Höherer Schuldienst Niedersachsen 1945 *Professorin* für Mathematik und Mathematikdidaktik: Pädagogische Hochschule / Universität Hannover bis 1979	Industrie, Pädagogische Hochschule, Universität	Aerodynamik, Geometrie, Graphen-theorie

28 Vgl. [Pieper-Seier 1997]; [Braun 1990].

29 Vgl. [Bigalke 1994]; Titel der Dissertation: „Beiträge zur Theorie der Flüssigkeitsbewegungen, mit besonderer Berücksichtigung des tragenden Flügels".

Emmy Noether, Begründerin einer mathematischen Schule

*23.3.1882 Erlangen, Bayern

†14.4.1935 Bryn Mawr, Pennsylvania, USA

Erste habilitierte Mathematikerin in Deutschland, n.b. a.o. Professorin

Emmy Noether gilt weithin als eine der bedeutendsten Mathematikerinnen des 20. Jahrhunderts. Über sie sind inzwischen zahlreiche Publikationen erschienen.[30] Ihre *Gesammelten Mathematischen Abhandlungen* wurden 1983 in einem Buch herausgegeben. Sie hat kreative Ideen entwickelt und auf dem Gebiet der modernen Algebra viele Mathematiker und Mathematikerinnen zu Forschungen angeregt, Dissertationen und weitere Arbeiten betreut. Ihre „Noether-Boys" fühlten sich zu ihrer mathematischen Schule zugehörig, eine Schule, die über Generationen fortgesetzt wurde. Emmy Noether war selbst stolz, „mathematische Enkel"[31] hervorgebracht zu haben.

Ihr Weg wird mit der Karriere ihres Bruders Fritz Noether (1884-1941) verglichen, der später als sie in Mathematik promovierte, jedoch früher Professor wurde.

Leben: Als Älteste von vier Kindern des Erlanger Mathematikprofessors Max Noether (1844-1921) und seiner Ehefrau Ida geb. Kaufmann (1852-1915) hatte Amalie Emmy Noether gute Startbedingungen. Nach Besuch der Städtischen Höheren Töchterschule Erlangens (1889-97) und weiterer Schulbildung in Stuttgart absolvierte sie eine Prüfung für Lehrerinnen der französischen und der englischen Sprache in Ansbach (1900) mit sehr guten Noten. Nun ging sie nicht den üblichen Weg als Erzieherin. Die bayerische Staatsregierung hatte gerade rechtzeitig am 28. März 1900 verordnet, dass Lehrerinnen Vorlesungen der geistes- und der naturwissenschaftlichen Sektion der Philosophischen Fakultäten besuchen dürfen - soweit die jeweiligen Professoren keine Einwände hegten. Somit konnte sich Emmy Noether an der Universität Erlangen einschreiben. Als Externe absolvierte sie am 14. Juli 1903 die Reifeprüfung am königlichen Realgymnasium in Nürnberg. Während ihre Brüder Alfred und Fritz einen zügigen Weg zum Abitur am Erlanger Knabengymnasium nehmen konnten (1902 bzw. 1903), boten die Mädchenschulen damals keinen wissenschaftlichen Unterricht in Mathematik und Naturwissenschaften; dieser wurde in Bayern erst 1910 eingeführt. Eine Ministerial-Entschließung verfügte am 21. September 1903 die volle Immatrikulation für Frauen in Bayern. Zum WS 1903/04 immatrikulierten sich an den damaligen drei bayerischen Universitäten (München, Würzburg, Erlangen) 6.881 Studierende, davon 30 Frauen; in Erlangen - als kleinster Universität - waren 982 Studierende eingeschrieben, darunter nur eine Frau, die Medizin studierte.

30 Vgl. [Koreuber/Tobies 2002] und dort weiter angegebene Literatur.

31 Vgl. [Tobies 2003] Briefe Emmy Noethers.

Emmy Noether blieb zum Wintersemester jedoch nicht in Erlangen, sondern wandte sich nach Göttingen. Dort konnte sie zwar auch nur den Hörerinnen-Status erreichen - da Preußen den Frauen die Immatrikulation als vorletztes deutsches Land erst mit Erlass vom 18.8.1908 gewährte -, aber in Göttingen war das Lehrangebot breiter, und sie war nicht die einzige Frau in den Vorlesungen. Felix Klein, Studienfreund und Kollege ihres Vaters, und David Hilbert (1862-1945) hatten hier seit den 1890er Jahren das Frauenstudium gefördert und bereits mehrere Mathematikerinnen zum Doktortitel geführt. Nach einem Semester Auszeit wegen Krankheit setzte Emmy Noether zum WS 1904/05 ihre Studien in Erlangen fort und beendete diese formal mit der Verteidigung ihrer mathematischen Dissertation am 13.12.1907.

Fritz Noether, dessen Begabung in anwendungsorientierter Richtung lag, promovierte 1909 an der Universität München bei Aurel Voß (1845-1931)[32] mit der Dissertation *Über rollende Bewegung einer Kugel auf Rotationsflächen*. Im Vergleich zur Schwester, die vor ihm promovierte, hatte er - als Mann - eine schnellere Karriere: 1911 an der TH Karlsruhe habilitiert, dort 1918 außerordentlicher Professor und 1921 ordentlicher Professor an der TH Breslau (heute Wroclaw, Polen); in russischer Emigration wurde er ein Opfer des Stalinschen Terrors, zu unrecht der Spionage verdächtigt.

Emmy Noether blieb nach der Promotion als unbezahlte Assistentin an der Erlanger Universität, wurde 1909 Mitglied der DMV und fand schon bald habilitationswürdige Ergebnisse. Klein und Hilbert holte sie zum SS 1915 nach Göttingen als Ersatz für die im Kriege dienenden Privatdozenten und um Hilfe bei ihren Forschungen zur Relativitätstheorie zu erhalten. Die Mathematikprofessoren unterstützten ihre Habilitation; aber erst der dritte Anlauf (1915, 1917, 1919) führte zum Erfolg, noch vor dem offiziellen Erlass vom 21.2.1920, der bestimmte, dass die Zulassung nun nicht mehr vom Geschlecht der Person abhängt.

Emmy Noether erhielt am 6.4.1922 den Titel n.b. a.o. Professor, verdiente Geld nur mit einem Lehrauftrag in Algebra und sammelte einen Kreis kreativer Mathematiker um sich. Sie lebte spartanisch und eine Erbschaft sicherte das Nötigste. Im WS 1927/28 war sie Gastprofessorin in Frankfurt a.M., im WS 1928/29 in Moskau. Aufgrund ihrer jüdischen Abstammung wurde sie 1933 nach dem sog. „Gesetz über die Wiederherstellung des Berufsbeamtentums" vom 7.4.1933 entlassen und emigrierte in die USA, wo sie am Women's College Bryn Mawr einen neuen Noether-Kreis um sich scharte und an den Folgen einer Operation früh verstarb.

Werk und Wirkung: Das Promotionsverfahren mit der Dissertation *Über die Bildung des Formensystems der ternären biquadratischen Form* und der mündlichen Doktorprüfung in Mathematik, Physik und romanische Philologie absolvierte sie mit der besten Note bei Paul Gordan (1837-1912), der damals als „König der Invariantentheorie" galt. Er war an der Entwicklung einer symbolischen Methode der algebraischen Invariantentheorie - Lehre von den unter Transformationen unveränderten Eigenschaften mathematischer Objekte - beteiligt, mittels der man

32 Aurel Voß stammte wie Max Noether aus der mathematischen Schule von Alfred Clebsch (1839-1872).

Invarianten wirklich ausrechnen konnte, was auch Emmy Noether in ihrer Dissertation tat. Anknüpfend an Hilbert, der dass sogenannte klassische Fundamentalproblem der Invariantentheorie (endliche Erzeugung der Invariantenringe) mit abstrakten Methoden gelöst hatte, fand Emmy Noether Ergebnisse, wodurch sie schließlich Weg bereitend für die Theoretische Physik und die Moderne Algebra wirken sollte. In ihrer Arbeit „Invariante Variationsprobleme" (1918), ihre Habilitationsschrift, formulierte sie die heute als *Noether-Theoreme* bekannten zwei Sätze. Allgemein mathematisch abgeleitet, enthielten sie als Spezialfall Ergebnisse für die theoretische Physik. Noether verband wichtige Prinzipien (Symmetrien, Erhaltungssätze und Extremalprinzipien) und bewies, warum in der Speziellen Relativitätstheorie Erhaltungssätze (Energieerhaltung u.a.) gelten, in der Allgemeinen Relativitätstheorie jedoch nicht.

Noether entwickelte eine allgemeine Idealtheorie und initiierte die Arbeiten auf dem Gebiet der nicht-kommutativen Algebra. Sie regte zwei Frauen und 16 Männer zu Dissertationen an und förderte weitere in- und ausländische Mathematiker. Die von Noether und ihrer Schule geprägte Moderne Algebra zeichnete sich dadurch aus, dass sie viele klassische algebraische Theorien begrifflich durcharbeitete, einheitlich fasste und die Methoden auch in andere mathematische Diziplinen fruchtbringend eingebracht wurden.

1932 erhielt sie den Alfred-Ackermann-Teubner-Gedächtnispreis gemeinsam mit Emil Artin (1898–1962). Ihre *Gesammelten Abhandlungen* edierte Nathan Jacobson (1910–1999) im Jahre 1983.

Margarete Hermann, als Schülerin Emmy Noethers über einen Umweg zur Mathematik-Professur

Leben: Grete Hermann entstammte einem protestantischen konservativen Elternhaus, das allen Kindern eine Ausbildung ermöglichte. Sie hatte zwei ältere und je zwei jüngere Brüder und Schwestern; ihr Vater Gerhard Heinrich Hermann, ehemaliger Lloydoffizier, war Teilhaber einer Norddeutschen Steingutfabrik. Sie erhielt Klavier-Unterricht, absolvierte ein humanistisches Gymnasium und erwarb die Lehrbefähigung für Volks- und Mittelschulen. Der Erste Weltkrieg führte zu heftigen Einschnitten im Denken; sie wandte sich von der Religion ab und der Vater zog ab 1921 als Wanderprediger durch das Land, das Geld seiner Frau Clara Auguste Hermann geb. Leipold zurücklassend. Grete Hermann ging 1921 nach Göttingen, wo die beiden älteren Brüder studierten. Frühen Neigungen folgend, studierte sie Mathematik und promovierte 1925 bei Emmy Noether; ihre Nebenfächer waren Physik – wobei sie das Entstehen der Quantenphysik hautnah miterlebte – und Philosophie; sie legte auch das Lehramts-Staatsexamen in diesen drei Fächern ab. Eine mathematische Assistentenstelle, die ihr Noether in Freiburg besorgen wollte, wo Hermann 1922/23 zwei Semester studiert hatte, schlug sie aus und wurde im Januar 1926 Privatassistentin des Philosophen Leonard Nelson (1882–1927). Nach dessen Tode edierte sie Leonard Nelsons *System der philosophischen Ethik und Pädagogik* (1932) gemeinsam mit Nelsons ehemaliger Lebensgefährtin Minna Specht (1879–1961), mit der sie sich auch politisch gegen Hitler im 1926 von Nelson gegründeten Internationalen Sozialistischen Kampfbund (ISK) und ab 1932 in der Redaktion der Tagezeitung des Bundes *Der Funke* engagierte. Die pazifistischen Aktivitäten dieses Gremiums wurden von einem

*2.3.1901 Bremen

†14.4.1984 Bremen

Mathematikerin, Philosophin, Bildungspolitikerin

Margarete Clara, genannt Grete Hermann, verheiratet Henry, wurde für ihre philosophische Interpretation der Quantenphysik geehrt, erwarb Verdienste um die Edition der Werke des Philosophen Nelson und baute die Pädagogische Hochschule in Bremen auf, wo sie im Alter von 49 zur Mathematik-Professorin ernannt wurde.

Eine Hochschulkarriere über den Umweg politischer und philosophischer Tätigkeit war keine Ausnahme zu dieser Zeit. Klaus Zweiling (1900–1968), der wie Grete Hermann in Göttingen promovierte, ist ein männliches Beispiel dafür. Sein Weg führte von der Mathematik-Promotion bei Carl Runge mit dem Thema „Über die Anwendung graphischer Methoden bei der Bahnbestimmung der Himmelskörper"[33], über redaktionelle und politische Tätigkeit zum Gebiet der Philosophie der Naturwissenschaften. Er habilitierte sich 1948 in Berlin, wurde 1955 zum Professor ernannt und war von 1959 bis 1968 Präsident der Vereinigung Philosophischer Institute der DDR (vgl. [Černy 1992]).

großen Freundeskreis, u.a. von Albert Einstein, Käthe Kollwitz, Erich Kästner, Heinrich Mann, Arnold Zweig, unterstützt. Von 1929 bis 1931 war sie im Landschulheim Walkemühle (bei Kassel) tätig, das seit 1925 von Specht geleitet und 1933 von den Nazis geschlossen wurde. Sie hielt philosophische Kurse und arbeitete über die philosophische Interpretation der Quantenphysik, weshalb Werner Heisenberg (1901–1976) sie 1934 nach Leipzig einlud. Carl Friedrich von Weiszäcker berichtete immer wieder in Interviews darüber:

> „[...]Grete Hermann schickte, wie ich glaube, einen Text an ihn. Weil Heisenberg wußte, daß ich an Philosophie sehr interessiert war, gab er ihn mir, damit ich dazu was sagen möge. Ich glaube, daß ich derjenige war, der Grete Hermann geschrieben hat, daß wir das nun eigentlich sehr interessant fänden. Wir seien zwar nicht überzeugt davon, daß es genauso sei, wie sie sage, aber sie hätte offenbar im Unterschied zu den anderen Philosophen die Physik verstanden." [Lindner 2002, S. 52]

Ihre Ergebnisse fanden hier wie auf internationalen Kongressen (Prag 1934, Kopenhagen 1936, Paris 1937) Zuspruch. 1938 emigrierte sie nach Großbritannien, nachdem sie schon von 1934 bis 1937 in Dänemark gelebt hatte, aber noch immer nach Deutschland hatte einreisen können. Eine Scheinehe (1.2.1938–1.3.1966) mit Edward Henry eingehend, erwarb sie die britische Staatsbürgerschaft und engagierte sich als führendes Mitglied der ISK-Gruppe-London. Nach

33 Rigorosum am 21.11.1922 (angew. Ma; math. Analysis, Physik; Note *Gut*) [UAG].

ihrer Rückkehr 1946 trat sie in die SPD ein, unterrichtete an einer Oberschule für Mädchen in Bremen und am Pädagogischen Seminar. Sie gehörte zu den Gründungsmitgliedern des Vereins Bremer Lehrer und Lehrerinnen, zum kulturpolitischen Ausschuss der SPD (ab 1947), zum Vorbereitungsgremium des Bad Godesberger Programms. Mit Gründung der Gewerkschaft Erziehung und Wissenschaft (1949) leitete sie deren Pädagogische Hauptstelle. Sie wurde in den 20köpfigen „Deutschen Ausschuss für das Erziehungs- und Bildungswesen" (1954) berufen. In der Gründungsphase der Pädagogischen Hochschule Bremens übernahm sie von 1949 bis 1950 die kommissarische Leitung der Einrichtung und wirkte dort vom 1.7.1950 bis zu ihrer Emeritierung am 31.3.1966 als ordentliche Professorin für Mathematik, verbunden mit einem Lehrauftrag Philosophie und der Betreuung des Wahlfaches Physik. Rufe an die Universitäten Marburg und Tübingen sowie an die TH Hannover schlug sie aus. Während eines bezahlten Studienurlaubs (1.4.1957–31.3.1958) wirkte sie am Max-Planck-Institut für Physik in Göttingen (Heisenberg, C. F. v. Weizsäcker) und am psychologischen Institut in Marburg. Von 1961 bis 1978 leitete sie die Philosophisch-Politische-Akademie e.V., die Nelson 1922 gegründet hatte und 1949 erneuert worden war; sie betreute die Herausgabe der Werke Nelsons und war Mitherausgeberin der von der Akademie unterstützten internationalen Zeitschrift *Ratio.* Ihren letzten öffentlichen Vortrag hielt sie 1981 auf einem Kant-Kongress der Friedrich-Ebert-Stiftung in Bonn.

Werk und Wirkung: Ergebnisse ihrer Dissertation „Die Frage der endlich vielen Schritte in der Theorie der Polynomideale unter Benutzung nachgelassener Sätze von Kurt Henzelt" wurden in den 1950er Jahren bei der Formulierung eines Algorithmus von Polynomidealen und in den 1970er Jahren für mathematische Grundlagen der Informatik bedeutsam. Für die Bearbeitung der von Heisenberg gestellten Preisaufgabe „Welche Konsequenzen haben die Quantenmechanik und die Feldtheorie der modernen Physik für die Theorie der Erkenntnis?" erhielt sie 1937 den Richard-Avenarius-Preis der Sächsischen Akademie der Wissenschaften zu Leipzig. Sie deckte u.a. einen Zirkelschluss in einem Beweis des bedeutenden Mathematikers John von Neumann (1903-1957) auf. Heisenberg widmete Hermann ein Kapitel in seinem Buch *Der Teil und das Ganze* (1969). In Max Jammers Buch *The Philosophy of Quantum Mechanics* (1974) werden ihre Arbeiten gewürdigt. Sie trug maßgeblich zur Verbreitung der Werke des Kritischen Philosophen Nelson bei (vgl. [Kersting 1995], [Miller 1985]).

Ingeborg Ginzel, von der Mathematikerin zur Luftfahrtforscherin

Leben: Als Erstgeborene – sie hatte zwei jüngere Brüder – des Landgerichtsdirektors Dr. Alexander Ginzel und seiner Frau Gertrud geb. Ritzscher entschied sie sich nach dem Abitur für ein Mathematikstudium. Dem Vorbild ihrer in Mathematik promovierten Lehrerin[34] folgend, studierte sie ab 1924 zielstrebig an der Technischen Hochschule der Heimatstadt, unterbrochen durch ein Semester in Tübingen: Diplom für Versicherungstechnik (19.12.1927), Staatsexamen für das höhere Lehramt (13.6.1929), Promotion in Mathematik (1931). Für den traditi-

34 Johanna Wiegandt (1893–1967), erste Mathematik-Doktorin 1919 der TH Dresden.

*28.10.1904 Dresden

†14.11.1966 London

Internationale Expertin für Wing(Tragflügel)-Design

Ingeborg Ginzel beendete ihr Studium während der Zeit der Weltwirtschaftskrise, als an den Schulen Stellen eingespart wurden und Einstellungsstopp herrschte. Zwar hielt sie sich noch länger die Tür zu diesem traditionellen Weg offen, fand jedoch - wie viele Männer in diesen Jahren - einen Platz in der Luftfahrtforschung, der ihr durch das bearbeitete Dissertationsthema besonders erleichtert wurde. Neben ihr arbeiteten am Kaiser-Wilhelm-Institut für Strömungsforschung in Göttingen, verbunden mit der Aerodynamischen Versuchsanstalt, Irmgard Lotz[35] und die Mathematik-Doktoren Henry (auch Heinrich) Görtler (1909-1987), Wolfgang Rothstein (1910-1975), Helmut Wielandt (1910-2001) und Hans Wittich (1911-1984), die nach 1945 alle Professoren an deutschen Universitäten und Hochschulen wurden; daneben der Topologe Werner Mangler (geb. 1910)[36] und der Algebraiker (Schüler Emmy Noethers) Ludwig Schwarz (geb. 1908), deren Wege nach 1945 bisher nicht nachgezeichnet werden konnten.

onellen Weg in den höheren Schuldienst, was 90% der Mathematikabsolventen damals anstrebten, bestanden durch die Weltwirtschaftskrise schlechte Aussichten. Ihr Doktorvater Paul Eugen Böhmer (1877–1958) erreichte, dass ihre Dissertation in der internationalen Zeitschrift *Acta Mathematica* erschien; das Thema eröffnete ihr eine Karriere in der Luftfahrtforschung, die in den 1930er Jahren stark forciert wurde. Sie erhielt eine Stelle am Kaiser-Wilhelm-Institut für Strömungsforschung, verbunden mit der Aerodynamischen Versuchsanstalt, in Göttingen; nach 1945 gehörte sie zu dem Teil der Mitarbeiter, die über Ergebnisse der deutschen Luftfahrtforschung von 1939 bis 1945 berichteten (*Monographien über Fortschritte der deutschen Luftfahrtforschung seit 1939*, auf 7000 Manuskriptseiten). 1949 nahm sie ein Job-Angebot des Admiralty Research Laboratory in Teddington, nahe London, an und wechselte vier Jahre später zur Martin Company nach Baltimore, USA, wo sie als senior engineer in das „Flight vehicles research department" eintrat, über Raketenflügel u.a. forschte und sich als einzige Frau unter Männern behauptete. Die letzten Lebensjahre verbrachte sie in London, wo sie auf dem Quäkerrasen begraben liegt.

Werk und Wirkung: Ausgehend von ihrer Dissertation „Die konforme Abbildung durch die Gammafunktion" (1931), wichtiges Gebiet für die Luftfahrtforschung, befasste sich Ginzel mit Krümmungseigenschaften von Profilen, berechnete Auf-

35 Vgl. ihre Biografie in Kapitel 4.1

36 Mangler war an der mathematischen Durcharbeitung des Buches *Konforme Abbildung* von A. Betz beteiligt. [Betz 1948, S. IV]

triebsverteilungen, breitblättrige Schiffsschrauben, Grenzschichten und widmete sich vor allem der Tragflügeltheorie. Sie entwickelte Iterationsverfahren und erweiterte die Traglinientheorie. Eine Arbeit über durch Geradenstücke angenäherte Flügel-Ruder-Kombination mit Spalt, die sie mit Irmgard Flügge-Lotz publizierte, wurde besonders oft zitiert. Ginzel galt international als Expertin für *wing design*. In den USA benutzte sie bereits Computer bei den Forschungen über Raketenflügel. Die Zeitschrift *The Sun* in Baltimore brachte am Sonntag, den 13. Juli 1958, ein ausführliches Porträt über die Forscherin [Dobbin 1958].

Maria-Pia Geppert, zwei Doktortitel und Expertin für Biometrie

*28.5.1907 Breslau (heute Wroclaw, Polen)

†18.11.1997 Tübingen

Erste Professorin für Biometrie in Deutschland

Maria-Pia Geppert, die sowohl in Analysis als auch mit einer statistischen Arbeit promovierte, besaß durch ihr breit angelegtes Studium sowie eine Tätigkeit in der statistischen Abteilung eines Herzforschungsinstituts gute Voraussetzungen für das neue interdisziplinäre Gebiet. Sie war nach 1945 eine von wenigen, die die neuesten, im angelsächsischen Gebiet viel weiter fortgeschrittenen Forschungen überschaute und als Habilitierte zur Verfügung stand.

Ihr Weg wird mit dem Weg ihres Bruders Harald Geppert (1902-1945) und von Siegfried Koller (1908-1998), einem Doktoranden Felix Bernsteins[37], verglichen.

Leben: Als Tochter des Seminarlehrers und Mittelschulrektors August Geppert und seiner italienischstämmigen Frau Ernesta geb. Belardi – Tochter eines Hauptmanns der päpstlichen Garde –, studierte sie an der Universität Breslau und wurde in Mathematik (1932), wie ihr Bruder Harald[38], promoviert. Ihre Fächer neben Mathematik im Rigorosum (Botanik, Zoologie) und im Staatsexamen für das Lehramt an höheren Schulen (Physik, Biologie), dokumentieren eine breite Ausbildung. Ihre italienische Verwandtschaft erleichterte ein Zusatzstudium der Versicherungsmathematik und Statistik in Rom 1933–35, das sie 1936 mit einer Dissertation zur Korrelationstheorie unter Guido Castelnouvo (1865–1952)

37 Bernstein musste, wie bereits erwähnt, wegen seiner jüdischen Abstammung 1933 emigrieren. Er war in Deutschland einer der ersten, der ein Ordinariat für Wahrscheinlichkeitsrechnung, Versicherungsmathematik und mathematische Statistik erhalten hatte (1911 a.o. Prof.; 1921 sog. persönlicher o. Prof. U Göttingen).

38 Harald Geppert promovierte mit dem Thema „Entwicklungen willkürlicher Funktionen nach funktionentheoretischen Methoden“ (7.8.1923).

abschloss; nebenher war sie als Assistentin in der Redaktion der Veröffentlichungen des X. Internationalen Aktuarkongresses (Rom 1934) tätig. Nach Deutschland zurückgekehrt, arbeitete sie eine kurze Zeit im Schuldienst und ließ sich zum 31.3.1939 beurlauben, um sich der Wissenschaft zu widmen. Vermittelt durch Bruder Harald, der sich 1925 in Gießen habilitiert hatte, dort seit 1930 eine a.o. Professur und seit 1935 ein Ordinariat für Mathematik bekleidete und mit dem Statistiker Siegfried Koller ein mit NS-Ideologie durchsetztes Buch „Erbmathematik" (1938)[39] herausgebracht hatte, wurde sie am 1.4.1939 unter Koller Assistentin an der Statistischen Abteilung des W.G. Kerckhoff-Herzforschungs-Instituts in Bad Nauheim. Koller hatte mit der Dissertation „Statistische Untersuchungen zur Theorie der Blutgruppen und zu ihrer Anwendung vor Gericht" (27.4.1931) bei Bernstein promoviert und ein Medizinstudium angeschlossen, das er 1939 mit dem Dr. med. abschloss. Seit 1937 lehrte er in Gießen Medizinische Statistik und wurde dort 1939 zum Dozenten ernannt. Von 1941 bis 1945 war er Leiter des biostatistischen Instituts in Berlin. Auch Harald Geppert wechselte 1939 nach Berlin, auf eine Mathematik-Professur an der Universität. Die Berufungen nach Berlin waren in hohem Maße politisch bedingt. Mit Kollers Weggang erhielt Maria-Pia Geppert zum 1.11.1940 dessen Position als Abteilungsleiterin am Institut in Bad Nauheim. Am 9.5.1942 habilitierte sie sich an der Universität Gießen und wurde am 25.5.1943 Dozentin für Biostatistik an der Medizinischen Fakultät der Universität Frankfurt a.M.

Während Harald Geppert 1945 Selbstmord beging und Siegfried Koller zunächst seines Amtes enthoben wurde[40], konnte Maria-Pia Geppert nach 1945 ihre Lehr- und Forschungstätigkeit fortsetzen. 1951 wurde sie in Frankfurt a.M. außerplanmäßige Professorin an der Medizinischen Fakultät. Seit 1953 gehörte sie dort auch der Naturwissenschaftlichen Fakultät an, erhielt 1959 einen 4-stündigen Lehrauftrag für mathematische Statistik. Einen zusätzlichen Lehrauftrag für Wahrscheinlichkeitsrechnung und mathematische Statistik an der TH Darmstadt (1947-51) gab sie zugunsten ihrer biometrischen Forschungen auf. Sie organisierte ab 1954 „Biometrische Kolloquien"; im September 1955 hielt sie Gastvorlesungen im Rahmen des von der UNESCO und der Biometric Society in Varenna veranstalteten Seminars für biometrische Methodik. Mit dem Leipziger Professor Otto Heinisch gründete sie 1958 die *Biometrische Zeitschrift*. Von 1959 bis 1995 war sie Mitherausgeberin der Zeitschrift *Metron*. 1964 übernahm sie das Direktorat eines der ersten deutschen Institute für Medizinische Biometrie an der Universität Tübingen, zunächst als außerordentliche, 1966 bis zu ihrer Emeritierung 1976 als ordentliche Professorin.

Werk und Wirkung: Bereits ihre erste, durch Guido Hoheisel (1894–1968) angeregte Dissertation „Approximative Darstellungen analytischer Funktionen, die durch Dirichletsche Reihen gegeben sind", war als originelle Leistung beurteilt worden. Mit ihrem Zusatzstudium wandte sie sich stärker der Wahrscheinlichkeitstheorie zu, habilitierte sich mit einer Arbeit aus der statistischen Testmetho-

39 Vgl. [Weingart et al. 1988].

40 Ab 1956 erhielt er wieder Honorarprofessuren und 1963 wurde er Leiter des Instituts für Medizinische Statistik und Dokumentation an der Universität Mainz, vgl. http://info.imsd.uni-mainz.de/TB1997/color3.html

dik, wurde eine international anerkannte Expertin auf dem Gebiet der Biometrie und hatte zahlreiche Schüler.

Gründe für das Ausscheiden aus dem mathematischen Beruf in Deutschland

Wir betrachten in diesem Abschnitt Gründe, die dazu führten, dass in Mathematik promovierte Personen eine Tätigkeit in einem mathematischen Beruf aufgaben bzw. aufgeben mussten. Dabei decken sich die Ergebnisse z.T. mit den in Kapitel 3.1 genannten Gründen, die Personen mit Lehrtätigkeit zum Ausscheiden brachten. Darüber hinaus gestattet es die Quellenlage, für einzelne promovierte Personen Aussagen zu treffen, warum ein Weg in die Forschung nicht beschritten oder ein nichtmathematischer Berufsweg eingeschlagen wurde, wer aus politischen/ rassistischen Gründen während der NS-Zeit einen Bruch in seiner Karriere erlitt oder in den Tod getrieben wurde.

1. Der hauptsächliche Grund für das Ausscheiden promovierter Frauen war – wie bei den Lehrerinnen – die *Heirat*. Die Mathematikerinnen mit einer Forschungskarriere in Deutschland blieben bis auf eine Ausnahme unverheiratet (vgl. Übersicht 6.1); sie hatten keine Kinder[41]. Nur selten war ein Ehemann bereit, die Berufstätigkeit seiner Frau zu akzeptieren. Deshalb verzichteten Frauen auch von vornherein auf eine Ehe. So berichtete Dagmar Horstmann über die Schwestern Adelheid Torhorst (1884–1968) und Marie Torhorst (1888–1989), die beide in Bonn promoviert hatten (1915 bzw. 1918):

> „[...]Beide Schwestern waren fest entschlossen, nicht zu heiraten. In manchen Bezirken Deutschlands durften zu damaliger Zeit Lehrerinnen nicht verheiratet sein. Dann wurden sie entlassen. Das war aber bei den Schwestern nicht der Grund. Zu jener Zeit waren viele Männer nicht bereit, ihrer Ehefrau außer dem häuslichen Glück auch das Recht auf berufliche Tätigkeit sowie auf gesellschaftliche sowie politische Tätigkeit zuzubilligen.“ [BBF, Nachlass Torhorst, Nr. 25]

Bei den wenigen Ausnahmen verheirateter beruflich tätiger Frauen war der Ehemann in derselben Position tätig.

Von den 118 promovierten Frauen waren neun bereits vor Abschluss des Promotionsverfahrens verheiratet und traten keine Tätigkeit an; für weitere 14 Frauen fehlt der Nachweis einer Ehe; eine Berufsausübung ist unbekannt; wegen eines evtl. Namenswechsels konnte ihr weiterer Weg nicht nachgewiesen werden[42]. Wir gehen davon aus, dass ca. 21% der promovierten Mathematikerinnen wegen Heirat keinen Beruf ausübte; weitere fünf arbeiteten einige Jahre als Lehrerinnen und schieden mit der Heirat aus. Zu den wegen Heirat Ausscheidenden gehörten auch Frauen, die eine Zeit lang Assistentinnen waren und zu einer wissenschaftlichen Karriere befähigt gewesen wären; dazu einige Beispiele:

41 Eine Ausnahme ist die Österreicherin Hilda Geiringer, die in erster Ehe (1921) eine Tochter gebar (1922) und sich an der Universität Berlin habilitierte, vgl. ihre Biografie in Kapitel 7.1.

42 Nur ein Teil der Standesämter gab Auskunft. Mit Berufung auf §66, dass Auskünfte nur Verwandten zustehen, wurden diese z.T. verwehrt.

Gertraud Siehl (1895–1978) promovierte mit der Dissertation „Zentralaffine und zentraläquiforme Geometrie" (Rigorosum: 23.1.1920, summa cum laude) in Freiburg i.Br. Sie heiratete ihren Doktorvater Lothar Heffter (1862–1962) 1924 in zweiter Ehe, nachdem seine Frau verstorben war und sie nach kurzer Ehe (1921–1923) mit dem Mineralogie-Professor Carl Alfred Osann (1859–1923) verwitwet war. Heffter schrieb in seinen Lebenserinnerungen, dass er erstmal 1913 von ihr gehört habe, als eine Ministerialkommissar von der bildhübschen Abiturientin sprach, die in allen Fächern des Abiturs die Note 1 erhalten habe; die Ehe schien sehr glücklich zu sein, 1926 wurde eine Tochter geboren [Heffter 1952, S. 128]. Damit ging eine ausgezeichnete Mathematikerin, die beiden späteren Ehemännern auch vor der Ehe als wissenschaftliche Assistentin gedient hatte, der Wissenschaft verloren (vgl. [Hein 2000]).

Ingeborg Seynsche (1905–1994) promovierte mit der Dissertation „Zur Theorie der fastperiodischen Zahlfolgen", Rigorosum 1929 in Göttingen, mit sehr gut[43]. Sie war Hilfsassistentin am Mathematischen Institut und lernte bei der Einweihung des neuen Institutsgebäudes 1929 den theoretischen Physiker Friedrich Hund (1896–1997) kennen. Nach dem Lehramts-Staatsexamen in reiner und angewandter Mathematik und Physik absolvierte sie noch ein Jahr im Schuldienst, verzichtete jedoch mit der Heirat und dem weit verbreiteten Argument, es könne dem Nachwuchs schaden, wenn sie weiter arbeitete, auf eine Berufstätigkeit. Ihre Aussage „Ich will doch gesunde Kinder haben" übermittelte uns Hund in einem Interview (vgl. [Hentschel/Tobies 1996].

Hertha Adelsbergers Dissertation „Über unendliche diskrete Gruppen"[44], 1930 bei Kurt Reidemeister (1893–1971) an der Universität Königsberg verteidigt, wurde auch später noch als besondere Leistung hervorgehoben [Chandler/Magnus 1982, S. 144]. Wir vermuten, dass ihr Weg auch in die Ehe führte.

Dasselbe betraf Dorothea Starke (geb. 1902), die mit summa cum laude (Rigorosum, 19.12.1927, a.Ma; r.Ma, Astr) bei dem Felix-Klein-Schüler Max Winkelmann (1879–1946) mit einem Thema aus der Graphischen Statik in Jena promovierte. Winkelmann schrieb am 10. Dezember 1927 am Ende des ausführlichen Gutachtens zur Dissertation „Die Maximalmomentenfläche eines Gerberschen Balkens"[45]:

> „[...]Die auch in der Darstellungsform gelungene Arbeit kann als eine tief dringende, mustergültige, wissenschaftliche Leistung der zweifellos außerordentlich begabten Verfasserin auf dem Gebiete der graphischen Statik bewertet werden und entspricht daher den Anforderungen der Fakultätsbestimmungen." [UAJ]

Wie die Jahresberichte der DMV ausweisen und weitere Publikationen in der *Zeitschrift für angewandte Mathematik und Mechanik*[46] war sie nach der Promotion bis mindestens 1931 Assistentin am Mathematischen Institut der Universität

43 Die Dissertation erschien in *Rendiconti del Circolo Matematico di Palermo*, Bd. 55, und traf gegenwärtig wieder auf Interesse, vgl. http://mathforum.org/epigone/historia_matematica/glaxlundrim

44 publiziert in *Crelle Journal* 163 (1930), 104–124.

45 ZAMM, 9 (1929) S. 130–151.

Jena, präsentierte regelmäßig Ergebnisse in der Mathematischen Gesellschaft der Universität Jena und im sog. Mathematischen Jugendkolloquium in Jena[47]. Danach brach ihr wissenschaftlicher Weg ab.

2. Für den Abbruch eines Weges in der Forschung müssen auch finanzielle Gründe angeführt werden. Dabei ist es für historische Personen schwer, darüber Auskunft zu erhalten. Wie wir aus Interviews mit Zeitzeugen, Archivunterlagen und Berichten von Nachfahren wissen, war das Studium teuer, der Weg in die Wissenschaft unsicher und wurde von der jeweiligen Familie eher dem Sohn als der Tochter finanziert. Die Dissertation *„Analytische Zahlentheorie in Systemen hyperkomplexer Zahlen"* (1929) der Hamburger Doktorin Käte Hey (1904–1990), eine Schülerin Emil Artins (1898–1962), behandelte eine Preisaufgabe der mathematisch-naturwissenschaftlichen Fakultät. Sie wurde mit dem Preis geehrt; an die Ergebnisse ihrer Dissertation knüpften weitere Schüler Artins und Emmy Noethers an; Heys Ergebnisse fanden auch Eingang in das Buch *Algebren* ([1]1935, [2]1968) des Noether-Schülers Max Deuring (1907–1984). Dass Käte Hey gern in der Wissenschaft geblieben wäre und diesen Weg nicht einschlug, weil der Vater, ein Beamter im Zolldienst, noch das Studium von zwei weiteren Töchtern finanzieren wollte und sie deshalb auf einen „Brotberuf" lenkte, ist überliefert[48]. Sie wurde Ostern 1928 Studienrätin an der staatlichen Aufbauschule in Steinau, heiratete am 1.10.1932 einen Kollegen (Scheuer) und gebar vier Kinder. Wir drucken ein Gedicht ab, das ihr Verwandte zum 75. Geburtstag verehrten, da es den Weg einer promovierten Mathematikerin und den Zeitgeist insgesamt gut charakterisiert.

3. Für Männer war der Tod der häufigste Grund für das vorzeitige Ausscheiden aus dem Beruf, vor allem bedingt durch die Teilnahme am Ersten bzw. Zweiten Weltkrieg.

4. Während der Jahre der Inflation, kurz nach dem Ersten Weltkrieg, schieden auch Personen aus, weil die Ernährung auf andere Weise besser gesichert werden konnte. Entsprechende Gründe und Wege können oft nur zufällig erkannt werden. Winfried Hochstättler, Professor für Mathematische Grundlagen der Informatik an der TU Cottbus, fand seine Großeltern in der Liste der Mathematik-Doktoren, die wir ins Netz gestellt hatten. Seine Großmutter Maria Verbeek (1890–1956) promovierte 1917 in Bonn und war bis zu ihrer Eheschließung am 31.8.1921 als Lehrerin tätig[49]. Ihr Mann, Matthias Lehnen (1892–1963) promovierte 1921 in Bonn[50]. Trotz ihrer ausgezeichneten Ergebnisse waren sie nicht weiter in einem Mathematik-Beruf tätig. Wie der Enkel informierte, führte das Ehepaar einen Bauernhof. Maria Lehnen widmete sich besonders der Hühnerzucht. Sie hatten

46 Starke, Dorothea: „Ein graphisches Verfahren zur Auflösung eines linearen Gleichungssystems mit komplexen Koeffizienten". *ZAMM* 11 (1931) S. 245–247.

47 Vgl. *Jahresbericht der DMV*, 38 (1929) Abt.2, S. 82; 41 (1932) Abt.2, S. 48.

48 R. Tobies dankt Frau Gudrun Blom, geb. Scheuer, für die Informationen; vgl. das Gedicht auf S. 118.

49 Ihre Dissertation „Über spezielle rekurrente Folgen und ihre Bedeutung für die Theorie der linearen Mittelbildungen und Kettenbrüche" hatte Issai Schur angeregt, Note: „Mit Auszeichnung" [UABonn]; sie wurde am 1.4.1919 Oberlehrerin in Düren und war ab 1922 in den Lehrerkalendern nicht mehr zu finden [Kunze].

50 Er schloss mit der Note „Sehr gut" bei Eduard Study ab, behandelte mit der Dissertation „Eine Theorie der Raumkurven 3. Ordnung auf der Grundlage der Invariantentheorie" eine Preisaufgabe, die die philosophische Fakultät der Universität Bonn 1919/20 gestellt hatte.

Eltern und Lehrer erkannten
bald schon am Töchterlein des Beamten,
daß es gar klug und fleißig sei
und interessiert an vielerlei,
an Poesie, Musik und Sprachen
und auch an solchen Sachen,
die nicht als weiblich angesehen,
von denen „Mann" glaubt, in diese Höhen
dringe der weibliche Geist nicht vor
und Unverständnis verschließe ihr Ohr;
kurz, die Strenge und reine Wissenschaft
der Mathematik sei nur mit männlicher Geisteskraft
wirklich zu durchdringen,
die Frau verstehe nichts von diesen Dingen.

Dieses Vorurteil entfacht
das Interesse erst mit aller Macht,
und so stimmt der Vater - obgleich
als „mittlerer gehobener Beamter" nicht eben reich -
zu, daß sie nach dem Abiturium
sich widmet der Mathematik im Studium.

Ihre Leistungen sind beachtlich
und nach der Doktorprüfung fragt sich,
ob sie nun ganz in Forschung und Lehre
ihre Wissenschaft verehre.

Jetzt aber sagt der Vater: „Stop!
Es geht nicht nur nach deinem Kopp,
ich kann dich nicht ewig speisen und kleiden.
Sind auch die Ansprüche noch so bescheiden
so kostet dies doch alles Geld,
das mir nicht reichlich in den Schoß fällt.
Du mußt das Studium beenden
dich einem Brotberuf zuwenden,
damit du dich mit dem Verdienst
fürder selbst durchs Leben bringst."

Betrübt, jedoch einsichtig
machte sie also schuldpflichtig
die erforderlichen Examina,
stand bald als beamtete Lehrerin da
und unterrichtet am Mädchenlyzeum
über sinus und tangens und Pythagoras.

Da sind nun auch Kollegen,
die freundlichen Umgang pflegen.
Einer ist der Poesie zugetan
und rührt damit das Herz ihr an.
So beschließen diese beiden
für's Leben zusammenzubleiben.

Sie verleben fünf pralle Jahre,
unterrichten und spielen Gitarre
und Laute und Flöte und hören Musik
und lesen und reisen und haben sich lieb.

Unterdessen grüßt man in ihrem Land
neuerdings mit gehobener Hand
und fühlt sich als Volk ohne Raum
und will sich danach woanders umschaun.

Der Sieg gegen die Arbeitslosigkeit glückt
indem man die Frauen an den Herd zurückschickt.
Mit der Drohung „Beide nur halbe Stunden"
wird so unsere Heldin in den Haushalt gezwungen,
damit wenigstens ihr Mann
voll im Beruf arbeiten kann.

Unter diesen Umständen meinen beide
sind Kinder vielleicht eine Freude.
Sie haben bald zwei Söhne
und zieh'n hinaus uns Grüne.

Auch Gröfaz war indessen
nicht untätig gewesen,
hat Österreich „heim ins Reich" gerissen
und mit Rüstung und Bündnissen
Vorbereitung zum Krieg getroffen;
nun hat er sich über Polen geworfen
und holt auch ihren Gatten
zum Heer seiner Soldaten.
Der kam nur kurz und selten
zurück zu heimatlichen Zelten.

Sie hat in diesen Jahren
noch zwei Kinder, zwei Mädchen, geboren
und mußte in schwerer Zeit sich plagen,
für vier kleine Kinder sorgen.

Als Deutschland endlich zum Frieden gezwungen
ist der Mann und Vater gefangen,
doch kehrt er bald nach Haus zurück
und beide hoffen auf neues Glück.

Trotz Hunger und Kälte
ist der Mann mit Frau und Kindern heiter.
Doch bald zeigt sich, daß der Krieg
verspätet zerstörerische Arbeit vollzieht,
mit Anfällen viele Jahre ihn quält,
so daß der Tod schließlich als Gnade Einzug hält.

So muß sich unsere Mutter nun alleine placken
vier halb erwachsene Kinder flügge machen.
Und was sind sie nun geworden,
die Kinder der Beamteneltern,
die Enkel vom Beamt"?
Beamte allesamt!

Einer nach dem andern verlassen
sie das mütterliche Haus und fassen
selbständig Fuß im Leben,
der Mutter aber geben
sie so auch wieder Selbständigkeit
und endlich für sich selber Zeit.
Nun fängt ihr Tag erst später an,
sie teilt ihn ein nach dem Rundfunkprogramm,
kann lesen und Gymnastik treiben
und soll noch viele Jahre fit bleiben.

vier Töchter. Wie aus dem Berufsweg des Enkels hervorgeht, versiegte die mathematische Begabung nicht.

5. Einzelne Personen schieden aus dem mathematischen Beruf aus, weil sie hauptamtlich in die Politik gingen, sich mit Philosophie oder Publizistik befassten. Die zum Teil sehr interessanten Lebenswege, darunter ein Philosophie-Professor und die erste Frau, die in Deutschland einen Ministerposten bekleidete, werden an anderer Stelle näher beschrieben[51].

6. Unter den NS-Bedingungen wurden jüdische Personen, auch wenn sie konvertiert waren, aus ihren Positionen vertrieben. Verbeamtete Personen, die bereits vor 1914 angestellt waren, konnten ihre Stelle bis Ende 1935 behalten; die anderen verloren sie gleich 1933. Diejenigen, die nicht ins Ausland emigrieren konnten, starben in einem Vernichtungslager oder wählten den Freitod. Nicht jedes Schicksal konnte bisher nachgezeichnet werden. Personen, die im Schuldienst arbeiteten, gelang die Emigration seltener. Dazu gehörten sieben promovierte Mathematikerinnen, die unverheiratet als Studienrätinnen gearbeitet hatten und entlassen worden waren. Der Weg der Hilbert-Schülerin Margarethe Kahn (1880–1942) endete mit dem 11. Transport in Trawniki. Nelly Neumann (1886–1942) wurde nach Minsk deportiert und erschossen. Sie hatte 1909 den Doktortitel in Mathematik erworben, etwa zur selben Zeit wie Richard Courant (1888–1972), mit dem sie von 1912 bis 1916 verheiratet war. Er war 1933 ein anerkannter Professor und emigrierte in die USA, wo er in New York noch einmal eine bedeutende Institution aufbauen konnte [Reid 1976]. Mehr als 50% der emigrierenden Mathematiker gingen in die USA (vgl. [Siegmund-Schultze 1998]), unter ihnen auch Emmy Noether.

Während ledige Lehrerinnen, auch wenn sie noch wissenschaftlich tätig waren[52], selten eine Position im Ausland fanden, konnten einige verheiratete promovierte Mathematikerinnen mit ihren Männern emigrieren und im Emigrationsland auch als verheiratete Frauen tätig sein. Dazu gehörte das Mathematiker-Ehepaar Hildegard Rothe geb. Ille (geb. 1899) und Erich Rothe (geb. 1895), die beide an der Universität Berlin promoviert hatten, sie 1924 bei Issai Schur und er 1927 bei Erhard Schmidt (1876–1959). Nach der Heirat 1928 waren beide in Breslau weiter wissenschaftlich tätig, er seit 1928 als Privatdozent an der TH Breslau, sie als Hilfsassistentin. Beide gehörten der DMV als Mitglied an. Sie emigrierten in die USA, wo sie 1937 eine Anstellung am William Penn College Oskaloosa/Iowa erhielten [Toepell 1991, S.319]. Auch Grete Leibowitz, geb. Winter (1907–?), die in Heidelberg promovierte (Rigorosum: 10.5.1933), konnte mit ihrem Mann emigrieren. Sie gingen nach Jerusalem; nach 1945 stellte sie einen Wiedergutmachungsantrag [UAHei].

51 Vgl. u.a. *Harenberg-Lexikon berühmter Frauen*. 2004.

52 Beispiel: Die in Königsberg promovierte Mathematikerin Charlotte Hurwitz (geb. 1889), Tochter eines Arztes, hatte sich nach ihrer Entlassung aus dem Schuldienst mit Verweis auf ihre wissenschaftlichen Arbeiten vergeblich um ein Auslandsstipendium beworben und endete in einem Konzentrationslager. Die Hector-Peterson-Schule am Tempelhofer Ufer in Berlin-Kreuzberg weihte am 11.12.1998 eine Gedenktafel für sie und drei weitere jüdische Lehrer ein, vgl. *Berliner Zeitung*, v. 12./13.12.1998, S. 22.

Zusammenfassende Bemerkungen

Unter den mehr als 1400 Personen, die von WS 1907/08 bis WS 1944/45 an 35 deutschen Universitäten und Technischen Hochschulen eine mathematische Dissertation verteidigten, waren 1202 Männer und 118 Frauen, die in Deutschland geboren wurden. Die Biografien dieser Personen wurden durch die bestehende Arbeitsmarktsituation geprägt, die zugleich von politischen Faktoren abhängig war.

Wenn auch der Anteil der Frauen an den Promotionen mit 8,5% gering war, so erreichten diese Frauen doch gleiche Leistungen wie die Männer. Sie unterschieden sich in den gewählten Dissertationsgebieten kaum und auch nicht in den Noten, die bei der mündlichen Doktorprüfung vergeben wurden.

Eine Tätigkeit im höheren Schuldienst war sowohl für die promovierten Frauen als auch für die promovierten Männer das hauptsächliche Berufsfeld. 52% der promovierten Mathematikerinnen und mindestens 38% der promovierten Mathematiker gingen diesen Weg.

Die größte Differenz zwischen Frauen und Männern bestand bei der Hochschullaufbahn, wobei zu berücksichtigen ist, dass Frauen dazu bis 1945 keinen regulären Zugang hatten. Sieben Frauen (6%) erreichten im Verlaufe ihres Berufslebens, z.T. in sehr fortgeschrittenem Alter, einen Professorentitel in Mathematik, eine davon im Ausland (USA). Fünf von ihnen erzielten bedeutende Forschungsergebnisse und führten selbst zahlreiche Schüler und Schülerinnen zur Promotion, zwei waren nicht habilitiert und Professorinnen an Pädagogischen Hochschulen. Von den 1202 in Deutschland geborenen promovierten Männern wurden 222 später Professoren (18,5%). Da sich die Promotionen der Männer quantitativ gesehen ziemlich gleichmäßig auf die Drittel des Untersuchungszeitraumes verteilten, ist erwähnenswert, dass mehr als die Hälfte (114) der späteren Professoren in den Jahren zwischen 1921 und 1933 promoviert worden war; einige davon erhielten – wegen erzwungener Emigration – die Professur im Ausland.

In den sich neu eröffnenden Berufsfeldern in der Wirtschaft und Industrie fanden zwar insgesamt gesehen noch relativ wenige Mathematiker eine Berufsperspektive; die promovierten Frauen hatten jedoch zu gleichen Anteilen Zugang wie die Männer. Das betraf die Versicherungswirtschaft und Statistik sowie Berufsfelder in der Industrie und Technik, insbesondere Luftfahrtforschung und -industrie, die in den 1930er Jahren besonders erweitert wurde. Da die Weltwirtschaftskrise um 1930 zu drastischen Stellenreduzierungen im Schuldienst führte und den für Mathematiker/innen traditionellen Weg weitgehend versperrte, suchten sie – z.T. als Notlösung – Positionen in der Industrie. Seit Mitte der 1930er Jahre und verstärkt im Zweiten Weltkrieg arbeiteten promovierte Mathematiker, auch Frauen, an sogenannten Reichsforschungsinstituten für Luftfahrt und in der Flugzeugindustrie. Dazu gehörten ca. 40 Mathematiker, die der DMV angehörten. 80% dieser Personen erreichten später eine Hochschullaufbahn.

Die berufstätigen Frauen waren in der Regel unverheiratet oder schieden aus dem Beruf aus, wenn sie heirateten.

6.2 Wege promovierter Mathematikerinnen und Mathematiker seit 1988

Wir haben gesehen, dass früher die Wege promovierter Mathematikerinnen und Mathematiker in unterschiedliche Berufszweige hineinführten, häufig in den Schuldienst, seltener in die Versicherungswirtschaft, in die Industrie und teilweise natürlich in die Wissenschaft. Heutzutage ist der Anteil der Promovendinnen und Promovenden in Mathematik, die später als Lehrer arbeiten wollen, relativ gering. Viele wollen in Industrie und Wirtschaft tätig sein bzw. bleiben; ein geringerer Prozentsatz strebt eine wissenschaftliche Laufbahn an (vgl. Kapitel 5). Die historischen Ergebnisse und die Analyse der heutigen Befragten zeigen, dass sich promovierende bzw. in Mathematik promovierte Frauen und Männer hinsichtlich ihrer Leistungen und Interessensschwerpunkte nicht unterschieden. Früher beeinträchtigten die politische „Großwetterlage" sowie spezielle frauenspezifische Restriktionen (z.B. das Beamtinnenzölibat, etc.) die Berufskarrieren promovierter Mathematikerinnen stärker, so dass sie weniger erfolgreich waren als ihre männlichen Kollegen.

Auf der Basis unserer Befragung der im Jahr 1998 examinierten Personen können noch keine Aussagen über Karrieren promovierter Mathematikerinnen und Mathematiker in der heutigen Zeit getroffen werden, da diese Befragten in ihrem Berufsverlauf noch nicht weit genug fortgeschritten sind. Für die heutige Zeit gibt es bisher lediglich eine Studie von Enders und Bornmann [2001], in der u.a. 64 Mathematikerinnen und 326 Mathematiker, die 1979, 1984 bzw. 1989 promoviert hatten, zu ihrem Berufsverlauf befragt wurden. Die wichtigsten Beschäftigungsbereiche dieser Personen waren die Hochschule (37%), privatwirtschaftliche Beschäftigung im EDV/Softwarebereich (19%), im Bereich Banken und Versicherungen (9%), Elektrotechnik/Telekommunikation (7%), weitere Beschäftigungen im öffentlichen Dienst (Schule, Erwachsenenbildung 6%) sowie weitere Felder (12%). Die promovierten Mathematikerinnen waren etwas häufiger im öffentlichen Dienst beschäftigt als ihre männlichen Kollegen. 15 Jahre nach der Promotion befanden sich etwa 30% der promovierten Mathematiker/innen in einer beruflichen Führungsposition, etwas weniger Frauen als Männer. Frauen verdienten weniger als Männer. Im Vergleich zu anderen Fächern (z.B. Biologie, Wirtschaftswissenschaften) war der Unterschied in der beruflichen Laufbahnentwicklung von promovierten Mathematikerinnen und Mathematikern jedoch geringer. Alle Befragten waren mit ihrer Arbeit und ihrem Beruf sehr zufrieden.

Wir führten zur Analyse derzeit promovierter Mathematikerinnen und Mathematiker eine weitere Studie durch, um die Datenbasis etwas zu vergrößern. Im Vergleich zur Arbeit von Enders und Bornmann [2001] zielte unsere Studie darauf, mehr Frauen einzubeziehen sowie Personen zu befragen, deren Promotion erst kürzer zurückliegt (vgl. auch [Abele/Kramer/Kroker 2003]).

Bei dieser neuen Studie wurden Personen schriftlich befragt, die zwischen 1988 und 1998 an einer deutschen Universität in Mathematik promovierten. Dabei wollten wir nicht nur Personen einbeziehen, die Mitglied einer mathematischen Standesorganisation (z.B. der Deutschen Mathematiker-Vereinigung) sind und durch diese Mitgliedschaft dokumentieren, dass sie aktiv im Berufsleben stehen; wir wollten möglichst breit befragen, um auch von Personen Antworten zu bekommen, die z. B. der Mathematik den Rücken gekehrt haben oder nicht in einer Standesorganisation vertreten sind. Deshalb wählten wir wieder den Weg über die Prüfungsämter großer Universitäten und baten um das Versenden von Fragebögen an Personen, die zwischen 1988 und 1998 in Mathematik an dieser Universität promoviert hatten. Um hinreichend viele Frauen erreichen zu können, sollten jeweils alle weiblichen Promovierten des Zeitraums und eine gleich große Anzahl männlicher Promovierter angeschrieben werden. Damit ist diese Erhebung zwar nicht repräsentativ, da ja (vgl. Kapitel 2) der Frauenanteil bei den Promovierten der Mathematik deutlich unter 50% liegt, aber es war zu hoffen, dass der Frauenanteil unter den Befragten groß genug ist, um aussagekräftige Ergebnisse zu erhalten. 12 Universitäten beteiligten sich an der Studie. Darüber hinaus wurden die Promotionsverzeichnisse der „Mitteilungen der Deutschen Mathematiker-Vereinigung" (von 1988 bis 1998) für das Gewinnen von Adressen herangezogen. Bei beiden Vorgehensweisen – Versenden durch die Prüfungsämter bzw. an Anschriften aus den Promotionsverzeichnissen – gab es mittlerweile viele ungültige Adressen, so dass viele Fragebögen wegen „unbekannt verzogen" zurückkamen. Insgesamt konnten 355 Adressaten erreicht werden. 169 Angeschriebene, 70 Frauen und 99 Männer, schickten den Fragebogen ausgefüllt zurück. Dies entspricht einer bei derartigen Befragungen akzeptablen Rücklaufquote von 48% (bei [Enders/Bornmann 2001]: 52%). Im Zeitraum zwischen 1988 und 1998 promovierten an deutschen Universitäten 548 Frauen und 2770 Männer in Mathematik. Insofern wurden knapp 13% der promovierten Mathematikerinnen und 3,5% der promovierten Mathematiker erreicht. Die Befragten waren zwischen 28 und 47 Jahre alt, im Durchschnitt 36 Jahre. Die Promotionen waren zwischen 1988 und 2000 abgeschlossen worden, die meisten zwischen 1995 und 1998. Im Fragebogen wurden folgende Fragen behandelt:

- Wo arbeiten die promovierten Mathematikerinnen und Mathematiker, welche Tätigkeitsfelder haben sie?
- Wie viel verdienen sie? Wie erleben sie ihre Arbeit? Wie zufrieden sind sie mit ihrem bisherigen Berufsverlauf?
- Wie verliefen Studium und Promotionszeit?
- Wie leben diese Personen privat?

Viele der Fragen wurden in Anlehnung an die Studie mit den Absolventinnen und Absolventen (vgl. Kapitel 3.2, 4.2 und 5) formuliert, sodass die Ergebnisse später verglichen werden können. Die Daten werden im Folgenden geschlechtsvergleichend dargestellt.

Wo arbeiten die promovierten Mathematikerinnen und Mathematiker heute?

Zum Zeitpunkt der Befragung waren vier Personen erwerbslos, die alle an der Universität gearbeitet hatten und deren Vertrag nun ausgelaufen war (drei Frauen und ein Mann). Zwei Frauen suchten derzeit keine Beschäftigung, die beiden anderen Personen bezogen Übergangsgeld und bewarben sich. Alle anderen Befragten waren erwerbstätig (98%), davon zwei Frauen derzeit in Erziehungsurlaub und ein Mann mit einer fachfremden Betätigung (Chorleiter). Unterteilt man die Beschäftigungsfelder grob in „Privatwirtschaft", „Universität, Forschung" und „öffentlicher

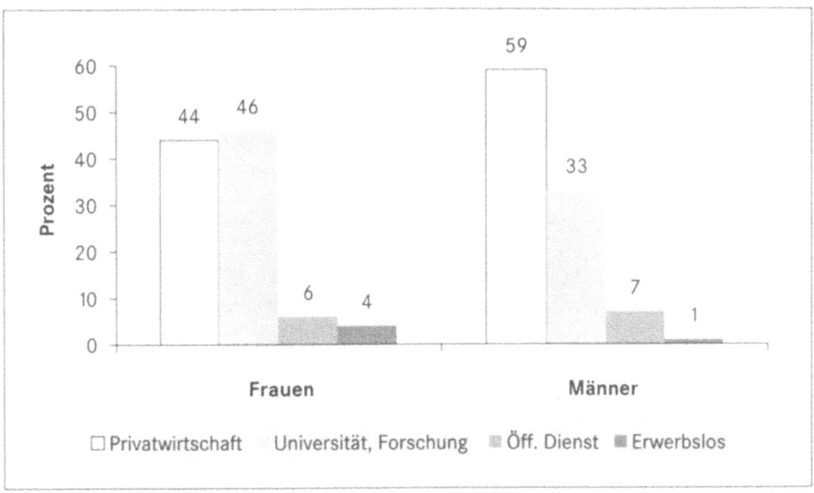

Abb. 6.5: Tätigkeitsbereiche von Mathematikerinnen und Mathematikern, die zwischen 1988 und 2000 promovierten

Dienst", dann kamen die männlichen Befragten häufiger aus der Privatwirtschaft, die weiblichen häufiger aus universitären Institutionen (vgl. Abb. 6.5).

Unter den an einer Forschungsinstitution/Universität beschäftigten Personen waren 16% Professoren, 9% Personen mit Dauerstellen im wissenschaftlichen Mittelbau und der Rest wissenschaftliche Mitarbeiter auf Zeitstellen. Es gab wiederum keinen Geschlechtsunterschied. Von den an Universitäten beschäftigten Frauen wollten sich 84% habilitieren bzw. waren schon habilitiert, bei den Männern lag der entsprechende Prozentsatz bei 78%.

Die in der Privatwirtschaft beschäftigten Personen arbeiteten hauptsächlich im Bereich Software/EDV (63%), ferner im Bereich Versicherungswesen/Finanzmathematik (28%) bzw. im Bereich Consulting/Management (9%). Dies galt für Frauen und Männer in gleicher Weise. Personen im öffentlichen Dienst schließlich waren zu zwei Dritteln Lehrkräfte.

23% aller Befragten hatten Vorgesetztenfunktion, Frauen und Männer unterschieden sich hier nicht. Etwa 10% der Befragten arbeiteten in Teilzeit, wobei es hier keinerlei Unterschiede nach Geschlecht oder Tätigkeitsbereich gab. An Universitäten oder Forschungsinstitutionen Beschäftigte hatten zu drei Vierteln befristete Verträge, Personen in der Privatwirtschaft nur zu 3%.

Wie viel verdienen die promovierten Mathematikerinnen und Mathematiker?

Die jährlichen Bruttoeinkünfte der Frauen waren niedriger als diejenigen der Männer. Berücksichtigt man jedoch den Tätigkeitsbereich, das Alter und den Tätigkeitsumfang der Befragten, dann gab es keinen Geschlechtsunterschied mehr, sondern lediglich einen nach Tätigkeitsbereich (vgl. Abb. 6.6).

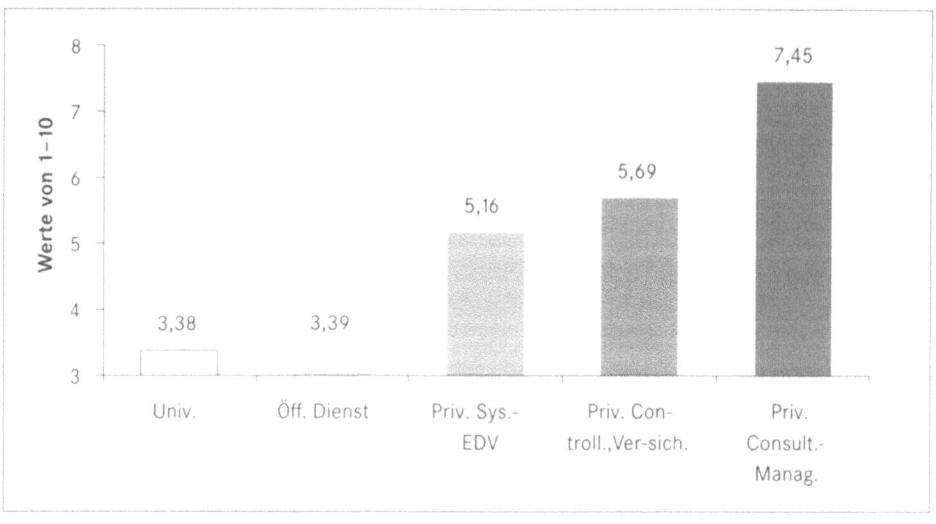

Abb. 6.6: Jahresbruttoeinkommen nach Tätigkeitsbereich; 3: bis 80.000 DM; 4: bis 100.000 DM; 5: bis 120.000 DM; 6: bis 140.000 DM; 7: bis 160.000 DM; 8: bis 180.000 DM

Personen im öffentlichen Dienst (sowohl Universitäten, als auch öffentlicher Dienst allgemein) verdienten weniger als Personen in der Privatwirtschaft, und innerhalb der Privatwirtschaft verdienten Personen im Bereich Consulting/ Management am meisten. Ihr Jahresbruttogehalt lag oberhalb 160.000 DM (vgl. Abb. 6.6). Dies entspricht den Ergebnissen, die wir bei der Befragung der Personen mit Mathematik-Diplom erhielten (vgl. Kapitel 4.2).

Wie erleben die Promovierten ihre Tätigkeit, wie war der bisherige Berufsverlauf, wie zufrieden sind sie mit ihrem bisherigen Berufsverlauf?

Es gab keine Geschlechtsunterschiede bei der Bewertung des Arbeitsplatzes und der Tätigkeit. Alle Befragten waren mittelmäßig zufrieden mit ihren Entwicklungsmöglichkeiten (Skala von 1 bis 5; Durchschnitt 3.29), ihrer Bezahlung (Durchschnitt 3.55), ihren Arbeitsbedingungen (Durchschnitt 3.60) und ihren Vorgesetzten (Durchschnitt 3.62) und noch mehr zufrieden mit ihrer Tätigkeit (Durchschnitt 3.97) und mit ihren Kollegen (Durchschnitt 4.05). Darüber hinaus gab es zwei Unterschiede, die sich aus dem Tätigkeitsfeld ergaben.

Personen, die an Universitäten bzw. Forschungseinrichtungen arbeiteten, waren mit ihrer Tätigkeit am zufriedensten, mit ihren Kollegen dagegen am unzufriedensten. Umgekehrt war es bei Personen, die in der Privatwirtschaft arbeiteten. Bei Personen im öffentlichen Dienst schließlich gab es keine Unterschiede in diesen beiden Bewertungen.

Auch die berufliche Bindung war bei Frauen und Männern gleich, unterschiedlich jedoch nach Tätigkeitsfeld. Die berufliche Identifikation (Beispielfragen „die Arbeit bedeutet für mich viel mehr als bloß Geld“ oder „der Beruf ist ein wesentlicher Teil meiner Persönlichkeit“) war bei an Universitäten und Forschungseinrichtungen (Durchschnitt 3.86) sowie im öffentlichen Dienst tätigen Personen (Durchschnitt 3.79) deutlich höher als bei Personen, die in der Privatwirtschaft arbeiteten (Durchschnitt 3.37).

Die Befragten hatten unabhängig vom Geschlecht seit der Promotion im Durchschnitt zwei verschiedene Stellen. 89% der Frauen waren – mit Ausnahme von Erziehungsurlauben – kontinuierlich berufstätig, bei den Männern lag der entsprechende Anteil bei 92%. Mehr als die Hälfte der Mütter (52%) und 7% der Väter hatten Erziehungsurlaub in Anspruch genommen.

Man kann nun die Berufsverläufe der Befragten anhand ihrer Angaben zu Stellenwechsel, unterschiedlichen beruflichen Positionen, Unterbrechungen etc. grob in „gleichbleibend", „Aufstieg" und „Abstieg" klassifizieren. „Gleichbleibend" bedeutet Verweilen auf derselben Stelle oder Wechsel auf andere Stellen, die bezahlungs- und statusmäßig gleich sind; „Aufstieg" bedeutet, dass eine Person innerhalb einer Organisation oder im Wechsel der Organisationen im Laufe der Zeit eine bezahlungs- und statusmäßig höherwertige Position erreicht hat; und „Abstieg" bedeutet umgekehrt, dass eine Person stellenmäßig einen Abstieg erlebt hat, der z.B. auf Berufsunterbrechung, auf Arbeitslosigkeit oder auf ausbildungsmäßig inadäquate Stellen zurückzuführen ist. Nach diesem Schema können 25% der Berufsverläufe als Aufstieg klassifiziert werden, 70% als gleichbleibend und 5% als Abstieg. Es gibt keine statistisch bedeutsamen Geschlechtsunterschiede (vgl. Abb. 6.7).

Auch die Antworten der Befragten auf die Frage, wie zufrieden sie mit ihrem bisherigen Berufsverlauf sind, erbrachten keine Geschlechtsunterschiede. Nur die Personen, die einen beruflichen Abstieg erlebt hatten, zeigten sich weniger zufrieden (Skala von 1 bis 5; Durchschnitt 3.27) als die anderen beiden Gruppen: mit gleichbleibendem Verlauf (Durchschnitt 3.75) und mit beruflichem Aufstieg

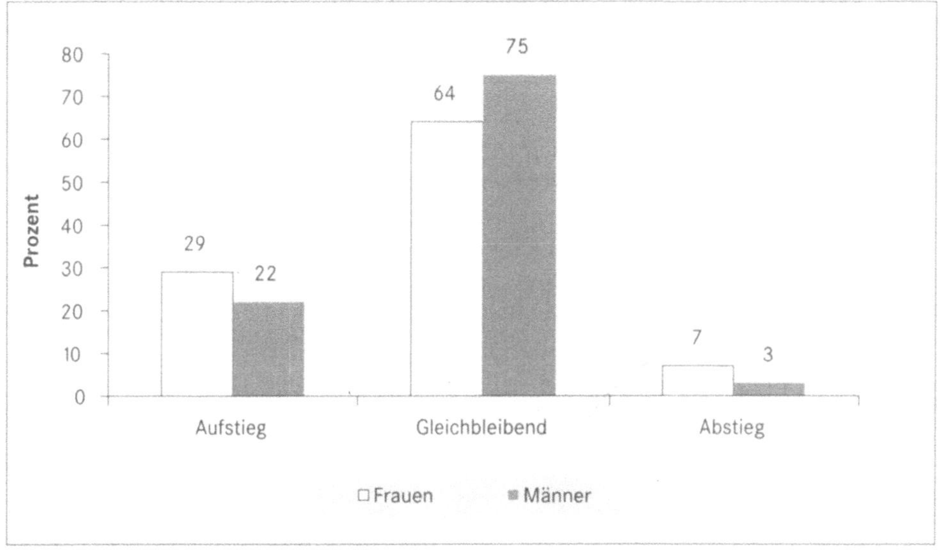

Abb. 6.7: Bisheriger Berufsverlauf der Befragten

(Durchschnitt 4.10). Gleiches gilt für die subjektive Einschätzung des Berufserfolgs: kein Unterschied zwischen Frauen und Männern, aber ein Unterschied zwischen den drei Berufsverlaufsmustern.

Wie verliefen Studium und Promotionszeit?

Tabelle 6.2 zeigt den Geschlechtsvergleich für Fragen zu Schulzeit, Studium und Promotion. Es gibt keinerlei statistisch abgesicherte Unterschiede zwischen Frauen und Männern. Weniger als 20% hatten während des Studiums die Universität gewechselt, dafür hatte aber knapp die Hälfte der Befragten eine Zeit lang im Ausland studiert, vorwiegend in den USA, in England und Frankreich. Die Promotion dauerte im Durchschnitt drei-einhalb Jahre und wurde zu gleichen Teilen entweder auf einer wissenschaftlichen Mitarbeiterstelle oder mittels eines Stipendiums bzw. einer wissenschaftlichen Hilfskraftstelle finanziert. Mehr als die Hälfte der Dissertationen wurden (über den in den Prüfungsordnungen festgelegten Rahmen hinaus) publiziert; fast 80% der Befragten verfassten weitere mathematische Arbeiten. Ein Viertel der Befragten hatte bereits Preise oder Auszeichnungen erhalten. Die bei der Promotion erzielten Bewertungen waren sehr gut. Neun von zehn Befragten hatten ein „magna cum laude“ oder „summa cum laude“ als Abschlussnote erhalten. Tabelle 6.3 zeigt die Promotionsgebiete.

Wir hatten den Befragten eine Liste mathematischer Teilgebiete (wie sie die Deutsche Mathematiker-Vereinigung verwendet) vorgelegt; zusätzlich bestand die Möglichkeit freier Nennungen. Da sehr viele unterschiedliche Promotionsgebiete genannt wurden, fasste wir diese zu Obergebieten zusammen. Wie Tabelle 6.3 zu entnehmen ist, wurde Algebra am häufigsten als Themengebiet der Dissertation genannt, gefolgt von Numerik, Differentialgleichungen, Geometrie und Wahrscheinlichkeitstheorie/Statistik. Deutliche geschlechtsspezifische Schwerpunktsetzungen sind nicht zu erkennen.

Im Fragebogen wurde auch erhoben, wie die Befragten ihre Promotionszeit in der Rückschau erlebten. Die Ergebnisse zu diesen Fragen enthält Tabelle 6.4. Frauen und Männer waren gleichermaßen sehr interessiert an ihrer Arbeit und fühlten sich gleichermaßen gut betreut. Letzteres dokumentieren sowohl die Antworten auf die Frage „Ich fühlte mich fachlich gut betreut“ als auch die „Noten“, die für die fachliche und die menschliche Betreuung erteilt wurden. Frauen erlebten darüber hinaus noch mehr Unterstützung in ihrem persönlichen Umfeld als Männer. Trotz des gleich hohen Interesses, der ähnlich guten Betreuung und – siehe Tabelle 6.2 – der absolut gleichwertigen Leistungen waren Frauen während der Promotionszeit jedoch unsicherer, ob der gewählte Weg der richtige sei, sie hatten mehr Zweifel an ihrer fachlichen Leistungsfähigkeit und an ihrer persönlichen Motivation als Männer.

Tabelle 6.2: Studium und Promotionszeit im Geschlechtsvergleich

	Frauen	Männer
Gab es einen Universitätswechsel während des Studiums?	17% ja	14% ja
Wurde eine zeitlang im Ausland studiert?	47% ja	41% ja
Davon:		
- USA	34%	39%
- England	19%	10%
- Frankreich	16%	20%
Dauer der Promotionszeit in Jahren	3.66	3.55
Wurde die Dissertation publiziert?	61% ja	55% ja
Wie wurde die Zeit der Promotion finanziert		
- Stelle an Universität / Forschungseinrichtung	51%	56%
- Stipendium/ Wissenschaftliche Hilfskraft	44%	40%
- Sonstiges	5%	3%
Note Promotion		
- Summa cum laude („0")	29%	30%
- Magna cum laude („1")	63%	59%
- Cum laude („2") oder rite („3")	8%	11%
Bereits Preise oder Auszeichnungen erhalten	24% ja	25% ja
Mathematische Publikationen verfasst?	79% ja	76% ja
Falls ja, wie viele (Durchschnittswert)	8.2	7.2

Tabelle 6.3: Gebiete, in denen die Dissertationen verfasst wurden

	Frauen (N = 70)	Männer (N = 99)
Algebra	10 (14%)	17 (17%)
Numerik	8 (11%)	12 (12%)
Wahrscheinlichkeitstheorie/ Statistik	5 (7%)	10 (10%)
Differentialgleichungen	7 (10%)	10 (10%)
Geometrie	11 (16%)	6 (6%)
Diskrete Mathematik	5 (7%)	5 (5%)
Optimierung	4 (6%)	8 (8%)
Topologie	3 (4%)	4 (4%)
Reelle und komplexe Analysis	5 (7%)	4 (4%)
Zahlentheorie	3 (4%)	5 (5%)
Informatik	3 (4%)	3 (3%)
Mathematische Physik	1 (1%)	3 (3%)
Sonstige	5	12

Tabelle 6.4: Erleben der Promotionszeit und der Promotionsbetreuung in der Rückschau

	Frauen	Männer
Ich hatte großes Interesse an wissenschaftlichem Arbeiten*	4.37	4.33
Das Thema meiner Arbeit hat mich sehr fasziniert*	4.07	3.95
Ich fühlte mich fachlich gut betreut*	3.26	3.43
Ich erhielt in meinem persönlichen Umfeld viel Unterstützung*	**3.84**	**3.28**
Ich habe häufig gezweifelt, ob diese Art des Arbeitens für mich das Richtige ist*	**2.69**	**2.12**
Ich hatte Schwierigkeiten, meine Motivation über die ganze Zeit hinweg aufrecht zu erhalten*	**2.51**	**2.10**
Ich habe mich gelegentlich fachlich überfordert gefühlt*	**2.46**	**2.15**
Bewertung der Promotionsbetreuung (Note von 1 „sehr gut" bis 5 „mangelhaft")		
- fachlich	2.43	2.23
- menschlich	2.27	2.22

Anmerkungen:

* Skalen jeweils von 1 „stimme nicht zu" bis 5 „stimme sehr zu"

Fett gedruckte Durchschnittswerte unterscheiden sich zwischen Frauen und Männern statistisch bedeutsam

Wie leben die Befragten privat?

Gleich viele Frauen (87%) wie Männer (85%) lebten in einer festen Partnerschaft; jedoch hatten signifikant mehr Frauen als Männer „Wochenendbeziehungen", d.h. sie lebten nicht in einem gemeinsamen Haushalt mit ihrem Partner (Abb. 6.8). Das beruht auf den unterschiedlichen Partnerkonstellationen. Frauen hatten häufiger einen Partner mit akademischem Abschluss und voller Berufstätigkeit als Männer eine entsprechende Partnerin hatten (vgl. Tabelle 6.5).

Die befragten Frauen hatten seltener Kinder als die Männer (36% zu 44%); die Befragten waren etwa 30 Jahre alt, als sie Eltern wurden, und das erste Kind war bei der Befragung gut 6 Jahre alt. Fast die Hälfte der Frauen (43%), aber nur 18% der Männer hatten zugunsten von Partner und/oder Kind(ern) schon einmal auf einen Karrierevorteil verzichtet.

Sowohl Frauen als auch Männer gaben an, dass der weibliche Teil der Partnerschaft jeweils mehr Hausarbeiten übernimmt und dass die Diskrepanz in der Hausarbeitsverteilung in Familien mit Kindern noch zunimmt.

Vergleicht man die private Lebenssituation von Personen, die beruflich aufgestiegen sind, mit denjenigen, bei denen dies - noch - nicht der Fall war, dann zeigt sich, dass Männer in Aufstiegsverläufen häufiger Kinder hatten als Frauen in Aufstiegsverläufen. Dies gilt besonders deutlich für Aufstiegsverläufe im universitären Kontext. Von den entsprechenden Frauen hatten nur 22% Kinder, von den entsprechenden Männern dagegen 83%. Waren die Befragten dagegen beruflich auf gleicher Ebene geblieben, dann bestanden keine Geschlechtsunterschiede bei

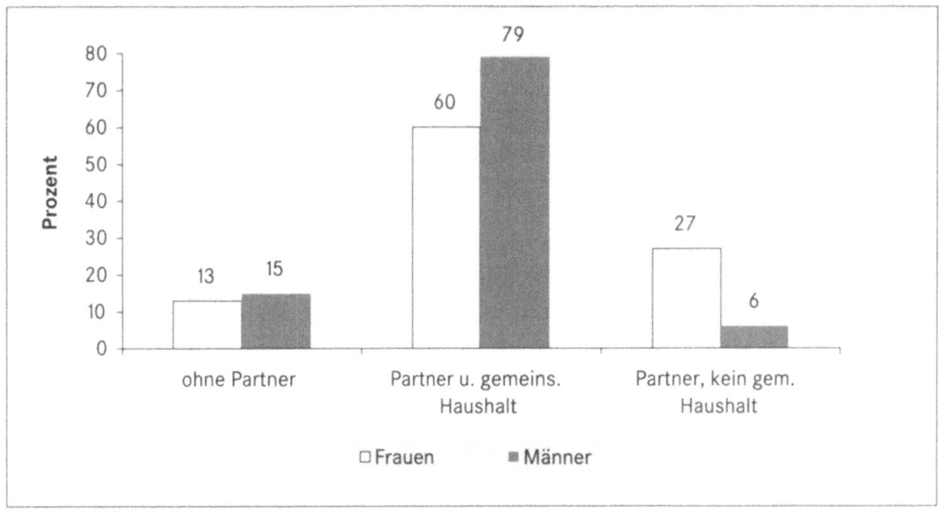

Abb. 6.8: Private Lebensverhältnisse der Befragten

Tabelle 6.5: Privatleben, Partnerschaft und Familie

	Frauen	Männer
Berufstätigkeit Partner		
- nein	**4%**	**28%**
- Vollzeit	**87%**	**31%**
- Teilzeit	**9%**	**41%**
Partner Akademiker	**93%**	**73%**
Kind(er)		
- ja	36%	44%
- Anzahl	M = 0.61	M = 0.83
- Alter des ersten Kindes	M = 6.74 Jahre	M = 6.14 Jahre
Alter bei der Geburt des ersten Kindes	M = 29.7	M = 30.5

Fett gedruckte Werte unterscheiden sich statistisch signifikant zwischen Frauen und Männern

der Elternschaft. Unter den Personen, die einen beruflichen Abstieg erlebt hatten, befanden sich mehr Mütter als Väter (Abb. 6.9).

Schließlich wurde die allgemeine Lebenszufriedenheit erfragt (Skala von [Diener et al. 1985]; Fragebeispiele „Ich bin mit meinem Leben zufrieden"; „Mein Leben entspricht überwiegend meinen Idealvorstellungen"; jeweils von 1 „trifft gar nicht zu" bis 5 „trifft sehr zu" zu beantworten; Abb. 6.10).

Alle Befragten gaben eine über dem Skalenmittel liegende Lebenszufriedenheit an (Durchschnitt 3.55), d.h. waren recht zufrieden. Unterschiede nach Tätigkeitsbereich oder bisherigem Berufsverlauf bestanden nicht, lediglich Unterschiede nach privater Lebenssituation. Die Befragten waren zufriedener, wenn sie in einer

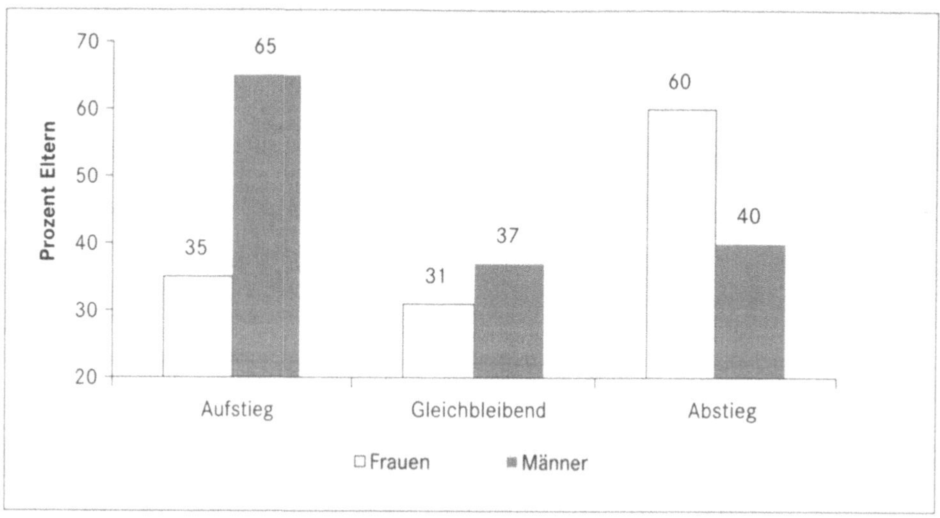

Abb. 6.9: Elternschaft nach Geschlecht und Berufsverlauf

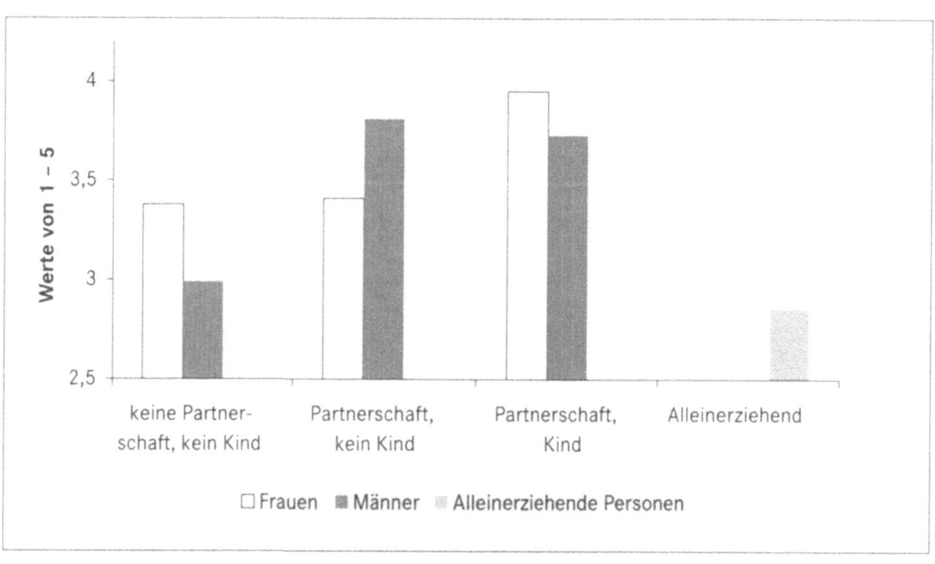

Abb. 6.10: Lebenszufriedenheit in Abhängigkeit von der privaten Lebenssituation

Partnerschaft lebten, als wenn sie keinen Partner hatten; dies galt für Männer noch stärker als für Frauen (und zwar unabhängig vom Alter des Kindes). Elternschaft mit Partnerschaft erhöhte die Lebenszufriedenheit von Frauen. Alleinerziehende (6 Frauen, ein Mann) waren besonders wenig mit ihrem Leben zufrieden. Die vier derzeit nicht erwerbstätigen Personen unterschieden sich in ihrer Lebenszufriedenheit nicht von den anderen.

Zusammenfassung und Folgerungen

Die hier befragten promovierten Mathematikerinnen und Mathematiker stellen - s.o. - keine repräsentative Stichprobe dar. Trotzdem zeigen die Ergebnisse eine Reihe von Übereinstimmungen mit den Befunden von Enders und Bornmann [2001], sodass vermutet werden kann, dass die Befunde trotz fehlender Repräsentativität der Stichprobe eine gewisse Gültigkeit beanspruchen können. Beide Studien zeigen:

- Jeweils knapp 40% der befragten promovierten Mathematikerinnen und Mathematiker arbeiteten an Universitäten bzw. Forschungsinstitutionen;
- Jeweils etwa 7% arbeiteten im öffentlichen Dienst, vornehmlich als Lehrer und Lehrerinnen;
- Etwas mehr als die Hälfte arbeitete in der Privatwirtschaft, insbesondere im Bereich EDV/Softwareentwicklung, ferner Banken/Versicherungswesen und Consulting/ Management.
- Bei Enders und Bornmann [2001] waren 30% der Befragten in Vorgesetztenpositionen, in der vorliegenden Studie waren es 23%; wobei der geringere Anteil in unserer Studie auf das jüngere Alter der von uns Befragten zurückzuführen ist.
- Bei Enders und Bornmann [2001] waren die Unterschiede zwischen promovierten Mathematikerinnen und promovierten Mathematikern hinsichtlich des Berufsverlaufs relativ gering; wir finden Gleiches.
- In beiden Studien ist der Prozentsatz derer, die durchgängig berufstätig waren, sehr hoch (über 90%). Dies gilt für Frauen und Männer in ähnlicher Weise.
- Ebenso zeigen beide Studien, dass Frauen häufiger den Bereich Universität und Wissenschaft, Männer häufiger den Bereich der Privatwirtschaft gewählt haben.
- In beiden Studien gibt es einen Einkommensunterschied zu Lasten der Frauen. Dies - das zeigt die vorliegende Studie - ist jedoch darauf zurückzuführen, dass sich Männer und Frauen auf unterschiedliche mathematische Tätigkeitsfelder verteilen.
- Schließlich zeigen beide Studien, dass promovierte Mathematikerinnen und Mathematiker mit ihrer Berufstätigkeit sehr zufrieden sind.

Darüber hinaus bestätigen die Ergebnisse das, was auch bei den Diplomabsolventinnen und -absolventen, bei den angehenden Mathematiklehrerinnen und -lehrern sowie bei den Personen mit Promotionsabsicht gefunden wurde (vgl. Kapitel 3.2, 4.2 und 5): Es gibt keine Geschlechtsunterschiede in berufsrelevanten Faktoren. Studienaufbau, Promotionszeit, Leistungen und inhaltliche Interessen unterschieden sich zwischen den promovierten Mathematikerinnen und Mathematikern nicht. Die Befragten waren alle hochqualifiziert, was sich u.a. an ihren hervorragenden Promotionsleistungen und darin äußerte, dass etwa ein Viertel bereits Auszeichnungen erhalten hatte und fast 80% mathematisch publizierten. Ein einziger Geschlechtsunterschied besteht. Dies ist der Befund, dass Frauen sich zurückschauend als zweifelnder und zögerlicher in ihrer Promotionszeit wahrnahmen als Männer, obwohl sie gleiche Leistungen erbrachten. Selbst hochqualifizierte Frauen zweifelten offensichtlich mehr an sich als die entsprechenden Männer. Sie erlebten jedoch gleichzeitig auch mehr Unterstützung in ihrem persönlichen Umfeld, was sie sicherlich auch „brauchten". Frauen sind eine kleine Minderheit unter den Mathematik-Promovierenden, die sich besonders „durchbeißen" müssen und hierfür Unterstützung brauchen (vgl. [Abele/Krüsken 2003]; [Spieß/Schute 1999]).

Eine weitere Folgerung aus diesen Ergebnissen lautet, dass die promovierten Mathematikerinnen und Mathematiker sich in ihrem Berufserfolg kaum unterscheiden. Dies gilt sowohl für das Berufsverlaufsmuster (Aufstieg, gleichbleibend, Abstieg), als auch für das Einkommen und für die subjektive Einschätzung des Berufserfolgs. Dies ist u.a. darauf zurückzuführen, dass der Anteil kontinuierlich beschäftigter Frauen (89%) und Männer (92%) gleich hoch und der Anteil von Personen in Teilzeitpositionen generell sehr niedrig ist. Auf einen kurzen Nenner gebracht, könnte man sagen, „je höher die Qualifikation, desto geringer der Geschlechtsunterschied im Berufserfolg". Alle Befragten waren sehr mit ihrer Arbeit zufrieden. Letzteres gilt vor allem auch für Personen in Universitäten und Forschungsinstitutionen, deren berufliche Identifikation besonders hoch war.

Interessant ist, dass Universitäten und Forschungseinrichtungen für promovierte Mathematikerinnen attraktiver zu sein scheinen als Tätigkeiten in der Privatwirtschaft, obwohl die gerade promovierenden Mathematikerinnen die Attraktivität einer Hochschullaufbahn weniger gut beurteilen (vgl. Kapitel 5). Über die Gründe hierfür lässt sich vorläufig nur spekulieren. Es könnten die Barrieren gegenüber Frauen in der Privatwirtschaft höher sein als im öffentlichen Dienst; Frauen könnten die Arbeitsweise an Universitäten mehr schätzen als die in der Industrie; beide Aspekte könnten zusammenwirken. Es bleibt vorläufig festzuhalten, dass sowohl Bornmann und Enders [2001], als auch die vorliegende Studie dieses Ergebnis erbrachte, obgleich die Befragten sehr unterschiedlichen Alterskohorten entstammten.

Durch die gleichzeitige Betrachtung des Berufsverlaufs und der privaten Lebensbedingungen der Befragten können auch einige Folgerungen zum Zusammenspiel zwischen Beruf und Privatleben abgeleitet werden. Diese laufen im Kern darauf hinaus, dass die erfolgreichen Mathematikerinnen zwar nicht - wie historisch geschehen - durch formale Reglements davon abgehalten werden, Beruf und Familie/Partnerschaft zu verbinden, dass sie de facto jedoch im Privatleben zurückstecken. Dies zeigt sich darin, dass die hier befragten Frauen häufiger als die Männer in Kauf nahmen, in Wochenendbeziehungen zu leben; und dass sie - insbesondere wenn sie beruflich sehr erfolgreich waren - seltener Kinder hatten als ihre männlichen Kollegen. Die hier gefundene „Elternquote" von 36% bei den Frauen liegt deutlich niedriger als die bereits niedrige Zahl für Akademikerinnen allgemein (derzeit etwa 56% bei 35 bis 39jährigen Akademikerinnen allgemein; vgl. [Die Familie im Spiegel der amtlichen Statistik 2003]).

Hinsichtlich des Befundes zur Verteilung der Hausarbeit und zur Verzichtsbereitschaft zugunsten von Partner und Kind(ern) unterscheiden sich die hier Befragten nicht von Personen anderer einschlägiger Befragungen (vgl. [Künzler 1994]). Auch hochqualifizierte berufstätige Frauen übernehmen mehr Hausarbeit, und sind eher bereit zurückzustecken als ihre Partner. Dieser Traditionalisierungseffekt verstärkt sich, wenn Kinder in der Familie leben.

Die Befunde zur Lebenszufriedenheit zeigen, dass „multiple Rollen" (vgl. [Abele 2001 b]), d.h. Berufstätigkeit plus Partnerschaft plus Elternschaft, der Lebenszufriedenheit zuträglich sind.

7 Deutschland im internationalen Vergleich

7.1 Mathematikerinnen und Mathematiker um 1900 in Deutschland und international

Wie verschiedentlich in unserem Buch bereits erwähnt, wurden die Anfänge des mathematischen Frauenstudiums in Deutschland maßgeblich von internationalen Entwicklungen bestimmt. In diesem Kapitel soll erörtert werden, wie es möglich war, dass die erste Mathematikerin - international gesehen - an einer deutschen Universität den Doktortitel erwerben konnte, obgleich Frauen zu dieser Zeit hier noch kein Immatrikulationsrecht besaßen. Wir blicken darauf, welchen Stand die Mathematik in Deutschland damals hatte, warum ausländische Studierende bevorzugt in Deutschland studierten, wie ausländische Mathematikerinnen deutschen Frauen den Weg ebneten und zeichnen die Biografien einiger ausländischer Mathematiker/innen nach, die für diese Entwicklung prägend waren.

Seit dem letzten Drittel des 19. Jahrhunderts studierten zahlreiche Ausländer Mathematik in Deutschland

Die Humboldtsche Universitätsreform 1810 - mit ihrer Einheit von Forschung und Lehre - hatte der Entwicklung der Mathematik in Deutschland wesentliche Impulse verliehen (vgl. z.B. [Wußing 1997]). Seit etwa 1830 war der Schwerpunkt mathematischer Forschung von Frankreich nach Deutschland verlagert worden. Somit kamen hierher Studenten aus Italien, Frankreich, Russland, weiteren europäischen Staaten und den USA. Zum Beispiel studierten bei Felix Klein - der schließlich auch ausländische Frauen fördern sollte - bereits während seiner Zeit in München (1875–80) viele begabte Ausländer, aus Italien, Norwegen u.a. Mit seinem Wechsel 1880 nach Leipzig kamen auch die ersten aus den USA; und als er 1886 nach Göttingen ging, nahm diese Zahl weiter zu. Ca. zehn der US-Amerikaner erwarben von 1886 bis 1895 den Doktortitel unter Klein. Was diese Zahlen bedeuten, können wir ermessen, wenn wir wissen, dass in den 1880er und 1890er Jahren bei Klein in Leipzig und Göttingen sowie bei seinem Nachfolger in Leipzig, dem norwegischen Mathematiker Sophus Lie (1842–1899), mehr US-Amerikaner als bei irgendeinem Mathematik-Professor in den USA promovierten. Dadurch wurde die nachfolgende Mathematik-Entwicklung in den USA nachdrücklich beeinflusst (vgl. [Rowe 1992], [Parshall/Rowe 1994]). Klein regte auch deutsche Mathematiker an, ihre Karriere in den USA fortzusetzen, da die Stellen in Deutschland begrenzt waren. Zwei von ihnen, Oskar Bolza (1857–1942) und Heinrich Maschke (1853–1908), wurden 1892 Mathematik-Professoren an der neu gegründeten Universität in Chicago. Sie sind hier namentlich erwähnt, weil sie eine Studentin nach Göttingen empfahlen und damit dort das letzte i-Tüpfelchen setzten, um das mathematische Frauenstudium in Gang zu bringen. In Deutschland galt bis Anfang der 1890er Jahre Berlin – unter Karl Weierstraß, Ernst Eduard Kummer und Leopold Kronecker – als Hauptforschungszentrum der Mathematik (und stand mit den süddeutschen Mathematikern in Konkurrenz). Nach dem Tode bzw. der Emeritierung des Berliner Dreigestirns wurde Göttingen zu einem internationalen Zentrum der Mathematik ausgebaut – unterstützt durch den einflussreichen preußischen Ministerialdirektor Friedrich Althoff (1839–1908) und befördert durch Felix Klein, der neuen Entwicklungen aufgeschlossen gegenüber stand (vgl. [Tobies 2002]).

Eine russische Mathematikerin war die Vorreiterin in Deutschland und international

Ausländerinnen strebten im 19. Jahrhundert zum Studium nach Deutschland, um hier – wie die Männer – Mathematik zu studieren. Vorreiterin war die Russin Sofja Kowalewskaja (1850–1891), über die inzwischen zahlreiche Biografien vorliegen[1]. Sie hatte ihre Studien im Alter von 19 an der Universität Heidelberg in Baden begonnen, wo sie mit Ausnahmegenehmigung zu den Lehrveranstaltungen zugelassen worden war. Ihr Ziel bestand bereits 1869 darin, nicht ohne Promotion nach Hause zurückzukehren [Bölling 2000]. In der Zeit, als die Berliner mathematische Schule noch vorherrschte, wandte sie sich 1870 dorthin und überzeugte einen der bedeutendsten Mathematiker, Karl Weierstraß (1815–1897), von ihren Fähigkeiten. Er förderte sie privat, weil die Universität Berlin Frauen keinen Vorlesungsbesuch genehmigte. Und er erreichte, dass sie 1874 von der Universität Göttingen, wie Berlin zu Preußen gehörend, promoviert wurde – ohne eine mündliche Doktorprüfung ablegen zu müssen. Sie hatte gleich drei Arbeiten vorgelegt, die jede für sich genommen als Dissertationsschrift ausgereicht hätte, und bekam die Note summa cum laude (vgl. [Tollmien 1997]). Sie war damit die erste Frau, die im 19. Jahrhundert den Doktortitel mit einer mathematischen Dissertation erwarb. Ihre Arbeiten fanden international Anerkennung; in Stockholm erhielt sie 1884 eine Professur – die zunächst befristet war –, in Paris 1888 einen Preis der Akademie der Wissenschaften und daraufhin in Stockholm eine Lebenszeit-Professur[2].

Kowaleskaja blieb allerdings zunächst eine Ausnahme. Es dauerte mehr als zwanzig Jahre, bevor die nächste Mathematikerin in Deutschland erfolgreich promovieren konnte und mehr als dreißig Jahre, bevor die nächste auf eine Mathematikprofessur in Europa berufen wurde.

[1] Dem deutschsprachen Publikum sei besonders empfohlen [Tollmien 1995], mit Hinweisen auf die weitere Literatur.

[2] Wir verweisen an dieser Stelle darauf, dass die italienische Mathematikerin Maria Gaetana Agnesi (1718–1799) durch Papst Benedikt XIV. 1750 zur Professorin an der Universität in Bologna ernannt wurde. Den ihr zugedachten Lehrstuhl für reine Mathematik besetzte sie jedoch nicht, sondern widmete sich – seit dem Tode ihres Vaters – der Erziehung ihrer Geschwister sowie stärker religiösen und sozial-karitativen Aufgaben.

Entwicklungen im Ausland beförderten die Denkprozesse preußischer Behörden

In anderen Ländern schritt die Entwicklung jetzt schneller voran. Die Schweiz ließ zahlreiche Studentinnen zu[3]. An der Universität Bern erwarb 1878 die zweite Frau - international gesehen - den Doktorgrad in Mathematik: die Russin Jelisbeta Fjodorowna Litwinowa (1845-1919), eine Freundin von Kowalewskaja.

Die Dritte war eine Britin. In Großbritannien war 1869 mit dem Girton College das erste Women's College gegründet worden, verbunden mit der Universität Cambridge. Obwohl Frauen bis 1948 keinen Titel von der Universität Cambridge erhielten, konnten sie seit 1872 mit Sondererlaubnis die sog. "Tripos-Exams" ablegen. Charlotte Angas Scott (1858–1931), die im Alter von 18 Jahren ein Stipendium für das Girton College erhalten hatte, bewältigte die Examen 1880 als Achtbeste des Universitätsjahrgangs. Weil sie eine Frau war, wurde ihr Name nicht offiziell genannt, dennoch war es überall bekannt. Öffentlicher Druck führte dazu, dass Frauen das Examen an der Universität Cambridge seit 24.2.1881 offiziell und nicht mehr nur ausnahmsweise ablegen konnten. Der bedeutende Mathematiker Arthur Cayley (1821–1895) unterstützte das Frauenstudium und förderte Scott, die neben ihren Forschungen bereits am Girton College unterrichtete. Während die Universität Cambridge Frauen noch keine Promotion erlaubte, vergab die Universität London seit 1876 den Doktortitel an Frauen „external". Scott erhielt 1882 den Titel B.Sc. und 1885 den Doktortitel D.Sc. von der Universität London mit der besten Note.

Im selben Jahr, 1885, wurde in Pennsylvania, USA, das berühmte Women's College Bryn Mawr eröffnet - wo Elisabeth Klein 1910 studieren und Emmy Noether 1933 Zuflucht finden sollte. Auf Empfehlung Cayleys wurde Scott hier 1885 Vorsitzende des Mathematics Department und blieb dies bis zu ihrer Pensionierung 1924.

Scott erzielte anerkannte Ergebnisse auf dem Gebiet der algebraischen Geometrie. Ihr Buch *An Introductory Account of Certain Modern Ideas and Methods in Plane Analytical Geometry* (London/New York 1894, ²1924) wurde viel benutzt; ihr Beweis eines Satzes von Max Noether - dem Vater Emmy Noethers - wurde 1899 in den unter Göttinger Ägide stehenden *Mathematischen Annalen* publiziert. Scott führte in den USA sieben Frauen zum Doktortitel; einige schickte sie in den 1890er Jahren zum Zusatzstudium nach Göttingen. Mit Gründung der American Mathematical Society 1891 gehörte sie deren Council (1891/94; 1899/1902) an, 1905/06 als Vizepräsidentin; sie war auch von 1898 bis 1931 Mitglied der Deutschen Mathematiker-Vereinigung[4] und gehörte den Mathematischen Gesellschaften von London, Edinburgh und Palermo an. Seit 1899 wirkte sie als Mitherausgeberin des *American Journal of Mathematics*.

[3] In der Schweiz studierten z.B. 167 Studentinnen aus dem Ausland im Jahre 1887; 1894 waren es bereits 420.

[4] Obgleich die 1890 gegründete Deutsche Mathematiker-Vereinigung schon vor 1900 Frauen als Mitglieder aufnahm, musste sie erst ihr 100jähriges Jubiläum begehen, bevor sie die erste Frau in den Vorstand berief: Ina Kersten, z.Z. Professorin in Göttingen.

Als 1893 die Weltausstellung in Chicago stattfand, wurde der Blick auch auf die Rolle der Frau in den USA gerichtet. Ein Schweizer Delegierter berichtete:

> „Die Amerikaner finden nichts Außergewöhnliches darin, dass z.B. eine Frau Direktorin einer Nationalbank ist, wie in Texas, oder dass Frauen in der Aufsichtskommission von Universitäten oder im Staatsschulrat überhaupt ihren Platz gefunden haben, ganz abgesehen von Professorenstellen, deren es viele für Frauen gibt... Man hat nicht nur den Frauen die Universitäten geöffnet, sondern ihnen auch Gymnasialbildung ermöglicht, sei es in Verbindung mit den Lehranstalten für Knaben, oder in Parallelanstalten wie in Boston... Amerika kennt keinen Unterschied in der Ausübung wissenschaftlicher Berufsarten zwischen Männern und Frauen [...] An der Chicagoer Universität sind 6 Professorinnen." [Weltausstellung, S. 8, 16]

Auszüge aus diesem Bericht befinden sich in einer Akte des preußischen Ministerialdirektors Friedrich Althoff, die er - weitsichtig - am 20. Mai 1892 mit dem Titel „Die von Personen des weiblichen Geschlechts nachgesuchte Zulassung zur Immatrikulation und zu den Vorlesungen bei den Königlichen Landesuniversitäten" neu angelegt hatte. Die Akte beginnt mit Zeitungsausschnitten über das Frauenstudium im Ausland.

„Sie wollen den Unterschied der Geschlechter abschaffen"

Mathematiker sollten bei der Förderung ausländischer Studierender - auch mit Blick auf die wieder wachsende Konkurrenz mit der französischen Mathematik - eine Vorreiterrolle beim Frauenstudium Ende des 19. Jahrhunderts in Deutschland spielen[5]. Die im Zitat ausgesprochenen Worte des Göttinger Universitätskurator, Staatsrechtler von Meier, drücken allerdings aus, welch konservative Denkhaltung überwunden werden musste. Die US-Amerikanerin Ruth Gentry (1862–1917) hatte 1891 um die Erlaubnis ersucht, in Göttingen zum Mathematikstudium zugelassen zu werden. Klein hätte sie gern aufgenommen, zumal die Zahl der Studierenden wegen der mit Lehrern überfüllten Schulen insgesamt stark zurückgegangen war. Er erhielt jedoch vom Kurator die Antwort: „Das ist schlimmer als die Sozialdemokratie, die nur den Unterschied des Besitzes abschaffen will. Sie wollen den Unterschied der Geschlechter abschaffen." [UBG, Cod. Ms Klein, XXIIL, S. 7]

Während Frauen in anderen Staaten bereits die Hochschulreife erlangen und auch studieren konnten (vgl. [Costas 2000])[6], wurden die Ministerialerlasse deutscher Länder, die Frauen zur Immatrikulation zuließen, erst zwischen 1900 und 1909 verfügt (vgl. die exakten Daten in Kapitel 3.1). Weil ausländische Frauen jedoch ebenso wie die Männer sich dort weiter qualifizieren wollten, wo der beste wissenschaftliche Ertrag zu erwarten war, versuchten sie zu einer Zeit Zugang zu

[5] Vgl. hier und im Folgenden [Tobies 1991/92; 1999] mit weiterführenden Hinweisen auf Quellen; auch [Siegmund-Schultze 1997].

[6] Vgl. auch *Science in Context* 15 (2002) No.4 mit Beiträgen zu European Women in Science (Historisch und aktuell) von Londa Schiebinger (Europa), Mineke Bosch (Niederlande), Claudine Hermann/ Françoise Cyrot-Lackmann (Frankreich) und Ilse Costas (Deutschland) und [Singer 2003].

deutschen Universitäten zu erhalten, als ihnen hier die offizielle Immatrikulation noch nicht gewährt wurde.

Die Entwicklung setzte mit neuen Ausnahmeregelungen fort. Heinrich Maschke schrieb aus Chicago am 8. April 1893 an Klein:

> „Eine von unseren mathematischen Studentinnen, Miss Mary F. Winston, bewirbt sich um ein Stipendium, auf Grund dessen sie im nächsten Jahre nach Deutschland gehen will. Sie hat... Talent, denkt selbständig, und steht jedenfalls über dem Durchschnitt... Bolza und ich reden ihr - zu, nach Göttingen zu gehen.... Da ist nun 1. die Frage, ob in Göttingen weibliche Studenten oder Habilitanden zugelassen werden, oder ob, wenn das nicht der Fall ist, Sie glauben, dass es Ihrem Einflusse gelingen wird, in diesem Fall eine Ausnahme zu machen." (zitiert in [Tobies 1991/92])

Klein ließ sich nun nicht mehr abschrecken, sondern regelte die Angelegenheit mit dem zuständigen Ministerium unter Umgehung des Kurators. Er ließ sich vom Ministerium beauftragen, in den USA das Frauenstudium zu prüfen, verband seine Reise 1893 in die USA zur Weltausstellung und zu einem Mathematiker-Kongress mit einer Vortragsreise und prüfte die Leistungen von Mary Frances Winston (1869–1959). Nach Deutschland zurückgekehrt, beantragte er zum Wintersemester 1893/94 deren Zulassung sowie die von zwei weiteren Frauen, der Engländerin Grace Chisholm (1868–1944), die - wie Scott - am Girton-College ausgebildet worden war und Examen an der Universität Cambridge abgelegt hatte, und der US-Amerikanerin Margaret Eliza Maltby (1860-1944). Trotz des erneut negativen Votums des Universitätskurators war sich Klein diesmal der Zustimmung des Ministeriums sicher, hatte er doch bereits am 6. Juli 1893, bevor er in die USA reiste, folgende vertrauliche Mitteilung aus Berlin erhalten:

> „[...]Wegen des Frauenstudiums liegt die Sache, vertraulich gesagt, wie ich von Herrn GR. Althoff weiß, eigentlich jetzt schon so, dass wenn derartige Fragen hier nicht angeregt werden, von hier nicht hindernd eingegriffen wird. Bezüglich der Theilnahme an Vorlesungen wird sich dieser Usus auch eher befestigen, als eingeschränkt werden, wenn Amerikanerinnen zu Studienzwecken herüberkommen, werden denselben umso weniger Schwierigkeiten gemacht werden können. Hr. GR. Althoff ist hierauf der Ansicht, dass Sie Ihre zahlreichen Verehrerinnen in Amerika nur, ohne zu fragen, herüberkommen lassen möchten." [ebd.]

Das Ministerium genehmigte die Gesuche der Frauen binnen sechs Tagen. Der Kurator trat entnervt von seinem Amt zurück. Der Nachfolger war frauenfreundlich. Alle drei Frauen nahmen regulär an Vorlesungen und Seminaren teil und promovierten bis 1895 mit sehr guten Ergebnissen, Chisholm (siehe ihre Biografie unten) und Winston in Mathematik bei Klein, Malty in Physik.

„... ihren männlichen Konkurrenten in jeder ... Hinsicht gleichwertig ..."

Die positive Aufnahme der Ausländerinnen in Göttingen blieb nicht ohne Widerhall. Weitere US-Amerikanerinnen (vgl. auch [Fenster/Parshall 1993]), Engländerinnen, Russinnen, Frauen aus skandinavischen Ländern u.a. kamen, absolvierten hier einige Semester ein Zusatzstudium, nachdem sie bereits promoviert waren oder schrieben ihre Dissertation unter David Hilbert, der zum SS 1895 nach Göttingen gekommen war und Kleins Intentionen unterstützte. Um die Verfahren zu vereinfachen, schrieb Klein die Gesuche um Ausnahmegenehmigung gleich selbst an das Ministerium. Da sich die Fälle häuften, verfügte das Ministerium im Herbst 1894, dass nicht mehr jeder einzelne Fall vorgetragen werden muss, sondern die Universitäten nur noch am Ende des jeweiligen Semesters eine Liste der Frauen senden sollen, die – mit Erlaubnis der jeweiligen Dozenten – zu den Studien zugelassen wurden. Bis auf wenige Ausnahmen[7] waren es vornehmlich Ausländerinnen, da deutsche Frauen nur schwer zur Hochschulreife gelangen konnten. Charlotte Angas Scott schrieb am 19.3.1897 an Klein:

> "I am expecting to send two of my best students to Göttingen next year, to both of them have been awarded College Fellowship, and they are both very desired of obtaining a years's study under your direction, if this is agreeable to you.“ (zitiert in [Tobies 1999, S. 73])

Während an anderen deutschen Universitäten Frauen noch aus dem Hörsaal verwiesen wurden, studierten Frauen in Göttingen mit dem Hörerinnen-Status und konnten ihre Studien auch mit einer Promotion abschließen. Als der Schriftsteller Arthur Kirchhoff 1896 eine Umfrage unter Vertretern aller Fachrichtungen startete, wie sie zum akademischen Studium und Berufe der Frauen stünden, antworteten noch viele negativ. Die Stimmen sind in einem Buch *Die akademische Frau* zusammengefasst. Darin finden wir u.a. den viel zitierten Ausspruch des Physikers Max Planck (1858–1947): „Amazonen sind auch auf geistigem Gebiet naturwidrig.“ [Kirchhoff 1897, S. 256]. Dagegen plädierten alle befragten Mathematiker positiv, mit den erfolgreichen Ausländerinnen argumentierend. Felix Klein schloss aufgrund seiner Erfahrungen auf die gleichwertigen Leistungen von Frauen und Männern sowie von der ausländischen auf die deutsche Frau. Er formulierte:

> „Ich antworte um so lieber auf die Frage, als die in Deutschland noch immer herrschende Ansicht, dass jedenfalls die mathematischen Studien den Damen so gut wie unzugänglich sein müssen, ein wesentliches Hemmnis aller auf die Entwicklung des höheren weiblichen Unterrichts gerichteten Bestrebungen sein dürfte. Dabei beziehe ich mich nicht auf außerordentliche Fälle, die als solche nicht viel beweisen, sondern auf den Durchschnitt unserer Göttinger Erfahrungen. Ich will auch hier nicht weit ausholen, sondern nur anführen, dass beispielsweise in diesem Semester nicht weniger als *sechs* Damen an unseren höheren mathematischen Kursen und Übungen teilnahmen und sich dabei *fortgesetzt ihren männlichen Konkurrenten in jeder Hinsicht als gleichwertig erwiesen.* Der Natur der Sache nach sind dies einstweilen noch ausschließlich Ausländerinnen: zwei Amerikanerinnen, eine Engländerin, drei Russinnen; – dass aber die fremden Nationen von Hause aus eine spezifische

[7] Frida Hansmann (geb. 1873) studierte im SS 1894 bei Klein, promovierte 1902 in Chemie an der Universität Bern. Elsa Neumann (1872–1902) studierte 1895/96 in Göttingen und promovierte 1899 als erste Frau an der Universität Berlin (in Physik).

> Begabung haben sollten, die uns abgeht, dass also unsere deutschen Damen bei geeigneter Vorbereitung nicht sollten dasselbe leisten können, wird wohl kaum jemand behaupten wollen." [Kirchhoff 1897, S. 241].

Ausländerinnen ebneten deutschen Frauen den Weg. Sie trugen dazu bei, dass Mathematikprofessoren keinen Zweifel an der weiblichen Intelligenz hegten. Sie hatten Anteil daran, dass in Deutschland Gesetze erlassen wurden, die Frauen das Studium regulär erlaubten.

Die in Deutschland ausgebildeten Mathematikerinnen wirkten im Ausland als Multiplikatorinnen

In Deutschland ausgebildete Mathematikerinnen gelangten später in Positionen, die es ihnen ermöglichten, Frauen in anderen Ländern zu fördern. Neben Kowalewskaja in Schweden erhielten weitere Mathematikerinnen eine Dozentur bzw. eine Professur in anderen Ländern.

US-amerikanische Frauen lehrten vor allem an Women's Colleges. Einige setzten auch nach der Promotion ihre Forschungen fort und konnten Schülerinnen anregen. Zum Beispiel lehrte Annie L. MacKinnon, die während ihrer Göttinger Zeit vom WS 1894/95 bis zum SS 1896 fünfmal in Seminaren von Klein vorgetragen hatte, nach ihrer Rückkehr in den USA am Nelle College in New York (acht Wochenstunden Raumgeometrie, analytische Geometrie, Differential- und Integralrechung) und betrieb, angeregt durch Klein, weitere Forschungen. In einem Brief vom 2. Januar 1897 berichtete sie an Klein:

> „Als [sic!] ich versprochen habe schreibe ich Ihnen jetzt in diesen Weihnachtsferien über die zahlentheoretische Arbeit worüber ich letzten Sommer gesprochen habe[8]. Ich finde dass ich so wohl Zeit als Lust habe eine solche Arbeit zu unternehmen und möchte gern nach Ihrem Vorschlag ein Jahr darüber arbeiten um zu sehen was ich damit thun kann." [UBG, Cod. Ms. Klein, X, 905].

Es sei an dieser Stelle erwähnt, dass später Entwicklungen in den USA auch dadurch befördert wurden, weil aus Deutschland ab 1933 Mathematiker/innen aus rassistischen Gründen vertrieben wurden. So baute Emmy Noether hier zwischen 1933 und 1935 einen neuen Schülerinnen-Kreis auf. Die österreichischen Mathematikerinnen (nach NS-Definition Jüdinnen) Hilda Geiringer (s.u.) und Olga Taussky-Todd (1906-1995) [Binder 2000], die wichtige Karriereschritte in Deutschland genommen hatten, erhielten später in den USA eine Professur.

Russische Mathematikerinnen erreichten – nach Kowalewskaja – jetzt auch Positionen im eigenen Land. Die in Simbirsk geborene Nadjeschda N. von Gernet (1877–1943)[9], die 1901 bei Hilbert mit einem Thema aus der Variationsrechnung promovierte, wurde Dozentin an der Frauen-Universität in St. Petersburg, von wo

[8] SS 1896: „Die Smith'sche Curve".

[9] Die Gutachten zu den Dissertationen der Schülerinnen von Klein und Hilbert sind abgedruckt in [Tobies 1999].

sie auch Schülerinnen weiter nach Göttingen empfahl. Sie setzte ihre Forschungen fort, publizierte 1913 ein Buch zur Variationsrechnung (vgl. [Petrov 1977]) und gehörte von 1901 bis 1938 der Deutschen Mathematiker-Vereinigung als Mitglied an [Toepell 1991, S. 123]. Nach ihrer Promotion 1902 reiste sie bis zum Ersten Weltkrieg regelmäßig nach Göttingen, wie einem Brief Hilberts zu entnehmen ist:

> „Während des ganzen Krieges von Anfang an, habe ich aus der Schweiz, ebenso auch meine Frau an Sie Karten geschickt, die immer ohne Antwort geblieben sind, so dass wir Ihretwegen schon grosse Sorge hatten...Hoffentlich können Sie nun bald Ihre jährlichen Besuche in Göttingen, die wir so lange entbehrt haben, wieder aufnehmen." [UBG, Cod. Ms. Hilbert, 457, Bl. 11a].

An der Frauenhochschule in St. Petersburg hatte u.a. Wera Lebedjewa (1880–1970) studiert, die 1903 nach Göttingen ging und 1906 ebenfalls unter Hilbert den Doktortitel erwarb. Sie wurde 1918 die erste Mathematik-Professorin in Rumänien. Damit war sie in Europa überhaupt die zweite Mathematik-Professorin (vgl. ihre Biografie unten).

Auch die erste Mathematik-Dozentin Norwegens Elisabeth Stephansen (1872–1961) war in Göttingen zu Forschungen angeregt worden. Sie hatte als erste Norwegerin in Mathematik promoviert (1902 an der Universität Zürich) und anschließend sofort ein Zusatzstudium in Göttingen beantragt. Während ihres Göttinger Studiensemesters hörte sie bei Klein, Hilbert u.a. und wurde durch Hilbert zu einer Arbeit angeregt, die 1903 erschien[10]. Wie schwierig allerdings die Umstände lange Zeit waren, drückt sich u.a. darin aus, dass sie bis 1971 die einzige Norwegerin war, die in Mathematik promovierte (vgl. [Hag/Lindquist 1997]).

Seit dem zweiten Jahrzehnt des 20. Jahrhunderts ging der Anteil ausländischer Mathematik-Promovendinnen in Deutschland zurück

Während bis 1906 sieben Ausländerinnen (vier Russinnen, zwei US-Amerikanerinnen und eine Engländerin) eine mathematische Dissertation in Deutschland (alle in Götttingen) verteidigt hatten und weitere zu Forschungen angeregt worden waren, ging in den nachfolgenden Jahren diese Zahl zurück. Von 1907 bis 1945 promovierten hier nur noch drei Ausländerinnen, zwei Britinnen (Marburg; Göttingen) und eine Dänin (in Freiburg). Der Rückgang kam vor allem mit dem Ersten Weltkrieg. Danach hatten sich in den Mutterländern, insbesondere in den USA und Russland, neue mathematische Forschungszentren herausgebildet, so dass die Frauen häufiger zu Hause promovierten. Göttingen blieb allerdings weiterhin bis 1933 ein bedeutendes internationales Forschungszentrum und Anziehungspunkt für ausländische Mathematiker (bevorzugt aus Russland, den USA und ab 1927 aus China). Von den 108 Mathematikern aus dem Ausland, die von 1907 bis 1945 in Deutschland den Doktortitel erwarben, promovierten 35 in Göttingen. Außerdem kamen in den 1920er Jahren zahlreiche Mathematiker – auch Frauen – zu

[10] Stephansen, E.: „Von der Bewegung eines Continuums mit einem Ruhepunkt". *Archiv for Mathematik og Naturvidenshap* (1903).

Forschungsaufenthalten hierher[11]. Abgesehen vom Einbruch während des Ersten Weltkrieges, verteilten sich diese Abschlüsse ziemlich gleichmäßig über die Jahre. Die nahe liegende Vermutung, dass mit Beginn der NS-Zeit die Zahl ausländischer Promovierender stark fiel, bestätigte sich nicht. Während viele hochbegabte Wissenschaftler aus rassistischen Gründen aus Deutschland vertrieben wurden und emigrierten, schlossen die meist schon vor 1933 nach Deutschland gekommenen Ausländer ihre Verfahren hier noch ab[12]. Allerdings beschränkte sich dies auf eine geringere Zahl von Nationen, besonders China, Türkei und Bulgarien.

Ausländische Mathematiker/innen in wissenschaftlichen Positionen in Deutschland waren integraler Bestandteil der Forschungsförderung

Mathematik ist international geprägt. Deshalb waren schon zu früheren Zeiten Mathematiker im Ausland tätig, wenn sie im eigenen Land keine angemessene Position fanden. Der in Basel geborene Schweizer Mathematiker Leonhard Euler (1707–1783) verließ mit 20 Jahren sein Land, ohne es wieder zu sehen, arbeitete an den Akademien in Petersburg und Berlin. Mit Ausprägung der Nationalstaaten ging der Anteil ausländischer Wissenschaftler in Deutschland zwar zunächst etwas zurück, es gab jedoch immer einige ausländische Mathematiker, die in Deutschland als Mathematik-Professoren wirkten. Der bereits erwähnte Norweger Sophus Lie zog während seiner Professur in Leipzig 1886 bis 1898 besonders Mathematiker aus Frankreich und den USA zum Studium nach Deutschland. Der Österreicher Hans Hahn (1879–1934) führte während seiner Zeit als Bonner Ordinarius von 1916 bis 1921 auch mehrere Frauen zur Promotion. Der Österreicher Richard von Mises (1883–1953) hatte während seiner Professur für angewandte Mathematik an der Universität Berlin von 1920 bis 1933 zahlreiche Schüler und Schülerinnen, führte auch eine Frau zur Habilitation (Hilda Geiringer, s.u.). Es folgten weitere aus Österreich, Ungarn, den Niederlanden, Griechenland[13].

Ein britisches Mathematikerehepaar, angeregt in Göttingen

Leben: Grace war das jüngste von vier Kindern des höheren Regierungsbeamten (Warden of the Standards) Henry William Chisholm und seiner Frau Anna Louisa geb. Bell. Nach Privatunterricht unterzog sie sich der Prüfung, die von der Universiät Cambridge für Studierende unter 18 Jahren in allen Teilen Englands veranstaltet wird (Senior Cambridge Examination) und trat als „Sir Francis Goldsmid Scholar" im April 1889 in das Girton College ein, bestand die erste Universitätsprüfung (Previous Examination) im Juni 1889, die zweite (Tripos Examination, Part I) in reiner und angewandter Mathematik im Juni 1892, danach die Schlussprüfung (Final Mathematical Schools) in Oxford und im Juni 1893 an der Universität Cambridge die mathematische Prüfung für Graduierte (Mathematical Tripos, Part II), alles mit ausgezeichneten Ergebnissen. Ab Wintersemester 1893/94 studierte sie Mathematik, Physik und Astronomie in Göttingen und promovierte 1895 unter Felix Klein. Chisholm heiratete 1896 ihren ehemaligen

[11] Vgl. hierzu u.a. [Tobies 2003, Briefe Emmy Noethers].

[12] Während des Zweiten Weltkrieges gab es noch sechs Promotionsverfahren von Ausländern.

[13] Zur Besetzung der Professuren vgl. [Scharlau 1990].

Grace Chisholm, verheiratet Young
*15.3.1868 Haslemere bei London
†29.3. 1944 Croydon bei London

William Henry Young
*20.10.1863 London
†7.7.1942 Lausanne, Schweiz

Grace Chisholm promovierte 1895 als zweite Mathematikerin nach Kowalewskaja in Göttingen. Sie heiratete 1896 ihren ehemaligen Tutor William Henry Young, der durch sie und Göttinger Einfluss zur mathematischen Forschung kam. Sie wurden ein bedeutendes Forscherehepaar.

Tutor William Henry Young. Sie widmeten sich fortan gemeinsam der Wissenschaft, zogen im Herbst 1897 mit dem drei Monate alten Baby nach Göttingen, wo William - angeregt durch Klein und unterstützt durch Grace - seine erste Publikation verfasste. Sie vertieften ihre Forschungen auf einer Studienreise nach Italien, blieben bis 1908 in Göttingen, wo fünf weitere Kinder geboren wurden. Während William Young zur Semesterzeit in Cambridge, seit 1905 in Liverpool arbeitete, erzog Grace in Göttingen die Kinder, lehrte sie Mathematik, Sprachen (sie beherrschte selbst sechs) u.a. Zwei Töchter und ein Sohn schlugen eine mathematische Berufsrichtung ein. Grace Young studierte zusätzlich Medizin (bis zur medizinischen Vorprüfung 1904), gehörte der Göttinger Mathematischen Gesellschaft an und arbeitete mathematisch. Die meisten Publikationen - von beiden erarbeitet - erschienen nur unter dem Namen des Mannes, um ihm eine Position zu sichern, 13 Arbeiten trugen beider Namen und 18 den von Grace allein. Grace Young schrieb außerdem Kinderbücher *Bimbo* (1905), *Bimbo and the Frogs* und ein Buch *Beginner's Book of Geometry* (1905), das beide als Autoren aufführt und ins Deutsche, Italienische, Hebräische, Schwedische und Ungarische übersetzt wurde. Die deutsche Übersetzung *Der kleine Geometer* (1908) wurde durch Felix Klein auch für die Mathematiklehrer-Ausbildung empfohlen. Das Ehepaar verlegte 1908 den Hauptwohnsitz nach Genf, später nach Lausanne. Als William Young 1913 eine Professur an der Universität Calcutta, Indien, erhielt, und länger außerhalb weilte, publizierte Grace 1914/16 eigene, anerkannte Forschungsergebnisse; danach ordnete sie sich wieder den gemeinsamen Arbeiten unter. Im Frühjahr 1940 begleitete sie zwei ihrer Enkelkinder nach England und konnte während des Krieges nicht zu ihrem Mann zurückreisen.

Werk und Wirkung: Grace Chisholms Dissertation „Algebraisch-gruppentheoretische Untersuchungen zur sphärischen Trigonometrie" war mit der besten Note beurteilt worden. Für ihre Arbeit „On infinite derivates" erhielt sie im Dezember 1915 den Gamble-Prize vom Girton College, der einmal im Jahr für innovative

Leistungen vergeben wurde. In einer weiteren Arbeit (1916), die sich mit der Differentiation messbarer reeller Funktionen befasst, bewies sie einen Satz, der heute als „Denjoy-Saks-Young Theorem“ bekannt ist. Der Hauptbeitrag des Forscherpaares lag im Bereich der Mengenlehre und ihrer Anwendung in der Analysis. Sie verfassten – angeregt durch Felix Klein – das erste englischsprachige Buch über Mengenlehre *The Theorie of Sets of Points* (1906, Nachdruck 1972) und publizierten insgesamt 214 Arbeiten bis 1929; die wichtigsten sind enthalten in *Selected Papers* (Lausanne, 2000), ediert von S.D. Chatterji und H. Wefelscheid.

Ein russisch-rumänisches Mathematiker-Ehepaar, angeregt in Göttingen

Als Tochter eines Ärzteehepaares erwarb Wera Lebedjewa am Mädchengymnasium in Nowgorod die Hochschulreife. Sie studierte von 1897 bis 1901 an der Frauen-Hochschule in St. Petersburg Mathematik und Physik. Nach dem Abschluss unterrichtete sie an einem Mädchengymnasium und ging 1903 zum Studium nach Göttingen. Sie arbeitete – wie ihr späterer Ehemann – unter Hilbert über ein Thema aus der Theorie der Integralgleichungen, ein Forschungsgebiet, das damals im Zentrum der Hilbertschen Forschungen stand. Am 27. April 1906 reichte sie die Dissertation „Über die Entwicklung willkürlicher Funktionen nach

Alexandru Myller
*3.12.1879 Bukarest
†4.7.1965 Iasi

Wera Lebedjewa, verheiratet Myller-Lebedeff
*1.12.1880 St. Petersburg
†12.12.1970 Iasi

Beide promovierten 1906 unter Hilbert in Göttingen. Sie heirateten 1907 und schufen eine bedeutende mathematische Schule in Rumänien, wo sie an der Universität Iasi eine Professur erhielten, er 1910, sie 1918.

den Polynomen von Hermite und Laguerre“[14] ein; Hilbert beurteilte die Arbeit mit dem Prädikat Note II, valde laudabile (sehr gut). Auch im Rigorosum, dass sie am 24. Oktober 1906 in den Fächern Mathematik; Astronomie und Physik absolvierte, erhielt sie „sehr gut“ (magna cum laude).

Der Weg von Alexandru Myller verlief ähnlich. Ein Jahr jünger als seine spätere Frau, war er in Bukarest als Sohn des Ministerialdirektors und Finanzinspektors Teodor Myller und der Arzttochter Olympia Myller geboren worden. Er schloss 1896 die Schulbildung mit der Hochschulreife ab und studierte Mathematik in Bukarest. Nach dem Lehramts-Staatsexamen unterrichtete er von 1900 bis 1902 an einem Lyzeum in Galati, um anschließend in Deutschland zu studieren. Nach ersten Studien 1902/03 in Berlin kam er auch 1903 nach Göttingen und promovierte ebenfalls 1906 unter Hilbert mit dem Thema „Gewöhnliche Differentialgleichungen höherer Ordnung in ihrer Beziehung zu den Integralgleichungen“; im Rigorosum erhielt er die Note „gut“ (cum laude).

Wera Lebedjewa war nach der Promotion zunächst nach St. Petersburg zurückgegangen, wo sie an der Frauen-Hochschule praktische Übungen leitete (wissenschaftliche Assistentin). Nach der Heirat im Jahre 1907 gingen sie gemeinsam nach Rumänien. Sie setzten beide ihre wissenschaftliche Arbeit fort, Ausdruck dessen sind Publikationen u.a. in den *Mathematischen Annalen* im Jahre 1909. Mit ihrer Dissertation hatte Wera Lebedjewa besonders an Arbeiten französischer Mathematiker angeknüpft, so dass sie auch in Paris Anerkennung fand. Neue Ergebnisse veröffentlichte sie u.a. in den *Compte Rendus* der Pariser Akademie der Wissenschaften. Hilbert wurde dadurch auf ihre neuen Ergebnisse aufmerksam. In einem Brief Wera Myller-Lebedeffs an Hilbert aus dem Jahre 1910 lesen wir:

> „Ich freue mich sehr darüber, dass meine Comptes-Rendus-Note Sie interessiert hat, und danke Ihnen sehr für den liebenswürdigen Vorschlag, sie in den Math. Ann. abzudrucken. Augenblicklich arbeite ich daran, diese Frage zu verallgemeinern, und wenn ich etwas zustande bringe, so schreibe ich alles etwas ausführlicher zusammen und schicke [es] Ihnen für [die] M. Ann. mit grossem Vergnügen zu. [...]“ [UBG, Cod. Ms Hilbert 274].

Daraufhin erschien ihre Arbeit „Orthogonale hypergeometrische Funktionen“ in den *Mathematischen Annalen* 70 (1911), S. 87–93.

Während sie zunächst keine Stelle hatte, arbeitete ihr Mann als Mathematik-Lehrer am Pädagogischen Seminar und an einer Fachschule für Post und Telegrafie in Bukarest, ab 1908 als Dozent für höhere Algebra an der Universität Bukarest. Als er – nach einigen Vertretungsstellen – 1910 eine Professur für analytische Geometrie an der Universität Iasi erhielt, wurde sie im November 1910 Dozentin an dieser Universität. Sie erhielt dort schließlich 1918 eine ordentliche Professur für Mathematik und war damit die erste ordentliche Professorin in Rumänien und die zweite ordentliche Professorin in Europa. Sie trat 1946, er 1947 in den Ruhestand, seit 1944 war er Rektor der Universität Iasi.

Beide schufen in Rumänien eine bedeutende mathematische Schule. Ihre Biografien sind in einem dreibändigen Werk über die rumänische Geschichte der

[14] Mit Zustimmung Hilberts änderte sie den Titel der Dissertation noch in: Die Theorie der Integralgleichungen in Anwendung auf einige Reihenentwicklungen. [UAG]

Mathematik enthalten [Andonie 1967][15]. Ihre Publikationen sind auch im [Poggendorff, Bde. V-VIIb] nachgewiesen. Sie wurden in Rumänien mit mehreren Staatspreisen geehrt; Alexandru Myller erhielt zudem 1960 die Ehrendoktorwürde der Humboldt-Universität Berlin. 1959 erschienen die Gesammelten mathematischen Werke [*Scrieri matematica. Ecrits mathématiques,* Bukarest 1959, 11+594 S.].

Hilda Geiringer, verheiratet Pollaczek, verheiratet von Mises

österreichisch-amerikanische Mathematikerin

*28.9.1893 Wien

†22.3.1973 Santa Barbara, Californien, USA

Hilda Geiringer war nach ihrer Promotion in Wien in mathematischen Positionen in Deutschland tätig. Sie habilitierte sich 1928 als erste Mathematikerin an der Universität Berlin (für angewandte Mathematik), erzielte herausragende Ergebnisse zur Statistik und Plastizitätstheorie und wurde Professorin in der Türkei und den USA.

Leben: Sie war das zweite Kind des aus der Tschechoslowakei stammenden Ludwig Geiringer - Textilerzeuger in Wien - und von Martha geb. Wertheimer, die ihr wie den drei Brüdern ein Studium ermöglichten. Nach der Matura am Gymnasium des „Vereins für erweiterte Frauenbildung" studierte sie von 1913 bis 1917 Mathematik und Physik an der Universität Wien und promovierte 1917 bei Wilhelm Wirtinger (1865–1945). Ihr Doktorvater vermittelte ihr eine Stelle bei der Redaktion des *Jahrbuchs über die Fortschritte der Mathematik* in Berlin, wo sie ihre mathematische Bildung vertiefte und nebenher Vorträge an der Volkshochschule hielt, die 1922 als Buch *Die Gedankenwelt der Mathematik* erschienen. Als Assistentin des gebürtigen Wieners Richard von Mises (1883–1953), Professor für angewandte Mathematik an der Universität Berlin, widmete sie sich seit 1921 stärker angewandten Themen. Sie heiratete 1921 den Österreicher Felix Pollaczek (1892–?), der 1922 unter Issai Schur in Berlin promovierte. 1922 wurde Tochter Magda geboren; dennoch unterbrach sie ihre Tätigkeit nur kurz. Allerdings endete die Ehe 1925 und wurde vor 1932 geschieden. Sie habilitierte sich 1928, wurde Oberassistentin, hielt Vorlesungen, betreute Studierende und beteiligte sich an der Redaktion der 1921 durch von Mises begründeten *Zeitschrift für angewandte*

[15] Für die Einsicht in diese Literatur dankt R. Tobies Herrn Priv.Doz. Dr. Dan Socolescu, Kaiserslautern. Die Biografien wurden von Margit Mans aus dem Rumänischen ins Deutsche übersetzt [Mans 1999].

Mathematik und Mechanik. Der Vorschlag 1933, sie zur außerordentlichen Professorin zu ernennen, wurde nicht mehr realisiert, da sie wegen ihrer jüdischen Herkunft ihre Lehrbefugnis verlor. Sie kam für ein Jahr am Institut für Mechanik in Brüssel unter und wechselte 1934 als Professorin für Reine und Angewandte Mathematik an die Universität Istanbul, wo R. von Mises das Direktorat des mathematischen Instituts übernommen hatte. Mit Änderung der politischen Situation 1939 in der Türkei gingen sie in die USA. R. von Mises erhielt eine Professur an der Harvard University. Hilda Geiringer lehrte fünf Jahre lang als Lecturer am Women's College Bryn Mawr, wo auch ihre Tochter studieren konnte. Hilda Geiringer richtete mit von Mises eine gemeinsame Wohnung in Cambridge ein; beide beteiligten sich während des Zweiten Weltkrieges an kriegswichtigen Forschungen, u.a. an einem Projekt über moderne Gasdynamik; am 5.11.1944 heirateten sie. Im selben Jahr wurde sie Professorin für Mathematik und Head of Department am Wheaton College in Norton, Massachusetts. Hier blieb sie bis 1959, vergeblich versuchend, eine anspruchsvollere Forschungsstelle zu erhalten. Am 14.8.1945 wurde sie Staatsbürgerin der USA. 1951/52 begleitete sie ihren Mann auf eine Europa-Reise - er hatte ein Fulbright-Stipendium für Italien -; beide hielten Vorträge, u.a. in Wien und auf dem Kongress über Applied Mechanics in Istanbul. Nach dem Tode ihres Mannes widmete sie sich dessen Nachlass, edierte seine Bücher und Arbeiten.

Werk und Wirkung: Die Dissertation „Über Fourierreihen in zwei Variablen" (1918) war eine der ersten, umfangreichsten und übersichtlichsten Arbeiten zum schwierigen Gegenstand und wurde später oft zitiert. Sie befasste sich mit Wahrscheinlichkeitsrechnung, Statistik, Numerik, Kinematik - wozu die Habilitationsschrift *Über die Gliederung ebener Fachwerke* (1927) gehörte -, mit Plastizitätstheorie (eine Gleichung in diesem Gebiet ist nach ihr benannt) und Genetik. Sie veröffentlichte mehr als 80 Arbeiten, über reine und angewandte Mathematik und ihre Grenzgebiete (Erkenntnistheorie, mathematische Biologie). 1960 erhielt sie die Ehrendoktorwürde des Wheaton Colleges; sie war Mitglied der wissenschaftlichen Gesellschaft Sigma Xi und Fellow der American Academy of Arts and Sciences. Die Universität Wien ehrte sie 1967 zum 50. Doktorjubiläum. (Vgl. [Binder 1992; 1995], [Siemund-Schultze 1993], [Vogt 1994]).

Zusammenfassende Bemerkungen

Die Mathematik in Deutschland spielte im Zeitraum von etwa 1830 bis 1933 im internationalen Rahmen eine maßgebliche Rolle. Von hier aus wurden neue Forschungen angeregt, wodurch zahlreiche ausländische Studierende hierher gezogen wurden. Seit den 1890er Jahren entstand in Göttingen ein mathematisches Zentrum, das bis 1933 als das internationale Forschungszentrum galt. Das spiegelte sich u.a. in der Zahl der von Ausländern verteidigten mathematischen Dissertationen wider. Durch diese internationale Position der Mathematik in Deutschland strebten auch ausländische Frauen danach, hier Lehrveranstaltungen zu besuchen und zu promovierten, dies zu einer Zeit, als deutsche Universitäten die Frauen noch nicht regulär immatrikulierten. Die Ausländerinnen wurden mit Ausnahmeregelungen zugelassen. Sie ebneten damit deutschen Frauen den Weg. In Deutschland ausgebildete ausländische Mathematiker/innen konnten in ihrem

Heimatland oder in einem anderen Land eine Hochschulkarriere erreichen. Unter diesen befanden sich auch verheiratete Frauen - im Gegensatz zu den frühen Professorinnen in Deutschland -; dabei war es typisch, dass der Ehemann denselben Beruf ausübte. Während um 1900 neben zahlreichen Männern auch Frauen aus dem Ausland häufig in Deutschland Mathematik studierten, ging dieser Anteil seit der Zeit des Ersten Weltkrieges zurück. Dies beruhte vor allem darauf, dass sich die Bedingungen für Frauen in den Mutterländern verbessert hatten und an weiteren Orten mathematische Forschungszentren entstanden waren.

7.2 Frauen heute im Mathematikstudium international

Obwohl - wie wir gesehen haben - Mathematik keinesfalls ein reines „Männerfach" ist, wird es, zumindest in westlichen Industrienationen, vom Stereotyp her nach wie vor dem „Mann" zugeordnet (vgl. [Krahn/Niederdrenk-Felgner 1999]). Dem entspricht ein in diesen Ländern geringeres Interesse von Mädchen als von Jungen an Mathematik (vgl. [Eccles 1985], [Eccles et al. 1998], [Köller et al. 2000]).

In diesem Kapitel erweitern wir die Betrachtungsperspektive von einer auf Personen bezogenen Sichtweise auf eine Sichtweise, die auf Länder und Gesellschaftsformen bezogen ist. Wir analysieren internationale Statistiken zu Frauenanteilen in mathematischen Studiengängen weltweit und untersuchen, wie sich die Frauenanteile in Mathematik in verschiedenen Ländern unterscheiden. Sodann analysieren wir, ob es systematische Zusammenhänge mit sozioökonomischen, frauengleichstellungspolitischen und kulturellen Aspekten dieser Gesellschaften gibt. Aus diesen Analysen ziehen wir einige Folgerungen zu den gesellschaftsbezogenen Determinanten des Anteils von Frauen im Mathematikstudium[16].

Internationale Statistiken zu Frauenanteilen in mathematischen Studiengängen

Als Quellen zur Ermittlung des Frauenanteils in mathematischen Studiengängen verschiedener Länder nutzen wir hauptsächlich Angaben der UNESCO sowie länderspezifisch weitere Statistiken. Dabei verwenden wir Angaben, die sich auf mathematische Studiengänge beziehen, die *nicht* primär der Lehrerausbildung dienen.

Das UNESCO Statistical Yearbook 1998 enthält die absoluten Zahlen von - zusammengefasst[17] - Mathematik- und Informatikstudierenden nach Geschlecht für 98 Länder der Welt (vgl. auch [www.unis.unesco.org]). Da Angaben zur USA in dieser Statistik fehlen, musste für dieses Land auf Zahlen zu Mathematikabsolven-

[16] Das vorliegende Kapitel ist eine Teilauswertung einer laufenden Dissertation von Andrea Lenzner zum Thema.

[17] Da weltweit weniger Frauen Informatik als Mathematik studieren, kann man davon ausgehen, dass der Frauenanteil im Mathematikstudium etwas höher liegt als in den Statistiken verzeichnet.

tinnen und -absolventen zurückgegriffen werden (UNESCO Statistical Yearbook 1998, Tabelle 3.12). Auch für Frankreich mussten gesonderte Quellen herangezogen werden (www.recherche.gouv.fr/recherche/parite/rapports/frf/htm). Auf dieser homepage stehen Angaben zum prozentualen Anteil von Mathematikstudentinnen in Frankreich. Für eine ganze Anzahl weiterer Länder, die nicht in der UNESCO Statistik enthalten sind (z.B. Argentinien, Kolumbien, Chile) wurden keine Zahlen gefunden.

Bei diesen Daten ist also zu berücksichtigen, dass sie teilweise auf unterschiedlichen Statistiken basieren und dass nicht alle Länder enthalten sind. Darüber hinaus sind die Zeiträume, auf die sich die Daten beziehen, nicht immer gleich. Als problematisch ist anzusehen, dass im Fall der UNESCO Statistiken diese zwar nach vorgegebenen Kriterien, aber nicht zentral von der UNESCO, sondern gesondert in den verschiedenen Ländern erstellt wurden und unklar ist, ob die Kriterien jeweils einheitlich angewendet wurden. Besonders wichtig ist, dass sich die verwendeten Daten zwar offiziell auf den Frauenanteil in Studiengängen Mathematik und Informatik beziehen, die nicht primär auf den Lehrerberuf vorbereiten, aber das Berufsbild des Mathematikers unterscheidet sich in verschiedenen Regionen der Welt sehr. So gibt es Länder (z.B. manche süd- und mittelamerikanische Länder), in denen Mathematiker bisher kaum andere Berufsmöglichkeiten haben, als Lehrer zu werden. In anderen Ländern (z.B. Italien, arabische Länder, teilweise auch in Deutschland) besteht die Möglichkeit, nach einem reinen Mathematikstudium noch ein Jahr einen Lehramtsstudiengang anzuschließen. So werden beide Studiengänge zwar getrennt geführt, aber es besteht auch nach einem „reinen" Mathematikstudium noch die Möglichkeit, in den Lehrberuf zu wechseln.

Es darf auch nicht übersehen werden, dass die Inhalte des Mathematikstudiums in verschiedenen Ländern sehr unterschiedlich sein können. Manches, was bei uns zum Gymnasialstoff gehört, ist in anderen Ländern Teil der Bachelorausbildung. Auch unterscheiden sich die Berufsperspektiven nach dem Studium. Dies beeinflusst den Frauenanteil ebenfalls stark. Schließlich muss berücksichtigt werden, dass der Frauenanteil an Studierenden generell zwischen verschiedenen Ländern schwankt. Unter diesen Vorbehalten können die im folgenden berichteten Angaben vornehmlich im Sinne von Rangfolgen mehr oder weniger großer Frauenanteile in Mathematik interpretiert werden.

Frauenanteile in mathematischen Studiengängen weltweit

Aus den oben genannten Statistiken berechneten wir Mittelwerte für den Frauenanteil in mathematischen Studiengängen in verschiedenen Regionen der Welt, wobei die absoluten Zahlen von Studierenden in den einzelnen Ländern als Gewichtungsfaktoren eingingen, d.h. Länder mit einer hohen Zahl an Studierenden wurden stärker gewichtet als solche mit einer geringeren Zahl. Abb. 7.1 zeigt die Berechnungen für Europa. Wie zu sehen ist, liegt der Frauenanteil in Mathematik und Informatik in den Ländern des ehemaligen Ostblocks und in südeuropäischen Ländern deutlich über demjenigen in Skandinavien und Mittel- bzw. Westeuropa.

In osteuropäischen Ländern (in Polen, Russland, Bulgarien, Albanien und Rumänien) liegt der Frauenanteil in Mathematik und Informatik bei jeweils über 50%. In Südeuropa verzeichnen Portugal und Italien die höchsten Frauenanteile

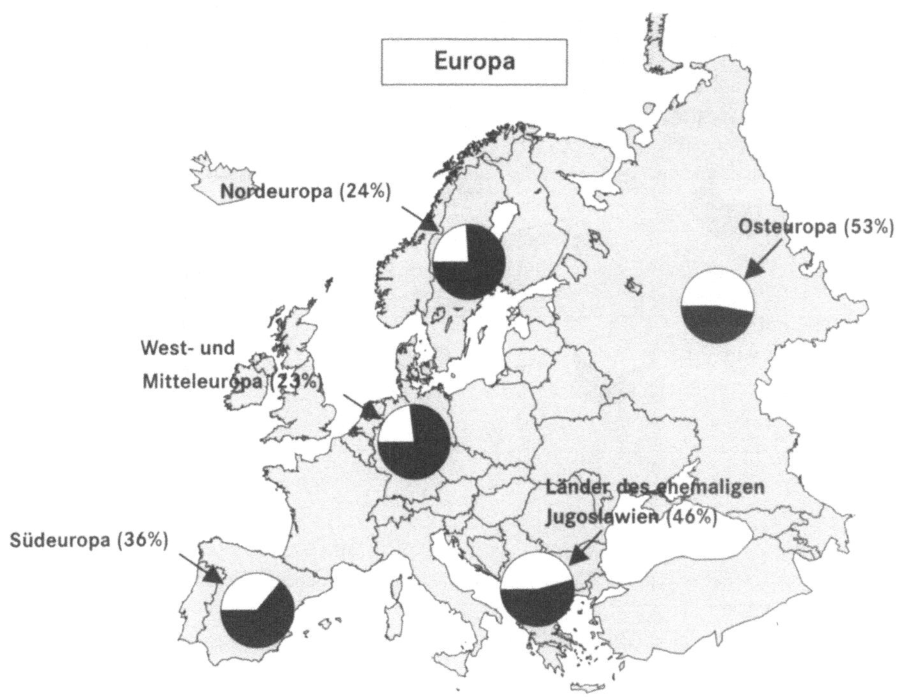

Abb. 7.1: Frauenanteile (weiß) in den Studienfächern Mathematik und Informatik für verschiedene europäische Regionen (UNESCO Statistical Yearbook 1998, Tabelle 3.11)

(46% bzw. 42%). Europaweit sind die Frauenanteile in den Niederlanden (10%), Island (12%) und der Schweiz (14%) am niedrigsten. Deutschland liegt mit 23% auf dem 22. Platz von 30 europäischen Ländern.

Diese großen Unterschiede zeigen sich auch beim Blick über die Grenzen Europas hinaus. Weltweit schwankt der Frauenanteil im Studienfach Mathematik zwischen 81% in Kuwait und 3% in Tansania. Abb. 7.2 zeigt Mittelwerte für verschiedene Regionen der Welt:

Den höchsten Frauenanteil in den Studienfächern Mathematik und Informatik gibt es in den Golfstaaten (76%; Saudi-Arabien, Kuwait, Katar, Bahrain, Oman und die Vereinigten Arabischen Emirate). Auch die anderen arabischen Länder können mit durchschnittlich 38% einen sehr hohen Frauenanteil in den Studienfächern Mathematik und Informatik verzeichnen. Ähnlich hoch liegt der Frauenanteil in Mittel- und Südamerika, dort in Panama (50%) am höchsten, auf Kuba (29%) am niedrigsten. In Nordamerika sind dagegen nur knapp ein Drittel aller Mathematik- und Informatikstudenten bzw. Mathematik- und Informatikabsolventen Frauen (U.S.A.: Mathematik- und Informatikabsolventinnen ca. 37%, Kanada: Mathematik- und Informatikstudentinnen: ca. 28%). In Europa sind etwas mehr als ein Drittel aller Mathematik- oder Informatikstudierenden Frauen. In Asien liegt der Frauenanteil in diesen Studienfächern ebenfalls bei etwa einem Drittel, besonders hohe Anteile findet man z.B. in Malaysia (51%) und der Mongolei (49%), relativ niedrige in Laos (29%), Sri Lanka (33%) oder Indonesien (34%).

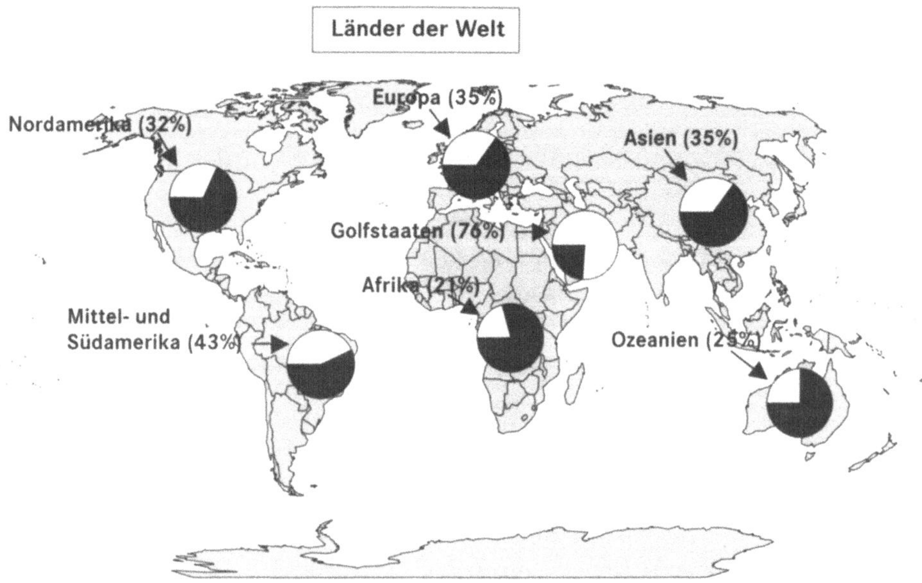

Abb. 7.2: Frauenanteile (weiß) in den Studienfächern Mathematik und Informatik (UNESCO Statistical Yearbook 1998, Tabelle 3.11 und 3.12)

In Australien liegt der Frauenanteil bei mathematischen Studiengängen bei etwa einem Viertel, in anderen ozeanischen Ländern (Neuseeland, Papua-Neuguinea) bei etwa einem Drittel. Afrika (20 Länder, ohne Südafrika) bildet das Schlusslicht der weltweiten Statistik: Dort liegt der Frauenanteil in den Studienfächern Mathematik und Informatik bei etwa einem Fünftel. In Südafrika dagegen, wo es mehr Studentinnen und Studenten als in allen anderen in der UNESCO Statistik berücksichtigten 20 afrikanischen Ländern gibt, beträgt der Frauenanteil in Mathematik und Informatik 35%.

Variablen und Dimensionen zur Beschreibung von Gesellschaften

Um nun über die reine Deskription hinaus etwas über die gesellschaftlichen Hintergründe dieser unterschiedlichen Frauenanteile in mathematischen Studiengängen weltweit in Erfahrung zu bringen, haben wir weitere Informationen zur Differenzierung von Gesellschaften gesammelt. Wir berücksichtigen ökonomische Indikatoren, Indikatoren der Frauengleichstellung, Indikatoren des Bildungssystems und kulturpsychologische Aspekte. Da diese verschiedenen Beschreibungsaspekte nicht unabhängig voneinander sind, stellen wir sie zuerst dar und betrachten ihre Zusammenhänge.

Ökonomische Indikatoren. Als wichtigste ökonomische Indikatoren berücksichtigen wir das Bruttoinlandsprodukt[18] und den sog. Gini-Index. Das Bruttoinlandsprodukt hat in den letzten Jahren das Bruttosozialprodukt als Indikator für die wirtschaftliche Prosperität eines Landes in den internationalen Statistiken abgelöst. Die UNO stellt auf ihrer homepage offizielle Zahlen zum Bruttoinlandsprodukt für fast alle Länder der Welt zur Verfügung (http://unstats.un.org/unsd/demographic/social/inc-eco.htm). Das Bruttoinlandsprodukt gilt als Indikator für den allgemeinen Wohlstand eines Landes, während der Gini-Index [Human Development Report 2001, http://hdr.undp.org/reports/global/2001/en/pdf/back.pdf, S. 182–185] erfasst, inwieweit die Verteilung des Einkommens in einem Land von einer absoluten Gleichverteilung abweicht. Der Gini-Index kann als Indikator für die soziale (Un-)Gleichheit einer Gesellschaft herangezogen werden.

Gleichstellung der Frau. Im 20. Jahrhundert wurde die Gleichstellung der Frau in Wirtschaft und Gesellschaft in vielen Ländern zu einem zentralen politischen Thema. Mittlerweile wird das Ausmaß der Gleichstellung auch quantitativ erfasst: Auf den Webseiten der UNO werden verschiedene Indikatoren aufgelistet (http://hdr.undp.org/reports/global/2001/en/pdf/back.pdf, http://unstats.un.org/unsd/demographic/social/inc-eco.htm). Einer dieser Indikatoren ist der Anteil aller Frauen über 15, die einer Berufstätigkeit nachgehen. Ein weiterer Indikator wird als „Gender-related development Index" bezeichnet. In ihn gehen die Lebenserwartung von Frauen, ihr Bildungsstand und ihr geschätztes Einkommen ein.

Bildungssystem und Leistungsbereitschaft. Als Merkmal des Bildungssystems untersuchen wir den Zugang zu höherer Bildung. Die Angaben dazu, d.h. wie viele Frauen und Männer der entsprechenden Alterskohorte in einem Land eine Universität oder eine ähnliche Ausbildungsstätte besuchen, finden sich auf der homepage der UNESCO (http://portal.unesco.org/uis/ev.php?URL_ID=5187&URL_DO=DO_TOPIC&URL_SECTION=201, siehe gross enrollment ratio at tertiary level).

Hinsichtlich Leistungsbereitschaft greifen wir auf Umfragedaten zurück, die in der internationalen TIMSS Studie [TIMSS 1999] und dem World Value Survey [World Value Survey 1994] erhoben wurden. Als Indikator für Anforderungen von Seiten der Lehrer als auch für die Leistungsmotivation der Schüler und Schülerinnen wählten wir die durchschnittlichen Zeitangaben zur Beschäftigung mit Mathematikhausaufgaben (vgl. [TIMSS 1999]). In der World Value Survey [World Value Survey 1994] wurden Erwachsene in 38 Ländern zu ihrer Einschätzung bezüglich der Bedeutsamkeit verschiedener Werte in der Kindererziehung befragt. Die Zustimmung zu der Aussage „es ist wichtig, dass Kinder hart arbeiten" wurde ebenfalls als Indikator für die in einer Gesellschaft herrschende Leistungsbereitschaft herangezogen.

Psychologische Kulturdimensionen. Hofstede ([Hofstede 1984; 1997; 1998; 2001]) führte als Chef der Abteilung für Mitarbeiterbefragungen von IBM Europa großangelegte kulturvergleichende Studien in IBM Niederlassungen in über 50 Ländern durch. An dieser zunächst für betriebsinterne Zwecke gedachten Umfrage nahmen 88.000 Mitarbeiter teil. Hofstede identifizierte anhand dieses Datensatzes vier (später fünf) fundamentale Kulturdimensionen, die er als Machtdistanz, Individualismus/Kollektivismus, Unsicherheitsvermeidung, Maskulinität/ Femininität[19] und – später hinzugefügt – Langfristige vs. Kurzfristige

[18] Das Bruttoinlandsprodukt ist definiert als „Wert aller Sachgüter und Dienstleistungen, die in einem bestimmten Zeitraum innerhalb der Landesgrenzen einer Volkswirtschaft erzeugt, aber nicht in derselben Periode im inländischen Produktionsprozess verbraucht werden." [Vahlens großes Wirtschaftslexikon 1987, Bd. 1, S. 312].

[19] Auf Maskulinität – Femininität gehen wir hier nicht ein, da diese Dimension mit dem Frauenanteil in mathematischen Studiengängen nicht in Zusammenhang steht.

Orientierung bezeichnete. Die Kennwerte von 50 Ländern werden bei Hofstede [2001] zusammenfassend dargestellt.

Individualismus/Kollektivismus bezieht sich auf gesellschaftliche Werthaltungen. In individualistischen Gesellschaften wird das einzelne Individuum, seine Selbstverwirklichung und Eigenverantwortlichkeit besonders betont, während in kollektivistischen Kulturen die Gruppenzugehörigkeit des Einzelnen zu seiner Familie oder seiner Firma Vorrang hat. Die Gruppen, denen eine Person in einer kollektivistischen Kultur angehört, bieten Schutz und Sicherheit, dafür wird aber auch die Unterordnung unter die Ziele der Gruppe erwartet [Hofstede 1997, S. 51].

Machtdistanz bezieht sich auf die Akzeptanz ungleicher Machtverteilung von Seiten sowohl der mächtigeren als auch der weniger mächtigen Mitglieder einer Gesellschaft ([Hofstede 1997, S. 262], [Hofstede 2001, S. 99]). Länder mit hoher Machtdistanz haben mit geringerer Wahrscheinlichkeit eine demokratische Regierung und sind politisch instabiler. Sie sind oft von starken Einkommensunterschieden zwischen der einflussreichen Oberschicht und dem Großteil der ärmeren Bevölkerung geprägt. Im täglichen Zusammenleben wird in Ländern mit hoher Machtdistanz Autoritätspersonen (Eltern, Lehrern, Chefs) viel Respekt entgegengebracht.

Unsicherheitsvermeidung bezieht sich auf den Ungang mit Angst und mit Bedrohungsgefühlen in einer Gesellschaft ([Hofstede 2001, S. 161]). In Ländern mit hoher Unsicherheitsvermeidung besteht ein hohes Angstniveau und es herrscht ein Bedürfnis nach Regeln und Gesetzen, selbst wenn diese ihren Zweck nicht erfüllen. Änderungen jeglicher Art wird misstraut.

Beschreibungsdimensionen für Gesellschaften und Frauenanteile in Mathematik

In Tabelle 7.1 wird dargestellt, wie diese Beschreibungsdimensionen miteinander zusammenhängen. Hierzu wurden sogenannte Rangkorrelationen berechnet, d.h. die Rangplätze der einzelnen Länder hinsichtlich jeweils zweier Merkmale miteinander verglichen. Eine hohe Rangkorrelation bedeutet, dass die Rangplätze zweier Merkmale ähnlich sind. In der letzten Spalte findet sich zusätzlich die Rangkorrelation mit dem Frauenanteil im Mathematikstudium[20].

Wie Tabelle 7.1 zeigt, hängen die Indikatoren teilweise eng miteinander zusammen. Das Bruttoinlandsprodukt steht in positivem Zusammenhang mit einer relativ gleichen Einkommensverteilung in der Bevölkerung und relativ guter Geschlechtergleichstellung. In Ländern mit hohem Bruttoinlandsprodukt und relativ gleicher Einkommensverteilung streben auch mehr Schülerinnen und Schüler einer Alterskohorte nach der Schule eine höhere Ausbildung an.

Besonders hervorzuheben ist – da für unsere Fragestellung interessant –, dass das Bruttoinlandsprodukt **nicht** mit der Frauenerwerbstätigkeit korreliert. Dies lässt darauf schließen, dass die Gründe für die Berufstätigkeit von Frauen unter-

[20] Der Wert F/M wurde über die Relation Frauen zu Männer im Mathematikstudium gebildet; ein Wert von 1 bedeutet, dass gleich viele Frauen wie Männer Mathematik studieren, ein Wert größer 1, dass mehr Frauen als Männer Mathematik studieren; ein Wert kleiner 1, dass mehr Männer als Frauen Mathematik studieren.

Tabelle 7.1: Zusammenhänge zwischen Beschreibungsdimensionen von Gesellschaften und dem Frauenanteil im Mathematikstudium weltweit

	GINI	GRDI	%ABF	Bildung	Zeit Mathe	Leistung	Machtdistanz	Indiv./ Kollekt.	Unsicherheitsverm.	F/M
BIP[1]										-.20
GINI[2]	-.44*									.29*
GRDI[3]	.87*	-.48*								-.27*
%ABF[4]	-.07	-.12	.06							-.38*
Bildung[5]	.63*	-.48*	.87*	.06						-.24*
Zeit Mathe[6]	-.55*	.47*	-.67*	-.55*	-.58*					.63*
Leistung[7]	-.75*	.27	-.54*	-.15	-.28	.32				.60*
Machtdistanz[8]	-.70*	.49*	-.55*	-.43*	-.54*	.36	.66*			.70*
Indiv./Koll[9]	.64*	-.33	.76*	.32	.55*	-.17	-.35	-.68*		-.72*
Unsicher[10]	-.44*	.16	-.48*	-.37*	-.37	.25	.62*	.36*	-.53	.49*

*statistisch bedeutsamer Zusammenhang
1) BIP: Bruttoinlandsprodukt (202 Werte vorhanden)
2) GINI: Höhere Werte = größere Unterschiede in der Einkommensverteilung (111 Werte vorhanden)
3) GRDI: Gender-related development Index: Höhere Werte bedeuten mehr Gleichberechtigung (146 Werte vorhanden)
4) ABF: Anteil berufstätiger Frauen = Je höher, desto mehr erwachsene Frauen sind berufstätig (165 Werte vorhanden)
5) Bildung: % Alterskohorte mit höherer Bildung: Höhere Werte = höhere Bildung (140 Werte vorhanden)
6) Zeit Mathe: Zeit für Mathematikhausaufgaben: Höhere Werte = mehr Zeitaufwand (37 Werte vorhanden)
7) Leistung: „Kinder sollen hart arbeiten": Höhere Werte bedeuten mehr Zustimmung (35 Werte vorhanden)
8) Machtdistanz: Höhere Werte = mehr Machtdistanz (50 Werte vorhanden)
9) Indiv./Koll: Individualismus/Kollektivismus: Höhere Werte = zunehmender Individualismus (50 Werte vorhanden)
10) Unsicher: Unsicherheitsvermeidung: Höhere Werte = mehr Unsicherheitsvermeidung (50 Werte vorhanden)

F/M: Höhere Werte = Höherer Frauenanteil in Mathematik und Informatik (98 Werte vorhanden)

schiedlich sind, d.h. in ärmeren Ländern eine Notwendigkeit für Frauenerwerbsarbeit besteht, in reicheren Ländern dagegen nicht.

Interessant für unsere Fragestellung ist auch der negative Zusammenhang zwischen Bruttoinlandsprodukt und leistungsbezogenen Werten. In Ländern mit hohem Bruttoinlandsprodukt widmen die Schüler ihren Mathematikhausaufgaben signifikant weniger Zeit und Erwachsene stimmen der Aussage „Es ist wichtig, dass Kinder hart arbeiten" signifikant weniger zu. Diese Tendenz steht in Einklang mit McClellands' Forschungsergebnissen [McClelland 1990, S. 423ff.], dass die kollektive Leistungsmotivation am höchsten vor einem wirtschaftlichen Aufschwung ist und in Ländern, die ein hohes Maß an Wohlstand erreicht haben, wieder absinkt.

Leistungsbezogene Werte stehen ebenfalls in negativem Zusammenhang mit dem Bildungsindikator: In Ländern, in denen prozentual ein größerer Anteil von Männern und Frauen einer entsprechenden Alterskohorte die Universität oder eine ähnliche Ausbildungsstätte besucht, werden leistungsbezogene Werte für **weniger** wichtig erachtet. Es scheint also, als ob die Knappheit der „Ressource Bildung" deren Attraktivität erhöht.

Die kulturpsychologischen Dimensionen zeigen ebenfalls signifikante Zusammenhänge mit den anderen Indikatoren: In kollektivistischen Ländern, in Ländern mit hoher Machtdistanz und in Ländern mit hoher Unsicherheitsvermeidung sind Frauen weniger oft berufstätig und sie haben eine schlechtere Stellung in der Gesellschaft. In diesen Ländern ist auch das Bruttoinlandsprodukt deutlich niedriger und es gibt weniger Bildung pro Alterskohorte. Leistungsbezogene Werte hingegen spielen in diesen Ländern eine wichtige Rolle. Dies stimmt mit den Forschungsergebnissen von Hofstede überein, der gefunden hatte, dass in kollektivistisch geprägten Ländern Pflichterfüllung einen höheren Stellenwert für Studierende hatte, während in individualistischen Kulturen Studierende öfter angaben, das Leben genießen zu wollen.

Betrachtet man die Zusammenhänge zum Frauenanteil in Mathematik und Informatik, so fällt auf, dass Länder mit einem hohen Frauenanteil durch Kollektivismus, hohe Machtdistanz, starke Unsicherheitsvermeidung sowie eine hohe Leistungsbereitschaft gekennzeichnet sind. Frauen haben eine schlechtere Stellung in der Gesellschaft und sind seltener berufstätig. Die Zusammenhänge mit den rein ökonomischen Indikatoren sind vergleichsweise gering.

Wie lassen sich die Zusammenhänge zwischen Gesellschaftsdimensionen und Frauenanteilen in mathematischen Studiengängen interpretieren?

Was folgern wir aus diesen Zahlen? Offensichtlich ist ökonomischer Reichtum ein Beschreibungsmerkmal von Gesellschaften, das mit vielen anderen gesellschaftlichen Merkmalen in engem Zusammenhang steht, aber für die Analyse und Erklärung unterschiedlicher Frauenanteile in Mathematik ist es weniger bedeutsam. Subtilere kulturpsychologische und leistungsbereitschaftsbezogene Aspekte müssen berücksichtigt werden.

Betrachten wir kollektivistische Länder, so sind diese durch eine Reihe von weiteren Merkmalen charakterisiert, die den Zusammenhang zum hohen Frauenanteil in mathematischen Studiengängen vermitteln könnten. Dies sind Merkmale des Schulsystems und des Schulunterrichts, Erklärungsmuster für Leistung, Orientierungen auf und Bindungen an bestimmte Gruppen und auch spezifische Berufs- und Studienmöglichkeiten in den entsprechenden Ländern.

Merkmale des Schulsystems bzw. des Schulunterrichts: In kollektivistischen Ländern mit hoher Machtdistanz und Unsicherheitsvermeidung herrschen strukturiertere Lernbedingungen, das Lernen ist eher reproduzierend und stärker auf den Lehrer zentriert, von dem erwartet wird und dem man auch glaubt, dass er „absolute Wahrheiten“ vermittelt. Die Schüler antworten meist nur auf Fragen, wenn sie direkt angesprochen werden; Eigeninitiative von Seiten der Schüler und eine aktive Teilnahme am Unterricht wird weniger gefördert [Hofstede 2001]. Diese unterschiedlichen Unterrichtsstrukturen könnten insofern Auswirkungen auf das Interesse von Mädchen an Mathematik haben, als viele Analysen aus individualistischen Ländern zeigen, dass Jungen den Unterricht in mathematisch-naturwissenschaftlichen Fächern stark dominieren und ihnen mehr Aufmerksamkeit zuteil wird ([Bundesminister für Bildung und Wissenschaft 1990], [Sadker/Sadker 1985], [Edwards 2002]). In Ländern hingegen, in denen das Unterrichtsgeschehen in größerem Ausmaß vom Lehrern bestimmt wird, gibt es für Jungen – falls sie überhaupt mit Mädchen zusammen unterrichtet werden – weniger Möglichkeiten, auf Kosten der Mädchen den Unterricht zu dominieren. In ähnliche Richtung interpretierbar gibt es in kollektivistischen Ländern wesentlich mehr monoedukative Schulen, d.h. Schulen, in denen Mädchen und Jungen getrennt unterrichtet werden. Auch dies könnte für das Interesse von Mädchen an mathematischen Fächern günstig sein. Studien haben ergeben, dass Mädchen, die monoedukative Schulen besuchen, später mit höherer Wahrscheinlichkeit ein naturwissensschaftliches Studienfach wählen ([Giesen et al. 1992], [Hannover 1992], [Holz-Ebeling/ Hansel 1993]).

Erklärungsmuster für Leistung: In individualistischen Ländern gibt es die Tendenz, gute bzw. schlechte Mathematikleistungen von Mädchen und Jungen unterschiedlich zu erklären. Mädchen, die gut sind, waren fleißig, Mädchen, die schlecht sind, sind nicht begabt. Und umgekehrt waren Jungen, die gut sind, begabt und Jungen, die schlecht sind, faul ([Beerman et al. 1992], [Stipek/Gralinski 1991], [Raety et al. 2002]). Diese Erklärungen sind für Mädchen wenig schmeichelhaft und entmutigen sie eher. Studien aus asiatischen, kollektivistisch geprägten Ländern hingegen zeigen, dass Lehrer und Eltern schulisches Versagen sowohl bei Mädchen als auch bei Jungen eher einem Mangel an Anstrengung zuschreiben ([Chen/Stevenson 1995], [Henderson et al. 1999], [Hess et al. 1987]). Man könnte also annehmen, dass in kollektivistischen Kulturen Mädchen bei Misserfolgen im Mathematikunterricht weniger vor einer weiteren Beschäftigung mit der Mathematik zurückschrecken. Sie verlieren nicht das Interesse für das Fach und strengen sich eventuell noch mehr an, um das nächste Mal wieder besser abzuschneiden. In diese Richtung verweist auch ein Zusammenhang mit Ergebnissen aus der TIMSS-Studie [TIMSS 1999]. Hier wurden Lehrer aus 38 Ländern u.a. gefragt, inwieweit sie der Aussage „einige Schüler haben von Natur aus eine Begabung für Mathematik und andere nicht" zustimmten. Der Zusammenhang zwischen dem Ausmaß an Zustimmung für diese Aussage und dem Frauenanteil in mathematischen Studiengängen war deutlich, je mehr Ablehnung der Aussage, desto höher der Frauenanteil. Der Zusammenhang zwischen dem Frauenanteil in Mathematik und Informatik und leistungsbezogenen Kennwerten lässt zusätzlich darauf schließen, dass eine intensivere Beschäftigung mit Mathematik die entsprechende Studienwahl von Mädchen begünstigt.

Gruppenorientierungen: Das wichtigste Kennzeichen kollektivistischer Kulturen mit hoher Machtdistanz und starken Einkommensunterschieden ist – s.o. – , dass die Gruppe, zu der ein Mensch gehört, wesentlich ist. Es zählt weniger, was der Einzelne, die Einzelne möglicherweise will oder kann, sondern vielmehr, wie die Gruppe die einzelne Person positioniert. Das gilt auch für Studienfach- und Berufswahlen. In einer indischen Studie [Pandit/Dabir 1990] waren z.B. weder Begabung noch Leistungsmotivation für die beruflichen Ziele von Schülern und Schülerinnen bedeutsam, sondern in erster Linie der sozioökonomische Status. Allgemein könnte gelten, dass in Ländern, in denen die Gruppenzugehörigkeit für die Lebensplanung von entscheidender Bedeutung ist, weniger in Begriffen von „männlich" oder „weiblich" gedacht wird, sondern mehr in Begriffen der Gruppe und damit die Bedeutung des Geschlechts geringer wird Dies mag für die Frauen der höheren sozialen Schichten insofern vorteilhaft sein, als dass für sie ähnliche Berufswege wie bei Männern (also auch z.B. ein naturwissenschaftliehes Studium) als sozial akzeptabel gelten. Diese „Gleichberechtigung" ist aber auf die oberen Gesellschaftsschichten beschränkt [Barinaga 1994].

Spezifische Berufs- und Studienmöglichkeiten: Schließlich könnten weitere, relativ banale Erklärungen für den höheren Frauenanteil in mathematischen Studiengängen in machtdistanten, kollektivistischen Ländern darin liegen, dass ein Studium dort noch keine Prognose über eine angemessene Berufstätigkeit erlaubt (s. Tabelle 7.1), d.h. eine Frau zwar möglicherweise Mathematik studieren kann, sie damit aber später u.U. berufsmäßig wenig anfangen kann; dass mathematische Berufe in diesen Ländern - abgesehen von der Tätigkeit als Lehrer/in - noch wenig ausgebildet sind und die Attraktivität dieses Studiums für Männer deshalb eventuell geringer ist als in anderen Ländern, wo man mit Mathematik vielfältige Berufsmöglichkeiten hat (vgl. [Ruivo 1987]); sowie, dass das Studienangebot in diesen Ländern teilweise nicht die Vielfalt wie in individualistischen Ländern bereithält.

Zusammenfassend vermuten wir, dass die höheren Frauenanteile in mathematischen Studiengängen in kollektivistischen Kulturen sowohl etwas damit zu tun haben, dass das Schulsystem und die Art und Weise, wie Leistung gefördert und interpretiert wird, anders ist als bei uns und Mädchen für Mathematik weniger entmutigt; als auch etwas damit zu tun hat, dass in entsprechenden Ländern Gruppenwerte wichtiger sind als individuelle Wünsche; und schließlich damit, dass Studium und Beruf nicht identisch sind.

Folgerungen und Zusammenfassung

Internationale Statistiken zum Frauenanteil im Mathematikstudium zeigen deutliche Unterschiede sowohl innerhalb Europas, als auch weltweit. Europabezogen ist der Frauenanteil im Mathematikstudium in Ost- und Südeuropa am höchsten, in West- und Mitteleuropa und in Skandinavien am geringsten. Weltweit ist der Frauenanteil in den arabischen Ländern am höchsten, gefolgt von asiatischen und mittel- und südamerikanischen Ländern. Das Schlusslicht bilden die westlichen Industrienationen und Afrika. Um die Hintergründe dieser weltweit unterschiedlich hohen Frauenanteile im Mathematikstudium zu beleuchten, brachten wir diese mit Beschreibungsdimensionen von Gesellschaften in Zusammenhang.

Es zeigte sich, dass Länder mit hohem Frauenanteil in Mathematik tendenziell Länder mit starken Einkommensunterschieden und mit einem beschränkten Zugang zu höherer Bildung sind[21]. Bezüglich kulturpsychologischer Parameter weisen diese Länder ein hohes Maß an Kollektivismus, eine hohe Machtdistanz und mehr Unsicherheitsvermeidung auf. Charakteristisch für Länder mit hohem Frauenanteil in Mathematik sind ebenfalls höhere Leistungskennwerte und eine *schlechtere* Stellung der Frau in der Gesellschaft, die sich u.a. in ihrer geringeren Erwerbsbeteiligung äußert. Die Zusammenhänge zwischen kulturpsychologischen Dimensionen, leistungsbezogenen Kennwerten und dem Frauenanteil in Mathematik erwiesen sich als besonders bedeutungsvoll. Mehrere Gründe können hierfür ausschlaggebend sein:

[21] Auch in osteuropäischen Staaten war - und ist teilweise noch - der Frauenanteil im Mathematikstudium hoch. Die im Text folgenden Erklärungen gelten für diese Staaten jedoch nur begrenzt. Wir vermuten, dass in osteuropäischen Staaten die sozialistische Gesellschaftsordnung Motor für eine weitgehende Gleichverteilung der Geschlechter auf die Studienfächer war. Dies könnte sich infolge der Wende mittelfristig ändern.

- Die Schulsysteme in Ländern, die von hoher Machtdistanz, Kollektivismus und Unsicherheitsvermeidung gekennzeichnet sind, weisen spezifische Charakteristika auf. Zu diesen Charakteristika zählen ein teilweiser monoedukativer Unterricht, eine starke Lehrerzentrierung, eine sehr an Anstrengung orientierte Interpretation von Leistung und ein hoher Stellenwert des Mathematikunterrichts. Es wird von Seiten der Eltern und Lehrer viel Wert auf Leistung gelegt; Erfolg und Mißerfolg der Schüler und Schülerinnen werden in einer Art und Weise interpretiert, die Mädchen nicht entmutigt. Man könnte auch vermuten, dass die Unterrichtung in Mathematik in diesen Ländern eher einem „Paukfach" entspricht und dies leistungsbereite Mädchen anzieht. Umgekehrt ist ein „Paukfach" allerdings für die Entwicklung des Fachs als solches weniger günstig.
- Zudem spielt die Zugehörigkeit zu einer bestimmten gesellschaftlichen Gruppe oder einer sozialen Schicht oft eine bedeutendere Rolle für die Lebensplanung als das Geschlecht. Anders formuliert stellt sich gar nicht die Frage, was Mann/Frau studieren möchte, da mehr oder weniger klar ist, was er/sie studieren soll.
- In Ländern mit hoher Machtdistanz, Kollektivismus und Unsicherheitsvermeidung kann schließlich auch unsere – individualistische – Idee, dass man/frau für Mathematik ein besonderes Interesse haben muss, um es zu studieren, weitgehend fremd sein.
- Neben diesen psychologischen Faktoren müssen aber auch eher banale Gründe für einen hohen Frauenanteil in Mathematik berücksichtigt werden. So ist die Bandbreite an Studienfächern, die gewählt werden können, in diesen Ländern teilweise geringer, sodass eine geringere Wahlmöglichkeit besteht.
- Schließlich ist das Berufsbild für Mathematiker/innen in Ländern mit hohem Frauenanteil teilweise weniger differenziert als bei uns. Mathematiker und Mathematikerinnen arbeiten selbst nach einem reinen Mathematikstudium später häufig im Lehrerberuf. Der Zusammenhang zwischen Studium und Beruf ist in manchen Ländern wesentlich niedriger als bei uns.

8 Schlussbemerkungen

In den vorangehenden Kapiteln stellten wir Ergebnisse der historischen Analysen und aktuellen Befragungen vor. Abschließend wollen wir nun die in Kapitel 1 formulierten (Vor-) Urteile noch einmal aufgreifen und sie auf dem Hintergrund der gewonnenen Erkenntnisse betrachten. Wir werden den Schereneffekt in der beruflichen Entwicklung von Mathematikerinnen und Mathematikern genauer diskutieren und einige Perspektiven andeuten.

Zur Prüfung der (Vor-)urteile

Vorurteil 1: Mathematiker/innen sind weltfremd und wenig sozial, sie beziehen ihre Zufriedenheit aus der Arbeit und nicht aus sozialen Beziehungen. Mathematik ist „wider die Natur der Frau".

Im Rahmen unseres Projekts prüften wir, ob die Mathematiker/innen ihre Lebenszufriedenheit tatsächlich nur aus der Arbeit beziehen und welche sozialen Bindungen sie eingegangen sind.

Unsere historischen Personen konnten wir nicht mehr nach ihrer Lebenszufriedenheit befragen. Hinsichtlich der sozialen Bindungen ergab sich, dass die berufstätigen Männer in der Regel verheiratet und die Frauen unverheiratet waren. Das Unverheiratetsein der berufstätigen Frauen fußte allerdings auf der Gesetzeslage. Frauen mussten - von einzelnen Ausnahmen abgesehen - mit der Heirat aus dem Beruf ausscheiden (Beamtinnen-Zölibat, vgl. Kapitel 3.1). Das betraf Stellungen im Staatsdienst und war vor allem auf Deutschland beschränkt (vgl. [Juristinnen 1998]). Deshalb lässt sich das Vorurteil daraus weder bestätigen noch widerlegen.

Welche Partnerschaften waren unsere Abgänger des Jahres 1998 innerhalb von ca. zweieinhalb Jahren eingegangen? Bei der Befragung im Jahre 2001 lebten 83% der Frauen und 68% der Männer von den etwa 30jährigen Diplom- und Staatsexamensabsolvent/innen in festen Partnerschaften. 14% hatten Kinder. Die promovierten Mathematikerinnen und Mathematikern - durchschnittlich 36 Jahre alt - lebten zu 86% in einer festen Beziehung; 40% hatten Kinder.

Zum Vergleich ziehen wir eine Studie mit Akademikerinnen und Akademikern unterschiedlicher fachlicher Ausrichtung heran (vgl. [Abele 2002b]). Diese knapp 1.400 Personen waren im Schnitt ebenfalls 30 Jahre alt. Sie lebten zu 77% in Partnerschaften (Frauen 80%, Männer 75%); 21% hatten Kinder. Die von uns befragten Mathematikerinnen und Mathematiker lebten also etwa gleich häufig in Partnerschaften, hatten aber deutlich weniger Kinder als Akademiker anderer Fachrichtungen.

Wir vergleichen außerdem den Familienstand unserer Befragten mit allgemeinen Bevölkerungszahlen (vgl. [Bundesministerium für Familie, Senioren, Frauen und Jugend 2003]). Danach sind in den alten Bundesländern - woher die Mehrzahl unserer Befragten kam - 62% der Männer zwischen 25 und 34 Jahren nicht verheiratet. In unserer Befragung waren 73% der Diplomabsolventen und 66% der Lehrer im Alter von durchschnittlich 30 Jahren unverheiratet. Bei den 35 bis 39 Jahre alten Männern sind in den alten Bundesländern 30% ledig, bei unseren promovierten Männern waren es 36%. Die entsprechenden Zahlen für die Frauen lauten: in den alten Bundesländern sind von den 25 bis 34 Jährigen 44% ledig, von den 35 bis 39 Jährigen 19%. Bei unserer Befragung waren von den durchschnittlich 30jährigen Diplomabsolventinnen 68%, und von den Lehrerinnen 64% ledig; von den durchschnittlich 36 Jahre alten promovierten Mathematikerinnen waren 50% ledig. Mathematiker/innen, vor allem promovierte Mathematikerinnen, waren demnach seltener verheiratet als ihre entsprechende Altersgruppe allgemein.

Die Befragung der Personen, die 1998 ihr Mathematikstudium erfolgreich abschlossen, zeigte jedoch, dass sich Mathematiker/innen hinsichtlich der Lebenszufriedenheit nicht von Personen mit anderen akademischen Berufen oder von der Bevölkerung allgemein unterscheiden (vgl. z.B. [Diener et al. 1999]); das heisst, als wichtigste Quelle der Lebenszufriedenheit im Alter von 25 bis 40 Jahre erwies sich das Bestehen einer Partnerschaft. Es bestand auch - durchschnittlich gesehen - hierbei keine Differenz zwischen den Frauen und Männern.

Wir folgern, dass es durchaus Mathematiker/innen gibt, die stärker als andere in der Arbeit aufgehen und weniger soziale Kontakte pflegen. Am (Vor-)urteil „Sozialmuffel" ist jedoch nicht sehr viel „dran".

Vorurteil 2: Frauen interessieren sich nicht für Mathematik.

Bereits um 1900 gab es - auch wenn in der Öffentlichkeit andere Ansichten vorherrschten - keinen Mathematiker, der Frauen Interesse und Begabung für Mathematik aufgrund ihres Geschlechts abgesprochen hätte. Auf Erfahrungen mit Ausländerinnen fußend, die in Deutschland vor allem Mathematik und Naturwissenschaften - weniger Geisteswissenschaften[1] - studierten und in diesen Fächern promovierten, schlossen sie auf Frauen allgemein. Sie bemängelten die schlechte Schulbildung für Mädchen in Deutschland und trugen dazu bei, dass Mathematik und Naturwissenschaften im Jahre 1908 Unterrichtsfächer an öffentlichen höheren Mädchenschulen wurden. Dies führte dazu, dass auch deutsche Frauen sich stärker diesen Studienfächern zuwandten.

Die Statistiken zu den Frühzeiten des Frauenstudiums in Deutschland dokumentieren, dass Mathematik bei Frauen ein äußerst beliebtes Studienfach war. Wie in Kapitel 2 ausgeführt, lag der Frauenanteil unter den Studierenden der Mathematik von 1925 bis 1934 über demjenigen aller Studierenden (1934: 22% aller Mathematik-Studierenden waren Frauen, 16% aller Studierenden waren Frauen). Dies lag allerdings nicht nur am Fach selbst, sondern auch daran, dass mit einem Mathematikstudium die Möglichkeit eröffnet war, als Lehrer/in berufstätig sein und Geld verdienen zu können.

Auch heute liegt der Frauenanteil unter den Erstsemestern eines Mathematikstudiums etwa ebenso hoch wie der Frauenanteil unter den Erstsemestern allgemein. Der Frauenanteil ist im Lehramtstudiengang höher als im Diplomstudi-

[1] Vgl. die Ergebnisse von Ilse Costas und Bettina Roß, Göttingen [2002], die im Rahmen eines von der DFG geförderten Projekts die Fächerwahlen und Karrieren der ersten Hörerinnen und Studentinnen an deutschen Universitäten analysierten: http://www.data-quest.de/pionierinnen/doku/DokuPionierinnen.pdf

engang, doch auch in letzterem sind die Frauenanteile seit den 70er Jahren kontinuierlich gestiegen und liegen derzeit bei über 40%.

Während es in der Schule durchaus Unterschiede im mathematischen Interesse zwischen Mädchen und Jungen gibt (vgl. [Eccles et al. 1998], [Köller et al. 2000]), vermitteln die Zahlen über Studierende also ein anderes Bild.

Betrachtet man darüber hinaus die Angaben unserer Absolventinnen und Absolventen von 1998 sowie die unserer Promovierten der Jahrgänge von 1988 bis 2000, so gab es keinerlei Unterschiede im Fachinteresse, im Engagement für das Fach und - später - im Engagement für die Berufstätigkeit.

Betrachtet man schließlich die internationale Perspektive, d.h. den Frauenanteil im Mathematikstudium weltweit, dann zeigt sich, dass Deutschland vergleichsweise wenig Mathematikstudentinnen hat. In anderen - nicht-westlichen - Ländern mit anderen Schulstrukturen ist der Frauenanteil teilweise sehr viel größer.

Wir folgern, dass dieses (Vor-)urteil ebenfalls falsch ist.

Vorurteil 3: Frauen sind weniger leistungsfähig in der Mathematik als Männer.

Unsere Untersuchungen - die sich nur auf Frauen und Männer beziehen, die ein Mathematikstudium erfolgreich absolvierten - erbrachten, dass Frauen und Männer das Studium mit den gleichen Ergebnissen abschlossen und somit die gleiche Ausgangsbasis für einen Beruf hatten. Was Felix Klein als Mathematik-Professor aufgrund persönlicher Erfahrungen mit einer kleinen Zahl von Studierenden konstatierte, „dass [...] die Damen an unseren höheren mathematischen Kursen und Übungen [...] sich fortgesetzt ihren männlichen Konkurrenten in jeder Hinsicht als gleichwertig erwiesen“ [Kirchhoff 1897, S. 241], konnten wir für eine repräsentative Zahl von Personen bestätigen. Frauen und Männer unterschieden sich in ihren Leistungen beim Studienabschluss nicht. Wenn sie die gleichen Möglichkeiten wie Männer hatten, erbrachten Frauen die gleichen Leistungen.

In der Vergangenheit und heute erhielten Frauen und Männer beim Studienabschluss durchschnittlich die gleichen Noten. Der Mittelwert der Examensnoten betrug in den ersten Jahrzehnten des 20. Jahrhunderts bei den Frauen 2,17, bei den Männern 2,21. Das stimmt bemerkenswert überein mit den Noten beim Staatsexamen im Jahre 1998: 2,14 bei den Frauen und 2,12 bei den Männern. Diplomabsolventinnen und -absolventen hatten 1998 bessere Noten; die Frauen erreichten einen Durchschnitt von 1,67 und die Männer von 1,60. Letzteres liegt an einer unterschiedlichen Benotungs- und Prüfungspraxis in den Studiengängen.

Bei den Promotionsleistungen konnten wir die Noten und die Art der Publikation der Dissertation zwischen Männern und Frauen vergleichen.

Die Noten für die Dissertationen sind allerdings für die früheren Jahre nur bedingt verwendbar, da an zahlreichen Orten über einen längeren Zeitraum nur Worturteile (z.B. „wertvolle Arbeit“) vergeben wurden. Dagegen kann bei den früheren Dissertationen, die in eine Zeitschrift aufgenommen wurde, im Allgemeinen von einem höheren Niveau ausgegangen werden, zumal die Zeitschriftenpolitik lange Zeit darin bestand, keine Dissertationen zu veröffentlichen. Ca. 30% der mehr als 1400 mathematischen Dissertationen des Zeitraumes 1907 bis 1945 erschienen in einer mathematischen Zeitschrift; dabei ist hervorzuheben, dass Dissertationen von Frauen und Männern zu gleichen Anteilen angenommen wurden. Die Analyse von Leistungen in mündlichen Doktorprüfungen vor 1945 ergab, dass die Benotung stärker zwischen den einzelnen Universitätsorten differierte als zwischen Frauen und Männern.

Die Absolventinnen und Absolventen von 1998, die promovieren wollten, zeigten im Vergleich zu anderen Studierenden bereits im Studium bessere Leistungen. Ein Unterschied zwischen den Geschlechtern bestand nicht.

Auch die Befragung der Personen, die zwischen 1988 und 2000 in Mathematik promovierten, erbrachte keinerlei Geschlechtsunterschiede in den Promotionsleistungen. Dies galt für die erzielten Noten (in 90% der Fälle „summa" oder „magna cum laude") und für die Publikation der Dissertation (in 61% der Fälle bei den Frauen, in 55% der Fälle bei den Männern). Gleich viele Frauen wie Männer hatten bereits Preise erhalten (25%), gleich viele Frauen wie Männer hatten weitergehend mathematische Publikationen verfasst (77%).

Wir folgern, dass (Vor-)urteil 3 rundum falsch ist.

Vorurteil 4: Selbst wenn mathematische Leistungen und Interessen gleich sein mögen, so sind Frauen doch bezüglich ihrer Leistungsfähigkeit unsicherer, trauen sich weniger zu und brauchen mehr Unterstützung als Männer.

Für diese Vermutung gibt es in unseren Daten nun doch gewisse Bestätigung. So fühlten sich trotz gleicher Leistungen die Staatsexamensabsolventinnen - nicht jedoch die Diplomabsolventinnen - des Jahres 1998 in der Rückschau durch das Studium stärker belastet; und sie hatten ein geringeres berufliches Selbstvertrauen als ihre männlichen Kollegen. Auch bei den Promovierten der Jahre 1988 bis 2000 fanden wir entsprechende Muster. Die Frauen hatten - wiederum trotz gleicher Leistungen - während der Promotionszeit stärker an sich gezweifelt und sich häufiger überfordert gefühlt als die Männer. Gleichzeitig erlebten sie jedoch mehr Unterstützung in ihrem persönlichen Umfeld. Allerdings gab es keinerlei Zusammenhang zwischen Überforderungserleben und Unterstützungserleben, beides wurde unabhängig voneinander von Frauen mehr berichtet als von Männern.

Wir folgern, dass an diesem (Vor-)urteil „etwas dran" ist. Allerdings wird es nur für die Staatsexamensabsolventinnen und die promovierten Mathematikerinnen, nicht jedoch für die Diplomabsolventinnen gestützt.

Vorurteil 5: Frauen sind thematisch weniger flexibel als Männer.

Diese gelegentlich geäußerte These, zu der auch Daten zu Promotionsthemen von Frauen und Männern im Vergleich vorliegen (vgl. [Green/La Duke 1987]), können wir anhand unserer Befunde nicht bestätigen. Hinsichtlich der inhaltlichen Orientierung der Wahl des Promotionsgebietes unterschieden sich Frauen und Männer nur unwesentlich. In den ersten Jahrzehnten des 20. Jahrhunderts dominierten Geometrie und Analysis als Forschungsschwerpunkte; das spiegelt sich in der Anzahl entsprechender Dissertationen von Frauen und Männern wider. Dem zunehmenden Trend zu anwendungsorientierten Themen seit den 1920er Jahren folgten Frauen ebenfalls, wenn auch geringer als Männer. Es zeigte sich aber, dass einzelne Frauen gerade in anwendungsorientierten Forschungsfeldern relativ früh eine wissenschaftliche Karriere über die Promotion hinaus erreichen konnten.

Gegenwärtig hat sich der Trend zu den Anwendungen weiter verstärkt. Besonders häufig nannten die Absolventinnen und Absolventen von 1998, die promovieren wollten, die Bereiche Wahrscheinlichkeitstheorie/ Statistik, Numerik und Optimierung als Forschungsschwerpunkte. Die Promovierten der Jahre 1988 bis 2000 nannten besonders häufig Algebra, Numerik und Wahrscheinlichkeitstheorie und Statistik. Dabei gab es keinerlei Geschlechtsunterschiede. Dies widerspricht der gelegentlich geäußerten Ansicht, wonach Frauen sich weniger zukunftsträchtigen Bereichen der Mathematik zuwenden würden als Männer.

Wir können (Vor-)urteil 5 nicht bestätigen.

Vorurteil 6: Wenn Frauen sich für Mathematik interessieren, dann wählen sie in erster Linie einen Lehramtsstudiengang. Sie stehen anderen mathematischen Tätigkeitsfeldern eher abgeneigt gegenüber.

Die Wege von Frauen und Männern in die Mathematik waren und sind stark davon abhängig, welche Berufsmöglichkeiten sich nach dem Studienabschluss bieten.

Der traditionelle und lange Zeit auch für Männer dominante Berufsweg nach einem Mathematikstudium bestand in einer Lehrtätigkeit an höheren Schulen. Noch um 1930 strebten 90% aller Mathematikstudierenden in diesen Beruf. Auch für die in Mathematik promovierten Personen war vor 1945 der Beruf des Studienrates/der Studienrätin das bevorzugte Ziel - wenn nicht ein Weg in eine Hochschullaufbahn sich abzeichnete.

Heute wählen mehr Frauen als Männer den Lehramts-Weg in die Mathematik; im Studienjahr 1999/2000 betrug der Frauenanteil unter den Erstsemestern im Lehramtstudiengang Mathematik mehr als zwei Drittel (68%), der Frauenanteil bei den Staatsexamen betrug etwa 60%. Im Jahr 2001 wurden mehr als die Hälfte der zweiten Lehramtsprüfungen für Gymnasiallehrer/Sekundarstufe II im Fach Mathematik von Frauen abgelegt. In Bayern sind derzeit über 40% der Gymnasiallehrer für Mathematik Frauen.

Auch bei unserer Befragung der 1998 examinierten Mathematikerinnen und Mathematiker waren bei den Staatsexamensabsolventen fast zwei Drittel Frauen. Der Lehrberuf entwickelte sich inzwischen zu einem dominanten Frauenberuf, nicht nur in mathematischen, sondern auch in anderen Fachrichtungen. Frauen wählen diesen Beruf nicht als „Verlegenheitslösung", sondern sie wählen ihn, weil sie an der pädagogischen Arbeit interessiert sind, weil sie am Fach interessiert sind (noch mehr als Männer!), aber auch deshalb, weil sie vermuten, in diesem Beruf relativ gute Integrationsmöglichkeiten von Beruf und Privatleben zu finden. Dies äußert sich u.a. darin, dass ein hoher Prozentsatz der Lehramtskandidatinnen plant, später Teilzeit zu arbeiten.

Der Diplomstudiengang Mathematik hat eine wesentlich kürzere Geschichte. Während es vor 1945 nur sehr wenige Diplommathematiker gab, entwickelte sich dieser Studiengang inzwischen zu einem sehr florierenden Zweig. Neben einem Studium der Diplommathematik, das bevorzugt auf „reine" Mathematik ausgerichtet ist, bestehen seit den 1970er Jahren Studiengänge für Wirtschaftsmathematik und für Technomathematik, deren Absolventen besonders gefragt sind: in der Industrie, Wirtschaft, Banken, Versicherungen und weiteren Finanzdienstleistungsbereichen, Forschungs- und Entwicklungsinstituten. Eine große Zahl von Mathematiker/innen ist heute in der Software-Entwicklung tätig, d.h. sie entwickeln Modelle für technische oder organisatorische Prozesse sowie Algorithmen zur Auswertung dieser Modelle und implementieren diese Algorithmen auf den Rechnern der Firmen. Sie wenden häufig auch kommerzielle Software zur Beratung an und pflegen die in dieser Form benutzte Software, auch Datenbanken und Grafiksysteme.

Einzelne Diplommathematikerinnen erreichten früh schon herausragende Karrieren. Gegenwärtig liegt der Frauenanteil in mathematischen Diplomstudiengängen bei über 40%. Wie unsere Untersuchungen zeigen, finden Diplommathematikerinnen Eingang in die gleichen Tätigkeitsbereiche wie Diplommathematiker.

Wir folgern, dass dieses (Vor-)urteil ein Quäntchen Wahrheit enthält, jedoch richtig interpretiert werden muss. Frauen bevorzugen zwar das Lehramt gegenüber einem Diplomstudiengang, aber auch im Diplomstudiengang sind sie stark vertreten und ihre Berufsfelder unterscheiden sich nicht von denen ihrer männlichen Kollegen.

Vorurteil 7: Frauen interessieren sich weniger für wissenschaftliches Arbeiten und wissenschaftliche Berufsfelder in der Mathematik.

Sowohl bei unserer historischen Analyse als auch bei den aktuellen Befragungen konnten wir feststellen, dass Frauen, die ein Studium erfolgreich abgeschlossen hatten, zu nahezu den gleichen Anteilen wie Männer in Mathematik promovierten bzw. beabsichtigen, dies zu tun.

Für die historische Zeit, vor 1945, ist hervorzuheben, dass die ersten Promotionen und auch Habilitationen von Frauen deutschlandweit in Mathematik, Naturwissenschaften und Medizin erfolgten. Nachdem sie sich 1920 die Zulassung zur Habilitation erkämpft hatten, habilitierten sich Frauen in Algebra (Emmy Noether mit Ausnahmegenehmigung als Erste schon 1919), in angewandter Mathematik, Zahlentheorie, Geometrie und mathematischer Statistik und wurden später (vor allem nach 1945) Professorinnen. Es waren zunächst wenige, aber ihr Beispiel zeigt, dass Frauen an einer wissenschaftlichen Laufbahn in der Mathematik interessiert und auch dafür befähigt sind, gar Schule bildend wirken können.

Im Verlaufe der Jahre stieg die Promotionshäufigkeit bei beiden Geschlechtern – wie die Auswertung der statistischen Materialien zeigte. Immer mehr Absolventinnen und Absolventen eines Mathematikstudiums schließen noch eine Promotion an. Im Jahre 1975 promovierten zum Beispiel 207 Personen in Mathematik, 504 waren es im Jahre 2000.

Von den Personen des Jahres 1998 mit Diplom in Mathematik – die kurz nach dem Examen befragt wurden – beabsichtigten 25% der Frauen und 28% der Männer zu promovieren. Bei den Personen dieses Jahres mit Lehramts-Staatsexamen war der Prozentsatz der Promotionswilligen weitaus niedriger: je 6,5% der Frauen und der Männer. Wie die zweite Befragung zeigte, bleiben sie bei ihrer Absicht. Für alle Befragten war das Interesse am wissenschaftlichen Arbeiten ein wichtiger Grund für die Promotionsabsicht.

Interesse am wissenschaftlichen Arbeiten und Einschlagen einer wissenschaftlichen Laufbahn nach der Promotion sind jedoch zweierlei, wie unsere Daten zeigen. Während es beim Interesse am wissenschaftlichen Arbeiten im Rahmen einer Promotion keine Geschlechtsunterschiede gab, beabsichtigten doch weniger Frauen als Männer, später eine wissenschaftliche Laufbahn einzuschlagen.

Bei den von uns befragten Mathematikerinnen und Mathematikern, die 1998 ihr Examen ablegten, war der Wunsch, eine wissenschaftliche Laufbahn einzuschlagen, bei Frauen deutlich niedriger als bei Männern (vgl. ähnlich [Spieß/Schute 1999]). Von allen Personen unserer Stichprobe, die bei der zweiten Befragung an ihrer Promotion arbeiteten, strebten 18% der Frauen, aber 31% der Männer eine wissenschaftliche Laufbahn an[2].

Die statistischen Materialen zeigen, dass Mathematikerinnen gegenwärtig auf wissenschaftlichen Positionen im Hochschulbereich noch seltener zu finden sind als in anderen Fächern: Mathematik-Professorinnen derzeit etwa 5% im Vergleich zu 11% in allen Fachgebieten. Die Anteile der Frauen im wissenschaftlichen Mittelbau sind in mathematischen Fachbereichen sogar rückläufig: derzeit etwa 12% in Mathematik im Vergleich zu 25% insgesamt. Dies gilt, obwohl über die Jahre hinweg mehr Frauen in Mathematik promoviert haben und der Frauenanteil unter den Habilitationen bei 10% liegt. Im Jahre 2002 – eine Übergangsphase mit Einführung von Juniorprofessuren – betrug der Frauenanteil bei den Habilitationen in Mathematik 13% [Statistisches Bundesamt, VIIC-5.23].

Das wissenschaftliche Interesse an Mathematik ist zwar bei Frauen und Männern in gleicher Weise vorhanden; für Frauen scheint jedoch eine Universitätslaufbahn weniger attraktiv zu sein. Eine Interpretation dafür könnte sein, dass der Weg zu entsprechenden Karrieren sehr lang und durch Unsicherheit geprägt ist sowie hohe zeitliche und insbesondere räumliche Flexibilität und Mobilität erfordert. Dies schreckt Frauen, die – wie wir gesehen haben – stärker interessiert sind, Beruf und Privatleben zu integrieren, möglicherweise noch mehr ab als Männer.

Was folgern wir aus diesen Ergebnissen für das (Vor-)urteil zum mangelnden Interesse von Frauen am wissenschaftlichen Arbeiten in der Mathematik? Die Behauptung ist falsch, da zumindest bis zur Ebene der Promotion Frauen am wissenschaftlichen Arbeiten in der Mathematik gleich interessiert sind wie Männer. Allerdings sind Frauen an einer Universitätskarriere weniger interessiert als Männer, und sie sind de facto auch seltener – als von den Promotions- und Habilitations-Zahlen her zu erwarten ist – in universitären Beschäftigungsverhältnissen zu finden. Letzteres liegt jedoch an anderen Faktoren als an mangelndem Interesse.

Vorurteil 8: Mathematikerinnen sind beruflich weniger erfolgreich als Mathematiker.

Zur Prüfung dieses (Vor-)urteils muss zwischen Berufseinstieg und weiterem Berufsverlauf unterschieden werden.

Hinsichtlich des Berufseinstiegs finden wir, dass unsere Absolventinnen und Absolventen des Jahrgangs 1998 zweieinhalb Jahre später beruflich gleich gut integriert waren, wenn man die Beschäftigtenzahlen und die Branchen, in denen die Befragten arbeiteten, zugrundelegt. Allerdings verdienten die Frauen – mit Ausnahme des Softwarebereichs – weniger als die Männer (vgl. ähnlich [Minks 1996]). Für beide Geschlechter waren gute Examensnoten, berufliches Selbstvertrauen und Karriereambitionen günstige Voraussetzungen für einen erfolgreichen Berufseinstieg. Elternschaft in dieser Zeit war für Frauen hinsichtlich erfolgreicher beruflicher Entwicklung ungünstig, für Männer und deren Berufsentwicklung irrelevant.

[2] Allerdings waren von den promovierten Mathematikerinnen und Mathematikern der Jahre 1988 bis 2000 Frauen etwa gleich häufig im Hochschulbereich wie in der Privatwirtschaft tätig, während Männer häufiger in der Privatwirtschaft als im Hochschulbereich beschäftigt waren (vgl. ähnlich [Enders/Bornmann 2001]).

Auch in der ersten Hälfte des 20. Jahrhunderts waren die Wege von Frauen und Männern kurz nach dem Examen kaum unterschiedlich, d.h. die Mehrzahl der Frauen und Männer ging den Weg in den höheren Schuldienst; und die Prüfung, die Lehramtskandidaten in der Regel nach einer Referendariatszeit von zwei Jahren absolvierten, die sog. Studienassessoren-Prüfung, schlossen Frauen wie Männer zu gleichen Anteilen ab (85%). Hinsichtlich des Gehalts waren Frauen früher grundsätzlich schlechter gestellt. Bei Berufswegen außerhalb des Schuldienstes waren Frauen durch Gesetze behindert (Hochschullaufbahn) oder ihre Zahl war noch sehr gering (Tätigkeit in der Industrie), so dass dazu keine vergleichenden Aussagen getroffen werden können.

Betrachten wir den weiteren Berufsverlauf, so können wir aktuell auf statistische Materialien und auf die Befragung der promovierten Mathematikerinnen und Mathematiker zurückgreifen.

Die statistischen Materialien legen nahe, dass der weitere Berufsverlauf von Mathematikerinnen anders ist als der von Mathematikern: Mathematikerinnen sind z.B. häufiger arbeitslos gemeldet. Zahlen zu Führungspositionen - die uns nur für den Wissenschaftsbereich vorliegen - zeigen deutlich, dass Frauen im Vergleich zu ihrem Anteil an mathematischen Promotionen im akademischen Mittelbau unterrepräsentiert sind, und dass Frauen im Vergleich zu ihrem Anteil an mathematischen Habilitationen auch unter der Professorenschaft unterrepräsentiert sind.

Bei den von uns befragten promovierten Mathematikerinnen und Mathematikern der Jahre 1988 bis 2000 gab es insgesamt keine Unterschiede im Berufserfolg: Gleich viele Frauen wie Männer waren auf der Karriereleiter aufgestiegen, das Gehalt unterschied sich bei Berücksichtigung der Branchen, in denen die Befragten arbeiteten, nicht, und auch subjektiv erlebten sich die Doktorinnen und Doktoren der Mathematik als gleich erfolgreich. Allerdings waren unsere Befragten nicht repräsentativ für alle Promovierten dieser Jahre. Es kann gut sein, dass insbesondere solche Personen geantwortet haben, die beruflich einigermaßen erfolgreich waren. Es kann jedoch auch sein, dass die Unterschiede in der Berufsentwicklung von Mathematikerinnen und Mathematikern geringer werden, je höher die Qualifikationsstufe ist, die die jeweiligen Personen erreichen. Im Gegensatz zur Absolventinnen- und Absolventenbefragung fanden wir in dieser Studie keinen Unterschied im Berufserfolg zwischen Müttern und Nicht-Müttern; aber der geringe Prozentsatz an Müttern legt nahe, dass viele dieser Frauen zugunsten des Berufs auf Kinder verzichtet haben.

Früher gestalteten sich die weiteren Berufswege von Mathematikerinnen und Mathematikern sehr unterschiedlich. Frauen waren insgesamt weniger erfolgreich. Dies lag jedoch nicht an den Frauen selbst, sondern in erster Linie an diskriminierenden Gesetzen und Vorschriften: In den ersten Jahrzehnten des 20. Jahrhunderts hatte sich die Frau zwischen Beruf und Familie zu entscheiden (siehe unter (Vor-)urteil 1). Frauen, deren Weg in der ersten Hälfte des 20. Jahrhunderts in den höheren Schuldienst führte, erreichten zwar noch die Eingangsprüfung zu gleichen Anteilen wie die Männer und wurden Studienassessorinnen; eine signifikant geringere Zahl gelangte jedoch in eine verbeamtete Position (als Studienrätin). Für 36% der Frauen endete der Berufsweg auf der Stufe der Studienassessorin, während nur 16% der Männer nicht weiter kamen. Eine feste Position im höheren Schuldienst erhielten 59% der Frauen, aber 72% der Männer. Frauen wurden seltener mit leitenden Funktionen betraut. Aufgrund der damals nahezu unmöglichen Vereinbarkeit von Beruf und Familie können wir kaum von einem freiwilligen Aufstiegsverzicht der Frauen ausgehen.

Wie sah es mit den Personen aus, die in die Wissenschaft gingen? Für die frühe Zeit soll betont werden, dass Mathematikerinnen zwar seit den Jahren des Ersten Weltkrieges wissenschaftliche Assistentinnen werden konnten, dies war für sie jedoch viel weniger als für Männer ein Ausgangspunkt für eine weitere wissenschaftliche Karriere. Zwar konnten sie promovieren, aber ein weiterer Aufstieg als Hochschullehrerin war eine Ausnahme, an Sonderbedingungen geknüpft, nicht in allen deutschen Ländern möglich: Frauen, die sich für die Wissenschaft entschieden, konnten dies in der Regel nur, wenn sie finanziell unabhängig waren, da sie ihren Neigungen selten in einer angemessen bezahlten Position nachgehen konnten. Emmy Noether, obgleich sie seit 1922 einen Professorentitel hatte, erhielt nur durch einen Lehrauftrag Geld.

Wir kennen einige wenige ganz herausragende Mathematikerinnen, die es früh zur Schuldirektorin, zur Professorin, zur international anerkannten Forscherin brachten, im allgemeinen jedoch war der Karriereweg für Frauen steiniger als für Männer.

Fassen wir zusammen, dann wird (Vor-)urteil 8 für die Phase des Berufseinstiegs und die Phase vor einer potentiellen Elternschaft sowohl historisch als auch aktuell eindeutig widerlegt. Für den weiteren Berufsverlauf ist die Aussage jedoch kein Vorurteil, sondern Beschreibung der Realität. Zwar sind heute mehr Mathematikerinnen in exzellenten Positionen und liefern auf ihren jeweiligen Feldern hervorragende Arbeit, doch sind mehr Mathematikerinnen arbeitslos; sie verdienen in einigen Berufssparten weniger und sind seltener in Spitzenpositionen zu finden als ihre männlichen Kollegen.

Der Schereneffekt: Warum machen Frauen mit der Zeit weniger „Karriere“ als Männer?

Unsere Daten zeigten, dass Mathematikerinnen ihren männlichen Kollegen weder in Leistung, noch in Interesse unterlegen sind. Trotzdem gibt es den Effekt, dass mit der Dauer der Berufstätigkeit Männer – im klassischen Sinne von „Aufwärtskarriere“ – zunehmend erfolgreicher sind als Frauen. Wir bezeichnen dies als „Schereneffekt“.

In der Vergangenheit gestaltete sich dieser Effekt nicht als ein allmählicher Vorgang, sondern die Schere klaffte direkt nach der Einstiegsphase massiv auseinander. Dies ist durch die Gesetzeslage leicht erklärt. Wer durch Gesetze und Vorschriften so stark diskriminiert wurde, wie dies bei Akademikerinnen in Deutschland bis in die 50er Jahre des letzten Jahrhunderts der Fall war, musste schon extrem motiviert, talentiert und finanziell unabhängig sein, um berufliche Top-Leistungen erbringen zu können. Es gab diese Frauen, wie unsere Untersuchungen zeigen, sie waren jedoch selten, sie hatten es sehr schwer und ihre Leistungen wurden nicht immer hinreichend anerkannt.

Aktuell bezeichnet der Schereneffekt eine allmähliche Auseinanderentwicklung der Berufswege von Akademikerinnen und Akademikern. Dies hat mit formeller Diskriminierungen nichts mehr zu tun; es besteht Gleichheit vor dem Gesetz, Gleichstellungsbeauftragte wachen darüber, dass Chancengleichheit für

Frauen und Männer besteht. Unsere Befragungen zeigen, dass sich Frauen im Großen und Ganzen auch nicht benachteiligt fühlen. Diskriminierungen sind mit Sicherheit seltener als vor 100 Jahren. Falls es sie noch gibt, und das kann an der einen oder anderen Stelle durchaus der Fall sein, sind sie subtil und entsprechend schwer nachweisbar.

Warum also besteht dieser Schereneffekt, worauf ist er zurückzuführen? U.E. gibt es neben der Tatsache, dass Frauen die Kinder bekommen, eine Vielzahl kleinerer, für sich genommen eher marginaler Gründe, die jedoch zusammentreffend den Schereneffekt hervorrufen und verstärken.

Die wichtigste Ursache für den Schereneffekt ist die Tatsache, dass Frauen Kinder bekommen. Kinder sind zwar nicht notwendig ein „Karrierehindernis" für Frauen, da Mütter, die z.B. eine Wissenschaftskarriere und Kindererziehung vereinbaren können, durchaus gleich produktiv sind wie Wissenschaftlerinnen ohne Kinder (vgl. [Fox 1991]) - aber häufig hemmen Kinder doch die Karriere. Bei unseren Lehramtsabsolventinnen hatten fast alle Mütter einen verzögerten Berufseintritt, d.h. zweieinhalb Jahre nach dem ersten Staatsexamen das Referendariat noch nicht beendet, teilweise noch nicht einmal begonnen, und die wenigen fertigen Lehrerinnen mit Kindern waren sehr häufig im Erziehungsurlaub, was unter Karrieregesichtspunkten ebenfalls eher ungünstig ist. Bei den - wenigen - Diplomabsolventinnen, die im Alter von etwa 30 Jahren bereits Kinder hatten, war die Hälfte zum Befragungszeitpunkt nicht berufstätig. Bei den bereits promovierten Mathematikerinnen fanden wir zwar keinen Unterschied im Berufsverlauf zwischen Müttern und Nicht-Müttern, aber der sehr geringe Prozentsatz von Müttern legt nahe, dass viele dieser Frauen zugunsten des Berufs auf Kinder verzichtet haben[3].

Werden Frauen durch gesellschaftliche Normen und Rollenvorstellungen, möglicherweise auch durch ihre Männer, gedrängt, ihre Berufstätigkeit zugunsten von Kindern zu reduzieren bzw. zu unterbrechen oder wollen sie dies selbst? Die Antwort lautet „beides". Deutschland ist im internationalen Vergleich relativ konservativ, was Vorstellungen über die Mutterrolle angeht (vgl. [Abele 1998; 2001a; 2002b]), entsprechend lastet ein gesellschaftlicher Druck auf Frauen, zumindest in der Kleinkindphase ihres Kindes bzw. ihrer Kinder nicht oder nur eingeschränkt berufstätig zu sein. Auch stehen Männer der Vereinbarkeit von Beruf und Familie im Durchschnitt skeptischer gegenüber als Frauen, was ebenfalls Druck erzeugt. Frauen wünschen jedoch zu einem beachtlichen Prozentsatz (bei Akademikerinnen mindestens ein Drittel) auch selbst, in der Kleinkindphase ihrer Kinder zuhause zu bleiben (vgl. [Abele 1998; 2001a], [Abele/Nitzsche 2002]). Generell haben Frauen eine sehr viel stärkere Integrationsorientierung hinsichtlich der Lebensbereiche Beruf und Privatleben als Männer. Das zeigt sich auch in unseren Untersuchungen sehr deutlich. Sie sind mehr an einer „sanften" Karriere interes-

[3] Historisch waren Akademikerinnen, die im Staatsdienst arbeiteten, tatsächlich vor die Alternative gestellt, entweder berufstätig zu sein oder aus dem Berufsleben auszuscheiden, wenn sie heiraten und eine Familie gründen wollten. Dies ist heute nicht mehr der Fall. Trotzdem legen unsere aktuellen Befragungen nahe, dass die - etwas modifizierte - Alternative „Karriere oder Familie" auch heute noch relevant ist, da Mathematikerinnen, insbesondere promovierte, im Alter zwischen 35 und 39 Jahren, seltener Kinder haben als die entsprechende Bevölkerungsgruppe allgemein, d.h. offensichtlich die bewusste Entscheidung getroffen haben, Beruf und Familie nicht verbinden zu können/wollen.

siert, bei der der Beruf wichtig ist, aber nicht das gesamte Leben dominiert (vgl. [Abele et al. 1994]).

Die Tatsache, dass Frauen Kinder bekommen, ist für den Schereneffekt jedoch nicht nur deshalb bedeutsam, weil sie dann häufig zumindest eine Zeitlang aus dem Berufsleben ausscheiden und insofern in der Karriere von den Männern „überholt" werden, sondern auch deshalb, weil bei der Einstellungspolitik von Unternehmen und Organisationen die Tatsache, dass weibliche Beschäftigte Mütter werden und dann für eine Zeit ausfallen können, zumindest implizit auch ein Hinderungsgrund für die Wahl weiblicher Kandidaten sein kann. Mittlerweile ist zwar bekannt, dass Akademikerinnen immer älter werden, bis sie ihr erstes Kind bekommen (derzeit liegt das Erstgebärendenalter von Akademikerinnen bei etwa 30 Jahren; bei unseren promovierten Mathematikerinnen lag es ebenfalls bei knapp 30 Jahren) – und dies könnte auch erklären, warum der Berufseinstieg im Alter von etwas über 26 Jahren noch gut funktioniert, später sich jedoch die biologische – teilweise auch psychologische – Uhr bemerkbar macht, wenn es um das Mutterwerden geht, und das ist auch Personalverantwortlichen bekannt.

Was sind nun die kleinen Inkremente, die den echten Schereneffekt bedingen?

Beispielsweise ist dies die etwas niedrigere Karriereorientierung von Frauen als von Männern. Wie auch unsere Studien zeigten, ist Frauen ihre Berufstätigkeit genauso wichtig wie Männern; ihre Bindung an den Beruf ist genauso hoch wie bei Männern, sie verbinden damit jedoch leicht Unterschiedliches. Für Frauen steht die sinnvolle und befriedigende Berufstätigkeit im Vordergrund, für Männer kommt der Aspekt der Karriere im Sinn von Aufstieg, Prestige und Geld hinzu. Wie wir gesehen haben, ist eine hohe Ausprägung von Karrierezielen für den beruflichen Erfolg günstig.

Beispielsweise ist es das bei Lehrerinnen und auch bei promovierten Mathematikerinnen trotz gleicher Leistungen geringer ausgeprägte berufliche Selbstvertrauen. Unsere Studien zeigten, dass ein hohes berufliches Selbstvertrauen für den beruflichen Erfolg günstig ist.

Beispielsweise sind dies auch die unterschiedlichen Partnerwahlen: Akademikerinnen haben sehr häufig Partner, die selbst Akademiker sind und Vollzeit ihrem Beruf nachgehen. Akademiker haben seltener akademisch ausgebildete Partnerinnen. Auch sind ihre Partnerinnen meist jünger, und insbesondere die nicht-akademischen Partnerinnen sind relativ häufig nicht oder nur in Teilzeit berufstätig. Hieraus folgt, dass die Partner ihrer berufstätigen Frau/Freundin schon allein von den Zeitmöglichkeiten her den „Rücken weniger freihalten (können)" als dies die Partnerinnen für ihren Mann/Freund tun. Hieraus folgt weiterhin, dass aufgrund des Altersunterschieds, der Ausbildung und des Umfangs der Berufstätigkeit die Partner häufig mehr verdienen als die Partnerinnen, und es somit ökonomisch vernünftiger erscheint, dass im Fall von Elternschaft die Frau und nicht der Mann unterbricht.

Schließlich zeigen die Angaben zur Hausarbeitsverteilung, dass auch bei Akademikerpaaren, bei denen beide Vollzeit berufstätig sind, die Frau meist mehr Hausarbeiten erledigt als der Mann, und dass dieser Effekt noch verstärkt wird, wenn aus den Paaren Eltern werden.

Alle diese Gründe für den Schereneffekt sind nicht mathematikspezifisch, sondern gelten bei anderen Studienfächern genauso (vgl. [Abele 2002b], [Abele/Stief 2003], [Abele/Hoff/Hohner 2003]).

Die Zukunft?

Zunächst stellen wir fest, dass Mathematik ein attraktives Fach mit vielfältigen Berufsmöglichkeiten ist. Es gibt für Frauen und Männer vielfältige, interessante und lukrative Arbeitsmöglichkeiten. Wenn man dieses Fach schätzt, so kann man es auch ausüben und seinen Lebensunterhalt damit verdienen. Man kann auch als Mathematiklehrerin oder Mathematiklehrer Beruf und Familie sehr gut vereinbaren. Ein Traumjob also? Das hängt natürlich von den Träumen ab. Für Menschen mit einer Neigung zur Mathematik kann der Beruf schon Träume erfüllen. Die Zufriedenheit der Berufstätigen oder Promovierenden ist hoch. Sie blicken auch mit wohlwollen auf ihr Studium zurück. Allerdings nicht alle: Die Lehrerinnen und Lehrer sind unzufriedener mit ihrem Studium, fühlten sich schlechter betreut, höher belastet. Sie sind jedoch am Fach selbst auch etwas weniger interessiert. Da ist etwas nicht in Ordnung. - schließlich sind die Lehrerinnen und Lehrer entscheidend für die Qualität des Schulunterrichts. Haben Hochschullehrer da etwas versäumt?

Überraschend ist auch, dass Mathematikerinnen und Mathematiker, die nach dem Abschluss die Hochschule verlassen, zufriedener mit Kollegen und Vorgesetzten sind als jene, die weiter akademisch forschen. Verliert die menschliche Umgebung da an Gewicht gegenüber der Forschungstätigkeit oder ist das kollegiale Klima wirklich schlechter als in den Betrieben?

Jeder ist seines Glückes Schmied - wir kennen das Sprichwort schon lange, aber dass es sich so deutlich bestätigt wie hier - zumindest in der Version: Karrierebewusstsein schafft Karriere - ist amüsant. Man kann nicht hohes Einkommen und viel Einfluss erwarten, wenn man sich vorher nicht darum gekümmert hat.

Doch nochmals zurück zu unserem Hauptthema, der Rolle der Frauen in der Mathematik. Sie haben noch viel mit - falschen - Vorurteilen zu kämpfen. Sie sind noch nicht so etabliert in der Mathematik, insbesondere an den Hochschulen. Aber wir sind aufgrund unserer Analysen doch in zweifacher Hinsicht optimistisch:

- Zum einen sind Geschlechtsunterschiede in Leistungen, Interessen und fähigkeitsbezogenen Selbstbewertungen auf der Ebene examinierter Mathematikerinnen und Mathematiker eindeutig die Ausnahme, die Regel ist vielmehr, dass es keine Unterschiede gibt.
- Zum anderen stimmt der historische Prozess positiv: Wie wir gesehen haben, konnten Frauen in Deutschland erst seit etwa 100 Jahren - und das ist eine recht kurze Zeit - ihre mathematischen Fähigkeiten entfalten. In dieser Zeit hat sich enorm viel verändert. Es gibt kein Jahrhundert zuvor, in dem die Bildung von Frauen in solch gewaltigem Umfang zugenommen hat wie im zwanzigsten. Man kann mit Fug und Recht sagen, dass die Gewinner der Bildungsreform die Frauen sind. Dies gilt eindeutig auch für die Mathematik. Auch in mathematischen akademischen Berufsfeldern und in der wissenschaftlichen Forschung haben Frauen sich im Laufe nur eines Jahrhunderts einen festen Platz erobert.

In Zukunft werden zunehmend mehr Mathematiklehrerinnen an Gymnasien und weiterführenden Schulen unterrichten. Möglicherweise sind sie für junge Mädchen und Frauen noch mehr Vorbild und Modell, sich diesem Fach zuzuwenden, als dies bei männlichen Lehrkräften der Fall ist.

Auch an Universitäten haben bisher nie so viele Frauen gelehrt wie heute. Es sind zwar immer noch - zu - wenige, aber wir sind zuversichtlich, dass sich die Zahl der Mathematikprofessorinnen in absehbarer Zeit erhöhen wird, und jede Professorin mehr kann ebenfalls als Multiplikator wirken.

Ein Traumjob auch für Frauen? Auf jeden Fall eine Studien- und Berufswahl mit Zukunft, nicht nur für Männer.

Bibliografie

Archivalien

[BBF] Deutsches Institut für Internationale Pädagogische Forschung. Bibliothek für bildungsgeschichtliche Forschung Berlin, Archiv, Personalblätter preußischer Lehrerinnen und Lehrer; Nachlass Adelheid und Marie Torhorst.

[GSTA] Geheimes Staatsarchiv Stiftung Preußischer Kulturbesitz, Abt. Merseburg (seit 1993 in Berlin-Dahlem): HA Rep. 76 Va Sekt. 1 Tit. VIII Nr. 8 Adh I Bd. XII, Adh. III.

[STA] Preußisches Staatsarchiv (Bestand Zentrales Staatsarchiv Potsdam), REM, Nr. 1447.

[UAB] Archiv der Humboldt-Universität Berlin, Philosophische Fakultät, Nr. 1236, Bl. 101; Promotionsakten (Philosossphische Fakultät bis 1936, Mathematisch-Naturwissenschaftliche Fakultät ab 1936).

[UABonn] Universitätsarchiv Bonn, Promotionsakten; Nachlass Toeplitz.

[UAG] Universitätsarchiv Göttingen, Philosophische Fakultät bis 1922, Mathematisch-Naturwissenschaftliche Fakultät ab 1922, Promotionsakten.

[UAH] Universitätsarchiv Halle, Philosophische Fakultät, Promotionsakten.

[UAHei] Universitätsarchiv Heidelberg, Promotionsakte Leibowitz.

[UAJ] Universitätsarchiv Jena, Promotionsakte Dorothea Starke, UAJ, Bestand N, Nr. 5.

[UAM] Universitätsarchiv Münster, Philosophische Fakultät, Promotionsakten.

[UBG] Handschriftenabteilung der Niedersächsischen Staats- und Universitätsbibliothek Göttingen, Cod. Ms. David Hilbert, Cod. Ms. Felix Klein.

[Nachlass Lorey] Senckenberg-Bibliothek, Frankfurt a.M., Nachlass Wilhelm Lorey (1873-1955) B.1.1 Nr.55, Nachtrag.

Literatur

Abele, Andrea E.: „Berufskarrieren von Frauen - Möglichkeiten, Probleme, psychologische Beratung". Karriere 2000. Hoffnungen - Chancen - Perspektiven - Probleme - Risiken, hrsg. v. Werner Gross. Deutscher Psychologen Verlag: Bonn 1989, S. 99-125.

Abele, A.E.: „Lebens- und Berufsplanung von Frauen. *Kompetent in die Öffentlichkeit,* hrsg. v. Hedwig Roos-Schumacher. Leske & Budrich: Opladen, 2001 a, S. 27-43.

Abele, Andrea E.: „Rollenvielfalt von Frauen - Einfluss auf psychische Gesundheit und Wohlbefinden". *Klinische Psychologie der Frau,* hrsg. v. Alexa Franke und Annette Kämmerer. Hogrefe: Göttingen 2001 b, S. 563-580.

Abele, Andrea E.: „Geschlechterdifferenz in der beruflichen Karriereentwicklung. Warum sind Frauen weniger erfolgreich als Männer?“ *Frauen machen Karriere in Wissenschaft, Wirtschaft und Politik. Chancen nutzen, Barrieren überwinden*, hrsg. v. Barbara Keller und Anina Mischau. Nomos: Baden-Baden 2002 a, S. 49–63.

Abele, Andrea E.: Ein Modell und empirische Befunde zu beruflicher Laufbahnentwicklung unter besonderer Berücksichtigung des Geschlechtsvergleichs. *Psychologische Rundschau*, 53 (2002 b) S. 109–118.

Abele, Andrea E.; Andrä, Miriam; Schute, Manuela: „Wer hat nach dem Hochschulexamen schnell eine Stelle? Erste Ergebnisse der Erlanger Längsschnittstudie (BELA-E)“. *Zeitschrift für Arbeits- und Organisationspsychologie*, 43 (1999) S. 95–101.

Abele, Andrea E.; Candova, Antonia: „Freizeitorientierte Lehrer – fachinteressierte Diplomer? Vergleich der Berufsausübungsvorstellungen beider Gruppen am Beispiel der Mathematik“. Zur Veröffentlichung eingereicht 2003.

Abele, Andrea; unter Mitarbeit von Hausmann, Andrea und Weich, Marion: *Karriereorientierungen angehender Akademikerinnen und Akademiker.* Kleine: Bielefeld 1994.

Abele, Andrea E.; Hoff, Ernst; Hohner, Hans-Uwe: *Frauen und Männer in akademischen Professionen. Berufsverläufe und Berufserfolg.* Asanger: Heidelberg 2003.

Abele, Andrea E.; Krüsken, Jan: „Intrinsisch motiviert und verzichtbereit. Determinanten der Promotionsabsicht in Mathematik“. *Zeitschrift für Sozialpsychologie* 34 (2003) S. 205–216.

Abele, Andrea E.; Krüsken, Jan; Mühlhans, Barbara: „*Schulzeit, Studienfachwahl und Erleben des Studiums bei Mathematikerinnen und Mathematikern aus Diplom- und Lehramtsstudiengängen im Vergleich*“. Erlangen: Bericht 2 des Projekts „Frauen in der Mathematik“ 2000 a.

Abele, Andrea E.; Krüsken, Jan; Mühlhans, Barbara: „*Studienabschluss, Ziele, berufliche und private Perspektiven bei Mathematikerinnen und Mathematikern aus Diplom- und Lehramtsstudiengängen im Vergleich*“. Erlangen: Bericht 3 des Projekts „Frauen in der Mathematik“ 2000 b.

Abele, Andrea E.; Krüsken Jan; Mühlhans, Barbara: „*Zweite Erhebung der prospektiven Längsschnittsstudie zu Berufsverläufen in der Mathematik*“. *Fragebogen und Grundauswertung.* Erlangen: Bericht II.1 des Projekts „Frauen in der Mathematik“ 2001.

Abele, Andrea; Neunzert, Helmut; Tobies, Renate; Krüsken, Jan: „Frauen und Männer in der Mathematik – früher und heute“. *Mitteilungen der Deutschen Mathematiker-Vereinigung* (2001) Nr.2, S. 8–16; Nachdruck in: *Mitteilungen der Gesellschaft für Didaktik der Mathematik*, Nr. 73, Dez. 2001; engl. Übers.: Women and Men in Mathematics: Then and Now. *Newsletter of the European Mathematical Society,* (2002), part 1, Issue 44 (June 2002) S. 10–13, part 2, Issue 45 (September 2002) S. 18–19.

Abele, Andrea E.; Nitzsche, Ute: „Der Schereneffekt bei der beruflichen Entwicklung von Ärztinnen und Ärzten“. *Deutsche Medizinische Wochenschrift*, 127 (2002) S. 2057–2062.

Abele, Andrea E.; Schradi, Martina: „*Methodisches Vorgehen und Fragebogen der ersten Erhebungswelle*“. Erlangen: Bericht 1 des Projekts „Frauen in der Mathematik“ 2000.

Abele, Andrea E.; Stief, Mahena: „Die Prognose des Berufserfolgs von Hochschulabsolvierenden. Befunde zur ersten und zweiten Erhebungswelle der Erlanger Längsschnittstudie BELA-E“. *Zeitschrift für Arbeits- und Organisationspsychologie* 48 (2003) S. 1–13.

Abele, Andrea E.; Stief, Mahena; Krüsken, Jan: „Persönliche Ziele von Mathematikerinnen und Mathematikern beim Berufseinstieg: Ein Vergleich offener und geschlossener Erhebungsmethoden". *Zeitschrift für Pädagogische Psychologie* 16 (2002) S. 193-205.

Andonie, George St.: *Istoria Matematicii în România* (Editura Stiintifica), Vol. 2 und 3. Bucuresti 1966 und 1967.

Bahne, Thorsten; Törner, Günter: „Fakten, Fakten, Fakten - Mathematikstudentenzahlen". *Mitteilungen der Deutschen Mathematiker-Vereinigung* (1999) Nr. 2, S. 22-27.

Barinaga, Marcia: „Overview: Surprises across the cultural divide". *Science*, no. 94/3/11, 263 (1994) S. 1468-1474.

Becker, Richard; Plaut, H.; Runge, Iris: *Anwendungen der mathematischen Statistik auf Probleme der Massenfabrikation.* Springer: Berlin 1927.

Beerman, Lilly; Heller, Kurt; Menacher, Pauline: *„Mathe: nichts für Mädchen?"* Hans Huber Verlag: Bern 1992.

Berg, Christa: „Etwas mit Kindern. Berufswahlmotive von Studierenden der Pädagogik zwischen Empathie und Fachkompetenz". *Etwas erzählen. Die lebensgeschichtliche Dimension in der Pädagogik*, hrsg. v. Inge Hansen-Schaberg. Schneider Verlag: Hohengehren 1997, S. 59-73.

„Bericht über den Entwurf einer Prüfungsordnung für Mathematik". *Jahresbericht der Deutschen Mathematiker-Vereinigung* 32 (1923) Abt. 2, S. 83-86.

Bigalke, Hans-G.: „Ruth Proksch wurde 80". *Praxis der Mathematik* 36 (1994) H. 3, S. 119.

Binder, Christa: „Hilda Geiringer: ihre ersten Jahre in Amerika". *Amphora. Festschrift für Hans Wußing zu seinem 65. Geburtstag*, ed. by S. S. Demidov, M. Folkerts, D. E. Rowe and Ch. J. Scriba. Birkhäuser: Berlin, Boston, Basel 1992, S. 25-53.

Binder, Christa: „Beiträge zu einer Biographie von Hilda Geiringer - Jugend und Studium in Wien". *GAMM-Mitteilungen* (1995) H. 4, S. 61-72.

Binder, Christa: „Olga Taussky-Todd". *Wissenschaft und Forschung in Österreich*, hrsg. v. Gerhard Heindl. Peter Lang Verlag: Wien 2000, S. 161-174.

Boedeker, Elisabeth: *25 Jahre Frauenstudium in Deutschland. Verzeichnis der Doktorarbeiten von Frauen 1908-1933.* Zusammengestellt von E. Boedeker unter Mitarbeit von Ingeborg Colshorn und Elsa Engelhardt. Vier Hefte, Hannover 1939.

Böhm, Carl: „Mathematische Statistik in Wirtschaft und Technik". *Jahresbericht der DMV* 47 (1937) S. 239-242.

Bölling, Reinhard: „Königin der Wissenschaft - Sofja Kowalewskaja zum 150. Geburtstag". *Mitteilungen der Deutschen Mathematiker-Vereinigung* (2000) Nr. 3, S. 21-28.

Böttcher, M; Gross, E. E.; Knauer, U.: *Materialien zur Entstehung der mathematischen Berufe. Daten aus Hochschulstatistiken sowie Volks- und Berufszählungen von 1800 bis 1990* (Algorismus, Studien zur Geschichte der Mathematik und der Naturwissenschaften, hrsg. v. Menso Folkerts, 12). Institut für Geschichte der Naturwissenschaften: München 1994.

Boßmann, Dieter: „Zur Berufswahlmotivation künftiger Lehrer(-innen)". *Pädagogische Rundschau* 31 (1977) S. 557-573.

Braun, Hel: *Eine Frau und die Mathematik* 1933-1940, hrsg. v. M. Koecher. Springer-Verlag: Berlin, Heidelberg, New York 1990.

Brehmer, Ilse: „*Der widersprüchliche Alltag. Probleme von Frauen im Lehrberuf*“. Frauen und Schule Verlag: Berlin 1987.

Bundesministerium für Bildung und Wissenschaft: „Mädchen auf dem Weg zum Abitur“. *Bildung-Wissenschaft-Aktuell* 6, Bonn 1990.

Bundesministerium für Bildung Wissenschaft Forschung und Technologie: *Studierende und Studienanfänger an Hochschulen 1975 bis 1993*. Bonn 1994.

Bundesministerium für Bildung Wissenschaft Forschung und Technologie: *Studierende und Studienanfänger an Hochschulen 1990 bis 1997*. Bonn 1998.

Bundesministerium für Familie, Senioren, Frauen und Jugend: *Die Familie im Spiegel der amtlichen Statistik. Lebensformen, Familienstrukturen, wirtschaftliche Situation der Familien und familiendemographische Entwicklung in Deutschland*, hrsg. v. Heribert Engstler; Sonja Menning. Druck Vogt GmbH: Berlin 2003.

Butzer, Paul L.; Stark, Eberhard Ludwig (Hg.): *Dissertationen in Mathematik an den Hochschulen der BRD in der Zeit von 1961 bis 1970* (Eine Bibliographie). Stuttgart 1975.

Chandler, Bruce; Magnus, Wilhelm: *The History of Combinatorial Group Theory: A Case study in the History of Ideas* (Studies in the History of Mathematics and Physical Sciences, Vol. 9). Springer: New York, Heidelberg, Berlin 1982.

Chen, Chuansheng; Stevenson, Harold: “Motivation and mathematics achievement: A comparative study of Asian-American, Caucasian-American, and East Asian high school students“. *Child Development* 66 (1995) S. 1215–1234.

Černy, Jochen (Hg.): *DDR. Wer war wer? Ein biographisches Lexikon*. Ch. Links Verlag: Berlin ^{2}1992.

Costas, Ilse: „Professionalisierungsprozesse akademischer Berufe und Geschlecht – ein internationaler Vergleich“. *Barrieren und Karrieren. Die Anfänge des Frauenstudiums in Deutschland*, hrsg. von Elisabeth Dickmann und Eva Schöck-Quinteros. Trafo-Verlag: Berlin 2000, S. 13–32.

Costas, Ilse, Roß, Bettina: Dokumentation des Forschungsprojekts Kontinuität und Diskontinuität in der geschlechtlichen Normierung von Studienfächern, wissenschaftlichen Arbeitsgebieten und Karrieren in den Professionen. Göttingen 2002. [Internetversion: http://www.data-quest.de/pionierinnen/doku/DokuPionierin.pdf]

Curdes, Beate: *Unterschiede in den Einstellungen zur Promotion bei Mathematikstudentinnen und -studenten. Auswertung einer empirischen Untersuchung an 28 deutschen Universitäten*. Dissertation. Universität Oldenburg 2002.

Davis, Philip J.; Hersh, Reuben: *Erfahrung Mathematik*. Birkhäuser Verlag: Basel 1985.

Day, Lance; McNeil, Ian (eds.): *Biographical Dictionary of the History of Technology*. Routlegde: London, New York 1996.

DFL. *25 Jahre Deutsche Forschungsanstalt für Luftfahrt e.V. Braunschweig, 1936–1961*. Braunschweig 1961.

Diener, Ed; Emmons, Robert A.; Larson, Robert J.; Griffin, Sheron: “The Satisfaction with Life Scale”. *Journal of Personality Assessment* 49 (1985) S. 71–75.

Diener, Ed.; Suh, Eunkook, M.; Lucas, Richard, E.; Smith, Heidi, L.: “Subjective Well-Being: Three Decades of Progress”. *Psychological Bulletin* 125 (1999) H. 2, S. 276–302.

Dobbin, Muriel: “Woman Wing Designer”. *The Sun* (Baltimore), July 13, 1958, S. 5.

Donner, Helmut: *Frieda Nugel: Die erste Doktorandin der Mathematik an der Universität Halle* (Reports on Didactics and History of Mathematics, 10), Halle 1999.

Ebert, Anke: *Der Mathematiker Gerhard Kowalewski und seine Doktorandinnen*. Wissenschaftliche Prüfungsarbeit zum 1. Staatsexamen für das Lehramt an Realschulen. Kaiserslautern 1997 (96 S. und Anhang)

Eccles, Jacquelynne: "Model of students' mathematics enrollment decision. Explaining sex-related differences in mathematics. Theoretical models". *Educational Studies in Mathematics* 16 (1985) S. 311–314.

Eccles, Jacquelynne; Wigfield, Allan; Schiefele, Ulrich: "Motivation to succeed". *Handbook of Child Psychology*, vol. 3, hrsg. v. William Damon und Nancy Eisenberg. Wiley: New York ^{5}1998, S. 1071–1095.

Edwards, Sandra: "Gender-based and mixed-sex classrooms: The relationship of mathematics anxiety, achievement, and classroom performance in female high school math students". *Dissertation Abstracts International Section A: Humanities & Social Sciences*, vol. 62, 8-A (2002) S. 2639.

Enders, Jürgen: „Erste Berufstätigkeit und weitere Ausbildungsphase: Die Situation der Doktoranden an bundesdeutschen Hochschulen". *Zeitschrift für Hochschuldidaktik* 18 (1994) S. 175–190.

Enders, Jürgen; Bornmann, Lutz: *Karriere mit Doktortitel? Ausbildung, Berufsverlauf und Berufserfolg von Promovierten*. Campus: Frankfurt 2001.

Enzelberger, Sabina: *Sozialgeschichte des Lehrerberufs. Gesellschaftliche Stellung von Lehrerinnen und Lehrern von den Anfängen bis zur Gegenwart*. Juventa: Weinheim 2001.

Epple, Moritz; Remmert, Volker: „‚Eine ungeahnte Synthese zwischen reiner und angewandter Mathematik'. Kriegsrelevante mathematische Forschung in Deutschland während des II. Weltkrieges". *Geschichte der Kaiser-Wilhelm-Gesellschaft im Nationalsozialismus. Bestandsaufnahme und Perspektiven der Forschung*, Bd. 1, hrsg. v. Doris Kaufmann. Göttingen 2000, S. 258–295.

Fauvel, John: "Women and Mathematics". *Companion Encyclopedia of the History and Philosophy of the Mathematical Sciences*, vol. 2, edited by I. Grattan-Guinness. London and New York 1994, S. 1526–1532.

Fenaroli, G.; Furinghetti, F.; Garibaldi, A.C.; Somaglia, A.M. (1990): "Women and mathematical research in Italy during the period 1887–1946". *Gender and Mathematics: An international Perspective*, edited by L. Burton. Cassell: London 1990, 144–155.

Fenster, Della Dumbaugh; Parshall, Karen Hunger: "A Profile of the American Mathematical Research Community: 1891–1906". *The History of Modern Mathematics*, vol. III (*Images, Ideas, and Communities*), edited by E. Knobloch and D. E. Rowe. Boston u.a. 1993, S. 179–227.

Fenster, Della Dumbaugh; Parshall, Karen Hunger: "Women in the American Mathematical Research Community: 1891–1906". Ebenda, S. 229–261.

Flaake, Karin: *Berufliche Orientierungen von Lehrerinnen und Lehrern. Eine empirische Untersuchung*. Campus: Frankfurt 1989.

Fock, Carsten; Glumpler, Edith; Hochfeld, Inge; Weber-Klaus, Susanne: „Studienwahl: Lehramt Primarstufe. Berufs- und Studienwahlorientierung von Lehramtsstudierenden". *Frauen in pädagogischen Berufen*, Bd. 2: *Lehrerinnen*, hrsg. v. Edith Glumpler und Carsten Fock. Klinkhardt: Bad Heilbrunn 2001, S. 212–240.

Fox, Mary F.: "Gender, Environmental Milieu, and Productivity in Science". *The Outer Circle. Women in the Scientific Community,* edited by Harriet Zuckerman, Jonathan R. Cole and John T. Bruer. New Haven, London 1991, S. 188-204.

Giesen, Heinz; Gold, Andreas: „Die Wahl von Lehramtsstudiengängen". *Lehrer/in werden,* hrsg. v. Johannes Mayr. Österreichischer Studien-Verlag: Innsbruck 1994, S. 65-78.

Giesen, Heinz; Gold, Andreas; Hummer, Annelie; Weck, Michael: „Die Bedeutung der Koedukation für die Genese der Studienfachwahl". *Zeitschrift für Pädagogik* 38 (1992) H. 1, S. 65-81.

Glumpler, Edith: *„Lehrerin - der Frauenberuf. Berufsorientierungsprozesse zwischen Abitur und Lehramtsstudium".* Flensburg: Forschungsstelle für Frauenfragen der pädagogischen Hochschule Flensburg 1993.

Görgen, Ulrich: *Mathematische Dissertationen an deutschen Universitäten und Hochschulen von WS 1907/08 bis WS 1944/45. Vergleich von Frauen und Männern.* Wissenschaftliche Prüfungsarbeit zum ersten Staatsexamen für das Lehramt an Gymnasien. Kaiserslautern 2001. (80 S. und Anhang)

Gold, Andreas; Giesen, Heinz: „Leistungsvoraussetzungen und Studienbedingungen bei Studierenden verschiedener Lehrämter". *Psychologie in Erziehung und Unterricht* 40 (1993) S. 111-124.

Grattan-Guinness, Ivor: „A Mathematical Union: William Henry and Grace Chisholm Young". *Annals of Science* 29 (1972) 105-183.

Grinstein, Louise S.; Campbell, Paul J. (eds.): *Women of Mathematics* (A Biobibliographic Sourcebook). New York, Westport CT, London 1987.

Green, Judy; LaDuke, Jeanne: "Women in the American Mathematical Community: The Pre-1940 Ph.D.'s." *Mathematical Intelligencer* 9 (1987) H. 1, S. 11-23.

Hag, Kari; Lindquist, Peter: „Elisabeth Stephansen. A pioneer". *Det Kongelige Norske Videnskabers Selskab* (Trondheim), Skrifter 2 (1997) S. 1-23.

Handbuch der Preußischen Unterrichts-Verwaltung mit statistischen Mitteilungen über das höhere Unterrichtswesen. Berlin 1921.

Hannover, Bettina; Scholz, Peter; Laabs, Hans-Joachim: „Technikerfahrung und mathematisch-naturwissenschaftliche Interessen bei Mädchen und Jungen. Ein Vergleich zwischen Jugendlichen aus den alten und den neuen Bundesländern". *Zeitschrift für Entwicklungspsychologie und Pädagogische Psychologie* 24 (1992) S. 115-128.

Harenberg-Lexikon berühmter Frauen. Harenberg-Verlag: Dortmund 2004.

Heffter, Lothar: *Beglückende Rundschau auf neun Jahrzehnte: Ein Professorenleben.* Hans Ferdinand Schulz Verlag: Freiberg i.Br. 1952.

Hein, Renate: *Der Mathematiker Lothar Heffter und seine Doktorandinnen und Doktoranden.* Wissenschaftliche Prüfungsarbeit zum ersten Staatsexamen für das Lehramt an Gymnasien. Kaiserslautern 2000. (208 S.)

Henderson, Bruce; Marx, Melvin; Kim, Yung Che: "Academic interests and perceived competence in American, Japanese and Korean children". *Journal of Cross-Cultural Psychology,* vol. 30 (1999) no. 1, S. 32-50.

Henrion, Claudia: *Women in Mathematics. The Addition of Difference.* Indiana University Press: Bloomington and Indianapolis 1997.

Hentschel, Klaus; Tobies, Renate: „Friedrich Hund zum 100. Geburtstag (Interview)“. *Internationale Zeitschrift für Geschichte und Ethik der Naturwissenschaften, Technik und Medizin*, N.S. 4 (1996) S. 1-18.

Hess, Robert; Chang, Chih-Mei; McDevitt, Teresa: "Cultural Variations in Family Beliefs about children's performance in mathematics: Comparisons among people's republic of China, Chinese-American, and Caucasian-American Families". *Journal of Educational Psychology*, vol. 79 (1987) no. 2, S. 179–188.

Heublein, Ulrich; Schmelzer, Robert; Sommer, Dieter; Spangenberg, Heike: *„Studienabbruchstudie 2002“*. Hochschulinformationssystem, Kurzinformation A5/2002. Hannover 2002.

Hofstede, Geert: *Culture's consequences: International differences in work-related values*. Sage Publications: Beverly Hills, CA 1984.

Hofstede, Geert: *Cultures and Organizations. Software of the mind. Intercultural Communication and its importance for survival*. McGraw Hill: New York 1997.

Hofstede, Geert: *Masculinity and Femininity. The Taboo Dimension of National Cultures*. Sage Publications: Thousand Oaks 1998.

Hofstede, Geert: *Culture's Consequences*. Sage Publications: Beverly Hills, CA 2001.

Holtkamp, Rolf; Koller, Petra; Minks, Karl-Heinz: *„Hochschulabsolventen auf dem Weg in den Beruf. Eine Untersuchung des Berufsübergangs der Absolventenkohorten 1989, 1993 und 1997“*. Hannover: Hochschulinformationssystem GmbH (HIS) 2000.

Holz-Ebeling, Friederike; Hansel, Sabine: „Gibt es Unterschiede zwischen Schülerinnen in Mädchenschulen und koedukativen Schulen? Ein Beitrag zur Koedukationsdebatte“. *Psychologie in Erziehung und Unterricht* 40 (1993) H. 1, S. 21–33.

Huerkamp, Claudia: *Bildungsbürgerinnen. Frauen im Studium und in akademischen Berufen 1900–1945*. Vandenhoeck & Ruprecht: Göttingen 1996.

Human Development Report. Making new technologies work for human development. Oxford University Press: New York 2001, S. 182–185, siehe auch: http://hdr.undp.org/reports/global/2001/en/pdf/back.pdf

Institut für Arbeitsmarkt- und Berufsforschung der Bundesanstalt für Arbeit: *Berufe im Spiegel der Statistik*. Mitteilung vom 17.5.2001, siehe auch: http://www.abis.iab.de/bisds

Institut für Arbeitsmarkt- und Berufsforschung der Bundesanstalt für Arbeit: *Frauen sind häufiger arbeitslos – gerade wenn sie ein Männerfach studiert haben*. IAB Kurzbericht 14 (1999).

Institut für Arbeitsmarkt- und Berufsforschung der Bundesanstalt für Arbeit: *Materialien aus der Arbeitsmarkt- und Berufsforschung: Naturwissenschaften*, Nr. 1.2 (1998).

International Gallup Poll Report: Status and Stereotypes. The Gallup Organization, World Headquarters: New Jersey 1996.

Jahrbuch der Lehrkräfte der höheren Schulen Bayerns, hrsg. vom Bayerischen Philologenverband, 9 (1939), 10 (1950/51) München 1940; 1952.

Jahresverzeichnis der an den Deutschen Universitäten und Technischen Hochschulen erschienenen Schriften, Bde. 23 bis 61, Berlin, Heidelberg und New York 1907 bis 1945.

Juristinnen in Deutschland. Eine Dokumentation (1900–1984), hrsg. v. Deutschen Juristinnenbund. München 1984; *Juristinnen in Deutschland. Die Zeit von 1900 bis 1998* (3. völlig neubearb. Aufl.) (Schriftenreihe Deutscher Juristinnenbund e.V., Bd. 1), Nomos-Verlagsgemeinschaft: Baden-Baden 1998.

Kahle, Irene; Schaeper, Hildegard: *Bildungswege von Frauen vom Abitur bis zum Berufseintritt*. Hochschulinformationssystem GmbH (HIS): Hannover 1991.

Kamke, Erich: „In welche Berufe gehen Mathematiker außer dem Schuldienst noch über, und was muß auf den Hochschulen für die geschehen?" *Jahresbericht der Deutschen Mathematiker-Vereinigung* 47 (1937) S. 250–256.

Kersting, Friederike: *Die Mathematikerin, Physikerin und Philosophin Grete Henry-Hermann (1901–1984)*. Magisterarbeit im Studiengang Geschichte. Universität Bremen 1995 (121 S.).

Kirchhoff, Arthur (Hg.): *Die Akademische Frau. Gutachten hervorragender Universitätsprofessoren, Frauenlehrer und Schriftsteller über die Befähigung der Frau zum wissenschaftlichen Studium und Berufe*. Steinitz-Verlag: Berlin 1897.

Klein, Felix: „Allgemeine Ausführungen zu den Vorschlägen der Unterrichtskommission über die Lehrerausbildung". *Verhandlungen der Gesellschaft Deutscher Naturforscher und Ärzte* in Dresden 1907, T.1, Leipzig 1908.

Knauf, Tassilo: „‚Weil ich gern mit Kindern zusammen bin'. Berufswahlmotive von Lehramtsstudierenden im Wandel". *Pädagogik Extra* 20 (1992) S. 55–58.

Knowles, Elsie: *Die Forschungsmethode im mathematischen Unterricht als Mittel der Erziehung zu Autonomie und Gemeinschaft*. Dissertation Universität Jena, Berlin 1933.

Köller, Olaf; Daniels, Zoe; Schnabel, Kai Uwe; Baumert, Jürgen: „Kurswahlen von Mädchen und Jungen im Fach Mathematik: Zur Rolle von fachspezifischem Selbstkonzept und Interesse". *Zeitschrift für Pädagogische Psychologie* 14 (2000) H. 1, S. 26–37.

Köller, Olaf; Klieme, Eckhard: „Geschlechtsdifferenzen in den mathematisch-naturwissenschaftlichen Leistungen. Dritte Internationale Mathematik- und Naturwissenschaftsstudie". *Mathematische und naturwissenschaftliche Bildung am Ende der Schullaufbahn*, Bd. 2: *Mathematische und physikalische Kompetenzen am Ende der gymnasialen Oberstufe*, hrsg. v. Jürgen Baumert, Wilfried Bos und Reiner Lehmann. Leske + Budrich: Opladen 2000, S. 373–404.

Koreuber, Mechthild; Tobies, Renate: „Emmy Noether – Begründerin einer mathematischen Schule". *Mitteilungen der Deutschen Mathematiker-Vereinigung* (2002) Nr. 3, S. 24–37.

Kowalewski, Gerhard: *Bestand und Wandel. Meine Lebenserinnerungen zugleich ein Beitrag zur neueren Geschichte der Mathematik*. München 1950.

Krahn, Helga; Niederdrenk-Felgner, Cornelia: *Frauen und Mathematik: Variationen über ein Thema der Aus- und Weiterbildung von Lehrerinnen* (Wissenschaftliche Reihe, Bd. 123). Kleine Verlag: Bielefeld 1999.

Kraul, Margret: „Höhere Mädchenschulen". *Handbuch der deutschen Bildungsgeschichte*, Bd. IV: *1870–1918. Von der Reichsgründung bis zum Ende des Ersten Weltkrieges*, hrsg. v. Christa Berg. München 1991, S. 279–303.

Kraul, Margret: „Jenas erste Professorin: Mathilde Vaerting. Leben und Werk im Kreuzfeuer der Geschlechterproblematik". *Die Töchter der Alma mater Jenensis. 90 Jahre Frauenstudium an der Universität Jena*, hrsg. v. Christa Horn. Jena 1999, S. 91–112.

Künzler, Jan: *Familiale Arbeitsteilung. Die Beteiligung von Männern an dem Haushalt*. Kleine Verlag: Bielefeld 1994.

[Kunze-Hessen]. *Jahrbuch für das höhere Schulwesen im Lande Hessen.* Jg. 1 (1950/51) Köln 1950.

[Kunze-Preußen]. *Jahrbuch deutscher Philologen und Schulmänner,* Breslau u.a. Jge. 1908 bis 1942.

Les femmes dans la recherche. Francaise Livre blanc Mars 2002. Ministere de la Recherche: 2002, siehe auch: http://www.recherche.gouv.fr/parite/rapports/frf.htm

Lindner, Konrad (Hg.): *Carl Friedrich von Weizsäckers Wanderungen ins Atomzeitalter. Ein dialogisches Selbstproträt.* Mentis Verlag GmbH: Paderborn 2002.

Lietzmann, Walther: „Gleichstellung der Technischen Hochschulen mit den Universitäten hinsichtlich der Ausbildung der Lehrer mathematisch-naturwissenschaftlicher Fachrichtung an höheren Schulen". *Zeitschrift für mathematischen und naturwissenschaftlichen Unterricht* 52 (1921) S. 264–265.

Lohschelder, Britta: *„Die Knäbin mit dem Doktortitel". Akademikerinnen in der Weimarer Republik.* Centaurus: Pfaffenweiler 1994.

Lorenz, Charlotte: *Zehnjahres-Statistik des Hochschulbesuchs und der Abschlußprüfungen,* 2 Bde. Berlin 1943.

Lorey, Wilhelm: „Die mathematischen Wissenschaften und die Frauen. Bemerkungen zur Reform der höheren Mädchenschule". *Frauenbildung* 8 (1909) S. 161–178.

Luckert, Hans-Joachim: „Der Mathematker in Technik und Industrie". *Jahresbericht der DMV* 47 (1937) S. 242–250.

Lührig, Marion: „Karrierehindernisse auf dem Weg zur pädagogischen Führungskraft". *Die Deutsche Schule* (1990) 1. Beiheft, S. 172–184.

Mans, Margit: *David Hilbert und seine Doktoranden.* Wissenschaftliche Prüfungsarbeit zum ersten Staatsexamen für das Lehramt an Gymnasien. Kaiserslautern 1999. (124 S. und Anhang)

McClelland, David: *Human Motivation.* Cambridge University Press: Cambridge 1990.

Mehrmann, Volker; Schneider, Hans: „Anpassen oder nicht? Die Geschichte eines Mathematikers im Deutschland der Jahre 1933–1950". *Mitteilungen der Deutschen Mathematiker-Vereinigung* (2002) Nr. 2, S. 20–26.

Miller, Susanne: „Grete Henry, geborene Hermann - zur Person (mit Bibliographie der Schriften)". *Die Überwindung des Zufalls. Kritische Betrachtungen zu Leonard Nelsons Begründung der Ethik der Wissenschaft,* hrsg. v. Grete Hermann. Hamburg 1985, S. 219–229.

Minks, Karl-Heinz: *Frauen aus technischen und naturwissenschaftlichen Übergängen. Ein Vergleich der Berufübergänge von Absolventinnen und -absolventen.* Hochschulinformationssystem GmbH (HIS): Hannover 1996.

Minks, Karl-Heinz; Bathke, Gustav-Wilhelm; Filaretow, Bastian: *Absolventenreport Informatik. Ergebnisse einer Längsschnittuntersuchung zum Berufsübergang von Absolventen des Studiengangs Informatik.* Bundesministerium für Bildung und Wissenschaft (Bildung - Wissenschaft - Aktuell 16/93): Bonn 1993.

Minks, Karl-Heinz; Nigmann, Ralf-Rüdiger: *Hochschulabsolventen 88/89 zwischen Studium und Beruf.* Hochschulinformationssystem GmbH (HIS): Hannover 1991.

Morgenstern Richard (Hg.): *Verzeichnis der Lehrer an den höheren Schulen Sachsens.* Radebeul 1934.

Morgenstern Richard (Hg.): *Die höheren Schulen Sachsens. Lehrerverzeichnis.* Radebeul 1937.

Mühlhausen, Elisabeth: „Grace Emily Chisholm Young (1868–1944)". *„Des Kennenlernens werth". Bedeutende Frauen Göttingens*, hrsg. v. Traudel Weber-Reich. Göttingen 1993, S. 195–211.

Mueller, Claudia; Dweck, Carol: "Praise for intelligence can undermine children's motivation and performance". *Journal of Personality and Social Psychology* 75 (1998) no. 1, S. 33–52.

Müller, Wolfgang: „,Von Köthen und Dessau über Wasserburg und Paris schliesslich zurück in seine Vaterstadt Saarbrücken'. Erinnerungen an den Gründungsprofessor für Mathematik an der Universität des Saarlandes Dr. Aloys Herrmann (1898–1953)". *Regionen Europas - Europa der Regionen. Festschrift für Kurt-Ulrich Jäschke zum 65. Geburtstag*, hrsg. v. P. Thorau, S. Penth und R. Fuchs. Böhlau-Verlag: Köln, Weimar, Wien 2003, S. 265–285.

Müller-Fohrbrodt, Gisela; Cloetta Bernhard; Dann, Hans-Dieter: *Der Praxisschock bei jungen Lehrern.* Klett Verlag: Stuttgart 1978.

Murray, Margaret A. M.: *Women Becoming Mathematicians. Creating a Professional Identity in Post-World War II America.* The MIT Press: Cambridge and London 2000.

Neunzert, Helmut: „Was ist Technomathematik?" *Mathematiker. Ein Beruf mit Zukunft. Vieweg Berufs- und Karriere-Planer Mathematik 2000/2001. Schlüsselqualifikation für Technik, Wirtschaft und IT.* Vieweg: Wiesbaden 2000.

Neunzert, Helmut: „Technomathematik". *Lexikon der Mathematik*, 5 Bde., hrsg. v. Guido Walz. Spektrum Akademischer Verlag: Heidelberg 2003.

Neunzert, Helmut; Rosenberger, Bernd: *Schlüssel zur Mathematik.* Econ: Düsseldorf 1991; Neue Ausgabe unter dem Titel *Oh Gott, Mathematik!?* (Einblicke in die Wissenschaft), Verlag B. G. Teubner: Stuttgart und Leipzig 1995.

„Neuordnung des Studiums, Einführung einer Diplomprüfung". *Studium und Beruf, Nachrichtenblatt zur akademischen Berufskunde und Berufsberatung* 12 (1942) H. 9, S. 97.

Niederdrenk-Felgner, Cornelia: „Die Geschlechterdebatte in der Mathematikdidaktik". *Frauenforschung und Geschlechterperspektiven in den Fachdidaktiken*, hrsg. v. H. Hoppe, M. Kampshoff und E. Nyssen. Beltz Verlag: Weinheim 2001, S. 123–144.

Niemann, Willy B.: *Verzeichnis der Dr.-Ing. Dissertationen der Deutschen Technischen Hochschulen in sachlicher Anordnung nebst Namens- und Schlagwort-Verzeichnis 1913 bis 1922.* Charlottenburg 1924.

Niemann, Willy B.; Neufeld, Martin W.: *Verzeichnis der Dr.-Ing. Dissertationen der Technischen Hochschulen und Bergakademien 1923 bis 1927*, Berlin-Charlottenburg 1931.

Oesterreich, Detlev: *Die Berufswahlentscheidung von jungen Lehrern* (Studien und Berichte 46). Max-Planck-Institut für Bildungsforschung: Berlin 1987.

Ordnung für die Prüfung für das Lehramt in Mathematik an höheren Schulen Preußens. Berlin 1898.

Pandit, K.L.; Dabir, Deepa: "A study of vocational aspirations as a functions of aptitudes, achievement motive and socio economic status as the independent variables". *Journal of Educational Research and extension* 27 (1990) no. 1, S. 25–35.

Parshall, Karen Hunger; Rowe, David E.: *The Emergence of the American Mathematical Research Community, 1876-1900: J. J. Sylvester, Felix Klein, and E. H. Moore* (History of Mathematics, vol. 8), American Mathematical Society, London Mathematical Society 1994.

Petrov, Ju. P.: „N. N. Gernet. Zum 100. Geburtstag" (Russ.). *Vestnik Leningrad. Univ., Mat. Mech. Astronom.* (1977) Nr. 13, vyp. 3, S. 168.

[Phil.-Jb Baden] *Philologen-Jahrbuch für das höhere Schulwesen in Nordbaden und Südbaden.* Hrsg. von den Philologenvereinen Nord- und Südbadens, Jge. 3 (1953/54), 4 (1956/57). Bingener: Mannheim 1953, 1957.

[Phil.-Jb Bayern] *Jahrbuch der Lehrkräfte der höheren Schulen Bayerns.* Hrsg. v. Bayerischen Philologenverband 9 (1939), 10 (1950/51), München 1952.

[Phil.-Jb Berlin] *Berliner Philologen-Jahrbuch für die Oberschulen WZ in Westberlin.* Verlag des Jahrbuches der Lehrer der höheren Schulen, Jg. 2 (1954/55), Köln 1954.

[Phil.-Jb Hamburg] *Philologen-Jahrbuch für die Gymnasien Hamburgs.* Hrsg. Vom Hamburger Philologen-Verband, Jg. 1(1957/58), Hamburg 1957.

[Phil.-Jb Nordrhein-Westfalen] *Philologen-Jahrbuch des Landes Nordrhein-Westfalen,* Jg. 2 (1950/51), Köln/Münster 1950.

[Phil.-Jb Sachsen] *Mitgliederliste des Sächsischen Philologenvereins, zugleich Verzeichnis der Lehrer an den höheren Schulen Sachsens.* Liebenwerda 1925.

[Phil.-Jb Sachsen] *Mitglieder-Verzeichnis des Sächsischen Philologenvereins, zugleich Verzeichnis der Lehrkräfte an den höheren Schulen Sachsens,* Jge. 1927–1931, Radebeul.

Pieper-Seier, Irene: „Ruth Moufang: Eine Mathematikerin zwischen Universität und Industrie". *„Aller Männerkultur zum Trotz". Frauen in Mathematik und Naturwissenschaften,* hrsg. v. Renate Tobies. Campus Verlag: Frankfurt a.M. / New York 1997, S. 181–202.

Pieper-Seier, Irene: „Zwei erfolgreiche Frauen in der Mathematik: Ruth Moufang (1905–1977) und Hel Braun (1914–1986)". *Mitteilungen der Mathematischen Gesellschaft Hamburg* 16 (1997) S. 25–38.

Poggendorff, J. C.: *Biographisch-literarisches Handwörterbuch der exakten Naturwissenschaften,* Bd. VI, Verlag Chemie GmbH: Berlin 1936–1940, Bd. VIIa, VIIb Akademie Verlag: Berlin 1956–1962; 1967–1992.

Pólya, George: *Schule des Denkens.* Francke Verlag: Bern [3]1980.

„Promotionsordnungen. Änderungen von Bestimmungen (Zulassung zur Doktorprüfung nur nach bestandener Diplomprüfung)". *Studium und Beruf, Nachrichtenblatt zur akademischen Berufskunde und Berufsberatung* 12 (1942) H. 9, S. 95–96.

Raety, Hannu; Vaenskae, Johanna; Kasanen, Kati; Kaerkkaeinen, Riitta: "Parents': explanations of their child's performance in mathematics and reading: A replication and extension of Yee and Eccles". *Sex Roles* 46 (2002) 3–4, S. 121–128.

Die Reichsschulkonferenz 1920. Ihre Vorgeschichte und Vorbereitung und ihre Verhandlungen. Amtlicher Bericht, erstattet vom Reichsministerium des Innern. Berlin 11.–19. Juni 1920. Verlag Quelle & Meyer: Leipzig 1921.

Reid, Constance: *Courant in Göttingen and New York. The Story of an Improbable Mathematician.* Springer-Verlag: New York, Heidelberg, Berlin 1976.

Rosenthal, Robert; Jacobsson, Leonore: *Pygmalion im Unterricht.* Weinheim 1971.

Rowe, David E.: *Felix Klein, David Hilbert, and the Goettingen Mathematical Tradition*, 2 vol., Dissertation, City University of New York, 1992.

Ruivo, Beatriz: "The Intellectual Labour Market in Developed and Developing Countries: Women's Representation in Scientific Research". *International Journal of Science Education* 9 (1987) no. 3, S. 385–391.

Rustemeyer, Ruth: *Lehrberuf und Aufstiegsorientierung. Eine empirische Untersuchung mit Schulleiter/innen, Lehrer/innen und Lehramtsstudierenden.* Waxmann Verlag: Münster 1998.

Sadker, Myra; Sadker, David: "Sexism in the Schoolroom in the '80s". *Psychology Today* 19 (1985) S. 54–57.

Scharlau, Winfried (Hg.): *Mathematische Institute in Deutschland 1800–1945* (Dokumente zur Geschichte der Mathematik, Bd. 5). Friedr. Vieweg & Sohn: Braunschweig, Wiesbaden 1990.

Schiebinger, Londa: *Frauen forschen anders. Wie weiblich ist die Wissenschaft?* Verlag C. H. Beck: München 2000.

Schröder, Johannes: *Die neuzeitliche Entwicklung des mathematischen Unterrichts an den höheren Mädchenschulen Deutschlands* (Abhandlungen über den mathematischen Unterricht in Deutschland, Bd. I, H. 5), Verlag B.G. Teubner: Leipzig und Berlin 1913.

Schubring, Gert: *Die Entstehung des Mathematiklehrerberufs im 19. Jahrhundert. Studien und Materialien zum Prozeß der Professionalisierung in Preußen (1810–1870).* Weinheim 21991.

Die deutsche Schulreform. Ein Handbuch für die Reichsschulkonferenz, hrsg. v. Zentralinstitut für Erziehung und Unterricht Berlin. Verlag von Quelle & Meyer: Leipzig o. J. (1920).

Schwarz, Karl: „Rückblick auf eine demographische Revolution. Überleben und Sterben, Kinderzahl, Verheiratung, Haushalte und Familien, Bildungsstand und Erwerbstätigkeit der Bevölkerung in Deutschland im 20. Jahrhundert im Spiegel der Bevölkerungsstatistik". *Zeitschrift für Bevölkerungswissenschaft* 24 (1999) S. 229–279.

Schweer, Wilhelm: „Wirtschaftsmathematik und Hochschule". *Jahresbericht der Deutschen Mathematiker-Vereinigung* 47 (1937) S. 232–238.

Siegmund-Schultze, Reinhard: *Mathematische Berichterstattung in Hitlerdeutschland. Der Niedergang des Jahrbuchs über die Fortschritte der Mathematik (1869–1945).* Vandenhoeck & Ruprecht: Göttingen 1993.

Siegmund-Schultze, Reinhard: "Hilda Geiringer-von Mises, Charlier Series, Ideology, and the Human Side of the Emancipation of Applied Mathematics at the University of Berlin during the 1920s". *Historia Mathematica* 20 (1993) S. 364–381.

Siegmund-Schultze, Reinhard: „Felix Kleins Beziehungen zu den Vereinigten Staaten, die Anfänge deutscher Wissenschaftspolitik und die Reform um 1900". *Sudhoffs Archiv* 81 (1997) S. 21–38.

Siegmund-Schultze, Reinhard: *Mathematiker auf der Flucht vor Hitler. Quellen und Studien zur Emigration einer Wissenschaft* (Dokumente zur Geschichte der Mathematik, Bd. 10). Vieweg: Braunschweig und Wiesbaden 1998.

Singer, Sandra L.: *Adventures Abroad. North American Women at German Speaking Universities, 1868–1915* (Contributions in Women's Studies, 201). Praeger: Westport, Conn. 2003.

Spieß, Kordula; Schute, Manuela: „Warum promovieren Frauen seltener als Männer? Psychologische Prädiktoren der Promotionsabsicht bei Männern und Frauen“. *Zeitschrift für Sozialpsychologie* 30 (1999) S. 229–245.

Spreiter, John R.; Flügge, Wilhelm: „Irmgard Flügge-Lotz (1903–1974)“. *Women of Mathematics. A Biobibliographic Sourcebook.* Edited by L. S. Grinstein and P. J. Campbell. Greenwood Press: New York, Westport-Connecticut, London 1987, S. 33–40.

Statistisches Bundesamt: *Bevölkerung und Erwerbstätigkeit* (Fachserie 1). Wiesbaden 1975ff.

Statistisches Bundesamt: *Bildung und Kultur* (Fachserie 11, Reihe 4.1: Studenten an Hochschulen). Wiesbaden 1975 ff.

Statistisches Bundesamt: *Bildung und Kultur* (Fachserie 11, Reihe 4.2: Prüfungen an Hochschulen). Wiesbaden 1975 ff.

Statistisches Bundesamt: *Bildung und Kultur* (Fachserie 11, Reihe 4.4: Personal an Hochschulen). Wiesbaden 1975 ff.

Statistisches Bundesamt: *Bildung und Kultur* (Fachserie 11, Reihe 1: Allgemeinbildende Schulen). Wiesbaden 1990 ff.

Statistisches Bundesamt Deutschland: *Bildung, Wissenschaft und Kultur: Lehrkräfte nach Beschäftigungsumfang, Schularten und Geschlecht – Allgemeinbildende Schulen, Schuljahr 2000/2001: Anteil der weiblichen Lehrkräfte nach Schularten,* 2002. Verfügbar unter: http://www.destatis.de/basis/d/biwiku/schultab20.htm [2.10.2002].

Statistisches Jahrbuch für den Freistaat Preußen, hrsg. v. Preußischen Statistischen Landesamt. Berlin 22. Jg. (1926) bis 29. Jg. (1933).

Steltmann, Klaus: „Motive für die Wahl des Lehrberufs“. *Zeitschrift für die Pädagogik* 26 (1980) S. 581–586.

Stipek, Deborah; Gralinski, Heidi: „Gender differences in children's achievement-related beliefs and emotional responses to success and failure in mathematics“. *Journal of Educational Psychology* 83 (1991) no. 3, S. 361–371.

„Studienordnung für Studierende der Physik und für Studierende der Mathematik“. *Studium und Beruf, Nachrichtenblatt zur akademischen Berufskunde und Berufsberatung* 12 (1942) H. 9, S. 97–100.

Terhart, Ewald; Czerwenka, Kua; Ehrich, Karin; Jordan, Frank; Schmidt, Hans-Joachim: *Berufsbiographien von Lehrern und Lehrerinnen.* Lang Verlag: Frankfurt a. M. 1994.

Tietze, Hartmut (Hg.): *Datenhandbuch zur deutschen Bildungsgeschichte,* Bd. 1: Vandenhock & Ruprecht: Göttingen 1987.

TIMSS 1999. *International Mathematics Report.* The International Study Center. Boston College. Lynch School of Education: Boston 2000, siehe auch: http://isc.bc.edu/timss1999i/pdf/T99i_Math_TOC.pdf

Tobies, Renate: „Zur Stellung der angewandten Mathematik an der Wende vom 19. zum 20. Jahrhundert – allgemein und am Beispiel der Versicherungsmathematik“. *PANEM & CIRCENSES, Mitteilungsblatt des Fördervereins für Mathematische Statistik und Versicherungsmathematik,* Göttingen (1990) Beilage zu Heft 2, S. 1–11.

Tobies, Renate: „Zum Beginn des mathematischen Frauenstudiums in Preußen“. *NTM-Schriftenreihe für Geschichte der Naturwissenschaften, Technik und Medizin* 28 (1991/92) S. 151–172.

Tobies, Renate: „Bemerkungen zur Biographie von Felix Bernstein und zur ‚angewandten Mathematik' in Göttingen". *PANEM & CIRCENSIS, Mitteilungsblatt des Fördervereins für Mathematische Statistik und Versicherungsmathematik*, Göttingen (1992) Beilage zu Heft 4, S. 1-34.

Tobies, Renate: „Mathematiker und Mathematikunterricht während der Zeit der Weimarer Republik". *Schule und Unterrichtsfächer in der Endphase der Weimarer Republik. Auf dem Weg in die Diktatur*, hrsg. v. R. Dithmar. Neuwied/Kriftel, Berlin 1993, S. 244-261.

Tobies, Renate: „Elisabeth Staiger, geborene Klein". *„Des Kennenlernens werth" - Bedeutende Frauen Göttingens*, hrsg. v. Traudel Weber-Reich. Wallstein Verlag: Göttingen 1993, S. 248-260.

Tobies, Renate (Hg.): *„Aller Männerkultur zum Trotz". Frauen in Mathematik und Naturwissenschaften.* Campus Verlag: Frankfurt a.M., New York 1997.

Tobies, Renate: „Frauenkarrieren in Mathematik und Naturwissenschaften, historische Erfahrungen zur Vereinbarkeit von Beruf und Familie". *Kinder, Familie, Karriere: Ein gesellschaftliches Problem*, hrsg. v Horst W. Hamacher und Katrin Klamroth. Shaker Verlag: Aachen 1997, S. 51-69.

Tobies, Renate: „Promotionen von Frauen in Mathematik - ausgewählte Aspekte einer historiographischen Untersuchung". *Mitteilungen der Hamburger Mathematischen Gesellschaft* 16 (1997) S. 39-63.

Tobies, Renate: „‚Angewandte Mathematik ist schmutzige Mathematik!' Die Rolle von Frauen in diesem Gebiet in den ersten Jahrzehnten unseres Jahrhunderts". *Mitteilungen der Österreichischen Gesellschaft für Wissenschaftsgeschichte* 18 (1998) S. 15-35.

Tobies, Renate: „Felix Klein und David Hilbert als Förderer von Frauen in der Mathematik". *Acta Historiae rerum naturalium necnon technicarum / Prague Studies in the History of Science and Technology* N.S. vol. 3 (1999) S. 69-101.

Tobies, Renate: "Women and Mathematics". *NTM-International Journal of History and Ethics of Natural Sciences, Technology, and Medicine*, N.S. 9 (2001) S. 191-198.

Tobies, Renate: «Femmes et mathématiques dans le monde occidental, un panorama historiographique». *Gazette des mathématiciens* (société mathématique de france), Octobre 2001, n° 90, 26-35.

Tobies, Renate: "The Development of Göttingen into the Prussian Centre of Mathematics and the Exact Sciences". *Göttingen and the Development of the Natural Sciences*, edited by Nicolaas Rupke. Wallstein Verlag: Göttingen 2002, S. 116-142.

Tobies, Renate: „Wechsel der Berufskarriere: Mathematiker/innen in der Luftfahrtforschung". *Konferenzband des VI. Österreichischen Symposiums zur Geschichte der Mathematik*, hrsg. v. Christa Binder. Neuhofen 2002, S. 120-126.

Tobies, Renate: *Mathematik-Promovierende an der Universität Halle im Vergleich mit Promovierenden an anderen Orten, 1907 bis 1945* (Report on Didactics and History of Mathematics, Nr. 01/2003), Martin-Luther-Universität Halle, Fachbereich Mathematik und Informatik, Halle 2003.

Tobies, Renate: „Briefe Emmy Noethers an P. S. Alexandroff". *NTM-Internationale Zeitschrift für Geschichte und Ethik der Naturwissenschaften, Technik und Medizin* 11 (2003) H. 2, S. 100-115.

Tobies, Renate: „Ingeborg Ginzel - eine Mathematikerin als Expertin für wing Design“. *Form, Zahl, Ordnung. Studien zur Wissenschafts- und Technikgeschichte.* Ivo Schneider zum 65. Geburtstag, hrsg. v. Rudolf Seising, Menso Folkerts und Ulf Hashagen (Boethius: Texte und Abhandlungen zur Geschichte der Mathematik und Naturwissenschaften). Stuttgart: Franz Steiner Verlag 2003 (im Druck).

Tobies, Renate: “Margarete Kahn (1880-1942)”; “Nelly Neumann (1886-1942)”. *Jewish Women. A Comprehensive Historical Encyclopedia.* Shalvi Publishing Ltd.: Jerusalem, Israel (im Druck).

Tobies, Renate; Görgen, Ulrich: „Mathematische Dissertationen an deutschen Hochschuleinrichtungen, WS 1907/08 bis WS 1944/45“. *Jahresbericht der Deutschen Mathematiker-Vereinigung* 103 (2001) H.4, S. 115-148.

Toepell, Michael (Hg.): *Mitgliedergesamtverzeichnis der Deutschen Mathematiker-Vereinigung 1890-1990.* München 1991.

Tollmien, Cordula: „Das Kaiser-Wilhelm-Institut für Strömungsforschung verbunden mit der Aerodynamischen Versuchsanstalt“. *Die Universität Göttingen unter dem Nationalsozialismus,* hrsg. v. H. Becker, H.-J. Dahms und C. Wegeler. K. G. Saur: München et al. 1987, S. 464-488.

Tollmien, Cordula: *Fürstin der Wissenschaft. Die Lebensgeschichte der Sofja Kowalewskaja.* Beltz Verlag: Weinheim/Basel 1995.

Tollmien, Cordula: „Zwei erste Promotionen: Die Mathematikerin Sofja Kowalewskaja und die Chemikerin Julia Lermontowa“. *„Aller Männerkultur zum Trotz“. Frauen in Mathematik und Naturwissenschaften,* hrsg. v. Renate Tobies. Campus Verlag: Frankfurt a.M./ New York 1997, S. 83-129.

Trischler, Helmuth: *Luft- und Raumfahrtforschung in Deutschland 1900-1970. Politische Geschichte einer Wissenschaft* (Studien zur Geschichte der deutschen Großforschungseinrichtungen, 4). Campus-Verlag: Frankfurt a.M. 1992.

Ullrich, Egon. „Praxis der konformen Abbildung“. *Angewandte Mathematik,* Teil I, hrsg. v. Alwin Walther (Naturforschung und Medizin in Deutschland 1939-1946, Bd. 3). Verlag Chemie GmbH: Weinheim 1953, S. 93-118.

UNESCO Statistical Yearbook. UNESCO Publishing & Bernan Press 1998, siehe auch: http://www.unis.unesco.org

United Nations: *Statistics Division - Indicators on income and economic activity.* Department of Economic and Social Affairs 2003, siehe auch: http://unstats.un.org/unsd/demographic/social/inc-eco.htm

Vaerting, Marie: *Hasskamps Anna* (Roman). München 1912.

Vaerting, Mathilde: *Neue Wege im mathematischen Unterricht, zugleich eine Anleitung zur Förderung und Auslese mathematischer und technischer Begabungen* (Die Lebensschule, Schriftenfolge des Bundes entschiedener Schulreformer, H.6). C.A. Schwetschke & Sohn: Berlin 1921; Russ. 1925; erweitert um eine praktische Einführung in den mathematischen Anfangsunterricht 1929.

Vaerting, Mathilde: *Die fremden Sprachen in der neuen deutschen Schule.* Leipzig 1920.

Vaerting, Mathilde: *Neubegründung der Psychologie von Mann und Weib,* Bd. 1: *Die weibliche Eigenart im Männerstaat und die männliche Eigenart im Frauenstaat.* Karlsruhe 1921, Nachdruck Berlin 1975, Bd.2: *Wahrheit und Irrtum in der Geschlechterpsychologie.* Karlsruhe 1923.

Vahlens großes Wirtschaftslexikon. Verlag Franz Vahlen GmbH: München 1987.

Vogt, Annette: „Hilda Pollaczek-Geiringer (1893–1973) – erste Privatdozentin für Mathematik an der Berliner Universität“. *Dialektik* (Enzyklopädische Zeitschrift für Philosophie und Wissenschaft) (1994) S. 157–162.

Vogt, Annette: *Wissenschaftlerinnen in Kaiser-Wilhelm-Instituten A-Z* (Veröffentlichungen aus dem Archiv der Max-Planck-Gesellschaft, Bd. 12), Berlin 1999.

Vogt, Annette: „Von der Hilfskraft zur Leiterin. Die Mathematikerin Erika Pannwitz“. *Berlinische Monatsschrift* 8 (1999) H. 5, S. 18–31.

Voss, Waltraud: „Die Schwestern Johanna und Gertrud Wiegandt promovieren in Mathematik. Einflußfaktoren auf ihre Karriere“. *„Aller Männerkultur zum Trotz“. Frauen in Mathematik und Naturwissenschaften*, hrsg. v. Renate Tobies. Campus Verlag: Frankfurt a.M. / New York 1997, S. 159–179.

Voss, Waltraud: *Zur Geschichte der Versicherungsmathematik an der TU Dresden bis 1945* (Dresdner Schriften zur Versicherungsmathematik, 1), hrsg. v. Institut für Mathematische Stochastik der TU Dresden. Dresden 2001.

Weingart, Paul, Kroll, J., Bayertz, K.: *Rasse, Blut und Gene. Geschichte der Eugenik und Rassehygiene in Deutschland*. Frankfurt a.M. 1988.

Weiß Ernst-August. „Mathematiker im Volksleben. Berichte aus Briefen früherer Bonner Studenten“. *Deutsche Mathematik* 2 (1937) S. 379–386.

Weltausstellung in Chicago 1893. Berichte der schweizerischen Delegierten. Die Thätigkeit der Frau in Amerika. Berichterstatter: Ed. Boos-Jegher (Vorsteher der Kunst- und Frauenarbeits-Schule in Zürich). Bern 1894.

Wobbe, Theresa: *Frühe Soziologinnen (1920–1960): Intellektueller Aufbruch, institutionelle Hindernisse, politische Zäsuren* (Habilitationsschrift). Berlin 1995.

World Values Study Group at the Institute for Social Research: *World Values Survey*. Ann Arbor, Michigan, Inter-university Consortium for Political and Social Research 1994.

Wußing, Hans: *Vom Zählstein zum Computer. Mathematik in der Geschichte* (1. Überblick und Biographien). Verlag franzbecker: Hildesheim 1997.

Zentralblatt für die gesamte Unterrichtsverwaltung Preußens. Ergänzungsheft: Statistische Mitteilungen über das höhere Unterrichtswesen in Preußen, H. 28, 1911, bis H. 36 1919, Berlin 1911 bis 1920.

Zentralstelle für Arbeitsvermittlung der Bundesanstalt für Arbeit, ZAV: *Der Arbeitsmarkt für besonders qualifizierte Fach- und Führungskräfte*. Jahresbericht 2001. Bonn 2002.

Zentralstelle für Arbeitsvermittlung der Bundesanstalt für Arbeit, ZAV: *Arbeitsmarktinformation für besonders qualifizierte Fach- und Führungskräfte: Mathematikerinnen und Mathematiker*. Frankfurt 1999.

Bildquellenverzeichnis

Mathilde Vaerting (Kapitel 3.1), Quelle: http://www.verwaltung.uni-jena.de/uni/gleich/

Elisabeth Staiger(Kapitel 3.1), Quelle: Privatbesitz: Meinolf Hillebrand, Scheeßel.

Irmgard Flügge-Lotz, (Kapitel 4.1), Quelle: http://www-gap.dcs.st-and.ac.uk/~history/Posters2/Flugge-Lotz.html

Maria Pia Geppert (Kapitel 6.1), Quelle: Jubiläumsbeilage der Münchener Medizinischen Wochenschrift 1953.

Ingeborg Ginzel (Kapitel 6.1), Quelle: Privatbesitz, Frau Miriam Friedegard Schaub, geb. Ginzel, Rotenburg.

Margarete Hermann (Kapitel 6.1), Quelle: Archiv der Sächsischen Akademie der Wissenschaften, Leipzig.

Emmy Noether (Kapitel 6.1), Quelle: Handschriftenabteilung der Niedersächsischen Staats- und Universitätsbibliothek Göttingen.

Grace Chisholm Young und William Henry Young (Kapitel 7.1), Quelle: Selected Papers (Lausanne, 2000), ediert von S.D. Chatterji und H. Wefelscheid.

Wera Myller-Lebedeff und Alexandru Myller (Kapitel 7.1), Quelle: Handschriftenabteilung der Niedersächsischen Staats- und Universitätsbibliothek Göttingen.

Hilda Geiringer (Kapitel 7.1), Quellen:
http://www-gap.dcs.st-and.ac.uk/~history/PictDisplay/Geiringer.html

Personenverzeichnis

Adelsberger, Hertha 116
Agnesi, Maria Gaetana 134
Althoff, Friedrich 134, 136 f.
Artin, Emil 109, 117

Baranow, Charlotte von 101
Basikow, Ursula VI
Becker, Richard 96 f.
Becker, Thomas VI
Bernstein, Felix 100 f., 113 f.
Best, Paula 33
Betz, Albert 61, 112
Beusch, Adele 35
Beyer, Kurt 61
Blom, Gudrun, geb. Scheuer 117
Böhmer, Paul 105, 112
Bolza, Oskar 133, 137
Bornmann, Lutz 81, 88, 121 f., 131 f., 164
Bosch, Mineke, 136
Braun, Hel(ene) 106
Brendel, Martin 101

Candova, Antonia VII, 7, 39, 172
Carathéodory, Constantin 101
Castelnouvo, Guido 106, 113
Cayley, Arthur 135
Chatterji, S. D. 143
Chisholm, Anna Louisa geb. Bell 141
Chisholm, Grace, verh. Young 137, 141 f.
Chisholm, Henry William 141 f.
Clebsch, Alfred 108
Costas, Ilse 136, 159
Courant, Richard 35, 119
Cyrot-Lackmann, Françoise 136

Dehn, Max 105
Deuring, Max 117
Dyroff, Adolf 30

Ebert, Friedrich 30
Einstein, Albert 110
Elmerich, Edwin 31
Enders, Jürgen 81, 88, 121 f., 131 f., 164
Euler, Leonhard 141

Flügge, Wilhelm 60 ff.

Garrick 62
Geiringer, Hilda, verh. Pollaczek, verh. v. Mises 97, 115, 139, 141, 145 f.
Geiringer, Ludwig 145
Geiringer, Martha geb. Wertheimer 145
Gentry, Ruth 136
Geppert, August 113
Geppert, Ernesta, geb. Belardi 113
Geppert, Harald 113 f.
Geppert, Maria-Pia 106, 113, 114 ff.
Gernet, Marie 90
Gernet, Nadjeschda N. von 139
Gieseler, R. VI
Gils, Anna 101
Ginzel, Alexander 111
Ginzel, Gertrud, geb. Ritzscher 111
Ginzel, Ingeborg 61 f., 100, 105, 111 ff.
Glander, Tim VI
Görtler, Henry (Heinrich) 112
Görgen, Ulrich VI, 91
Gordan, Paul 104, 108
Greil, Volksbildungsminister Thüringen 31
Groedel, Franz M. 98

Hahn, Hans 141
Hamel, Georg 97
Hansmann, Frida 138
Heffter, Lothar 116
Heidemann, Ruth, verh. Morgner 101
Hein, Renate VI, 116

Heinicke, Hilde, geb. Karselt 97
Heinicke, Wolfgang 97
Heinisch, Otto 114
Heisenberg, Werner 110 f.
Henry, Edward 110
Hermann, Clara Auguste, geb. Leipold 109
Hermann, Claudine 136
Hermann, Gerhard Heinrich 109
Hermann, Margarete 104, 109 ff.
Herrmann, Aloys 61
Hey, Käte, verh. Scheuer 27, 117
Hilbert, David 108 f., 138 ff., 143 f.
Hillebrand, Meinolf 33
Hochstättler, Winfried 117
Hoeltzenbein, Sophie 33
Hoheisel, Guido 106, 114
Holling, Anna 36
Holling, Heinrich 36
Holling, Anna, geb. Leugers 36
Hopf, Heinz 105
Horstmann, Dagmar 115
Hund, Friedrich 116
Hunger, Ulrich VI
Hurwitz, Charlotte 119

Jacobson, Nathan 109
Jammer, Max 111

Kästner, Erich 110
Kahn, Margarethe 119
Kamke, Erich 57, 97
Karselt, Hilde 97
Kerckhoff, William G. 98, 106, 114
Kersten, Ina 5, 135
Kirchhoff, Arthur 138 f., 160
Klein, Anna, geb. Hegel 32
Klein, Felix V, 4, 20 f., 24, 27, 32 ff., 37, 108, 116, 133 f., 136 ff., 160
Knowles, Elsie 32
Königsberger, Leo 90
Koller, Siegfried 113 f.
Kollwitz, Käthe 110
Kowalewskaja, Sofja VI, 20, 134 f., 139, 142
Kowalewski, Gerhard 29, 92
Kramer, Claudia VI, 121
Kroker, Elke VI, 121
Kronecker, Leopold 134
Krüsken, Jan VI, 7, 38 f., 64, 81, 132
Kummer, Ernst Eduard 134

Lagally, Max 62
Lebedjewa, Wera, verh. Myller-Lebedeff 140, 143 f.
Lehnen, Matthias 117
Leibowitz, Grete, geb. Winter 119
Lie, Sophus 133, 141
Liebrecht, Bernhardine 36
Liebrecht, Josef 36
Liebrecht, Johanna geb. Schäfers 36
Litwinowa, Jelisbeta Fjodorowna 135
Lösch, Nicole VI
Lotz, Irmgard, verh. Flügge-Lotz 60 ff., 104, 112 f.,
Lotz, Oskar 60
Lotz, Dora, geb. Grupe 60
Luckert, Hans-Joachim 97 f.

MacKinnon, Annie L. 139
Maltby, Eliza 137
Mangler, Werner 112
Mann, Heinrich 110
Mans, Margit VI, 145
Maschke, Heinrich 133, 137
Meier, von 136
Meuter, Hanna 32
Meyenberg, Leonie 36 f.
Mises, Richard von 56, 97, 141, 145 f.
Morgner, Willy Paul 101
Moufang, Ruth 103, 105
Mühlhans, Barbara VI, 7, 39, 64
Münzner, Hans-Georg 101
Myller, Alexandru 143 ff.
Myller, Olympia 144
Myller, Theodor 144

Neder, Ludwig 36
Nelson, Leonard 104, 109 ff.
Neumann, Elsa 138
Neumann, John von 111
Neumann, Nelly 119
Noether, Emmy 33, 96, 104, 107 ff. 112, 117, 119, 135, 139, 141, 163, 166
Noether, Fritz 107 f.

Noether, Ida, geb. Kaufmann 107
Noether, Max 107 f., 135

Oppermann, Siemer 33
Osann, Carl Alfred 116

Pannen, Maren 29
Pannwitz, Erika 105
Pasch, Moritz 29
Peters, Wilhelm 31
Petersen, Peter 31
Planck, Max 138
Platen, Charlotte 33
Plaut, H. 96
Pollaczek, Felix 145
Pollaczek, Magda 145
Pólya, Georg 4
Prandtl, Ludwig 61
Prange, Georg 60
Proksch, Ruth 106

Reger, Max 34
Reid, Constance 35, 119
Reidemeister, Kurt 116
Reineck, Annie, verh. Leuch 90
Riehl, Franz 26
Rothe, Erich 119
Rothe, Hildegard, geb. Ille 119
Rothstein, Wolfgang 112
Rudolph, Georg Heinrich 101
Runge, Carl 60, 110
Runge, Iris 96

Sanden, Horst von 60, 104
Sandrock, Adele 33
Schiebinger, Londa 136
Schluckebier, Marie-Luise 102
Schmidt, Erhard 119
Scholz, Heinrich 36
Schradi, Martina VI, 39, 64
Schultze, Winfried VI
Schur, Issai 98, 117, 119, 145
Schute, Manuela 40, 82, 88, 132, 163
Schwartz, Elise 33
Schwarz, Josefa von 101
Schwarz, Ludwig 112
Scott, Charlotte Angas 135, 137 f.
Seemel, Dagmar VI
Seynsche, Ingeborg 116
Siegel, Carl 106
Siehl, Gertraud 116
Söhngen, Heinz 61
Socolescu, Dan 145
Specht, Minna 109 f.
Spieß, Kordula 82, 88, 132, 163
Spreiter, John R. 62
Staiger, Elisabeth, geb. Klein 27, 32 ff., 35
Staiger, Robert 34
Stallwitz, Helene 3
Starke, Dorothea 116 f.
Stephansen, Elisabeth 140
Study, Eduard 33, 117

Taussky-Todd, Olga 139
Terman, Lewis 5
Thunsdorff, Hans 100
Thunsdorff, Peter 101
Toeplitz, Otto 23, 102 f.
Torhorst, Adelheid 115
Torhorst, Marie 115

Ulshoefer, Helgard VI, 28

Vaerting, Anna Mathilde, geb. Siering 29
Vaerting, Elisabeth 29
Vaerting, Hendrica Gesina Ida 29
Vaerting, Johann Heinrich 29
Vaerting, Marie, verh. Pfeiffer 26, 29
Vaerting, Mathilde 28 ff., 96
Vaerting, Stephanie, verh. Willrodt 29
Vaerting, Theodora 29
Verbeek, Maria, verh. Lehnen 117
Voß, Aurel 108
Voss, Waltraud VI, 61

Wefelscheid, Heinrich 143
Wegner, Udo 61
Weierstraß, Karl 134
Weiß, Ernst-August 101 f.
Weiszäcker, Friedrich von 110
Wiegandt, Gertrud 103
Wiegandt, Johanna 111

Wielandt, Helmut 98, 112
Wildberg, Johannes Heinrich Graf von 90
Winkelmann, Max 116
Winston, Mary Frances 137
Wirtinger, Wilhelm 145
Wittich, Hans 112
Wrangell, Margarete 28

Young, Grace, siehe Chisholm 142
Young, Henry William 142

Zerz, Eva VI
Zweig, Arnold 110
Zweiling, Klaus 110

Verzeichnis der Autor/innen

Andrea E. Abele, seit 1982 Professorin der Psychologie, Lehrstuhl für Sozialpsychologie an der Universität Erlangen-Nürnberg; Forschungen und eine Vielzahl nationaler und internationaler Publikationen in den Bereichen Berufslaufbahnen von Frauen und Männern; gender-Forschung; Wohlbefinden und Lebenszufriedenheit; Emotionen und soziale Informationsverarbeitung; Zahlreiche einschlägige Drittmittelprojekte; Herausgeberin der *Zeitschrift für Sozialpsychologie*.

http://www.sozialpsychologie.phil.uni-erlangen.de/

Antonia Candiva, Diplom-Psychologin, Mitarbeiterin im Projekt „Frauen in der Mathematik".

http://www.sozialpsychologie.phil.uni-erlangen.de/

Andrea Lenzner, Diplom-Psychologin, Doktorandin am Lehrstuhl Sozialpsychologie der Universität Erlangen-Nürnberg.

http://www.sozialpsychologie.phil.uni-erlangen.de

Helmut Neunzert, seit 1974 Professor der Mathematik, Lehrstuhl für Mathematische Grundlagen für Physik und Technik an der Universität Kaiserslautern, Gründungsmitglied und Präsident (1988) des European Consortium for Mathematics in Industry (ECMI), Mitinitiator des Studiengangs „Technomathematik" (1980) und der Sofja-Kowalewskaja-Gastprofessur für Mathematikerinnen an der Universität Kaiserslautern (1991), Dr. tech. h.c. der Johannes-Kepler-Universität Linz, Österreich (1993), Gründungsdirektor des Fraunhoferinstituts für Techno- und Wirtschaftsmathematik (1996), mehrere deutsche und internationale Auszeichnungen, corr. Fellow of the Royal Socitey of Edinburgh (2003).
http://www.mathematik.uni-kl.de/~wwwtecm/Staff/neunzert_cv.html

Carmen Stubenvoll, Dipl. Psychologin, Mitarbeiterin im Projekt „Frauen in der Mathematik".

Renate Tobies, Fraunhoferinstitut für Techno- und Wirtschaftsmathematik, ist für Geschichte der Mathematik und Naturwissenschaften habilitiert, publizierte fünf Bücher und mehr als 90 Aufsätze. Sie lehrte an den Universitäten Göttingen, Kaiserslautern, Leipzig, Linz (Österreich) und Oldenburg; Sofja-Kowalewskaja-Gastprofessur an der Universität Kaiserslautern (SS 1993), Gastprofessur an der Technisch-Naturwissenschaftlichen Fakultät der Johannes-Kepler-Universität Linz (SS 2001), Maria-Goeppert-Mayer-Gastprofessur an der TU Braunschweig (WS 2003/04); Managing Editor der *Internationalen Zeitschrift für Geschichte und Ethik der Naturwissenschaften, Technik und Medizin* (Birkhäuser, Basel).

http://www.mathematik.uni-kl.de/People/tobies.html